AF293709

Christian Milat

ROBBE-GRILLET
romancier alchimiste

Christian Milat

ROBBE-GRILLET
romancier alchimiste

Les Éditions David remercient le Conseil des Arts du Canada, le ministère du Patrimoine canadien, par l'entremise du Partenariat interministériel avec les communautés de langue officelle (PICLO), le Secteur franco-ontarien du Conseil des arts de l'Ontario, la Ville d'Ottawa et le Fonds de développement de l'Université d'Ottawa.

Les Éditions David remercient également
Coughlin & Associés Ltée,
le Cabinet juridique Emond Harnden,
la Firme comptable Vaillancourt ♦ Lavigne ♦ Ashman

Cet ouvrage a été publié grâce à une subvention de la Fédération canadienne des sciences humaines et sociales, dont les fonds proviennent du Conseil de recherches en sciences humaines du Canada.

Données de catalogage avant publication (Canada)

Milat, Christian, 1949-
    Robbe-Grillet, romancier alchimiste

Comprend des références bibliographiques.
ISBN 2-922109-54-2
ISBN 2-7475-1119-7

    1. Robbe-Grillet, Alain, 1922- — Critique et interprétation.
2. Alchimie dans la littérature.   3. Personnages dans la littérature.
4. Espace et temps dans la littérature.   5. Nouveau roman — Histoire et critique.   6. Narration.   I. Titre.

PQ2635.O14Z66 2001   C843'.914   C201-901977-7

Infographie de la couverture: Pierre Bertrand
Typographie et montage: Marie-Andrée Donovan

<table>
<tr><td>Les Éditions David</td><td>L'Harmattan</td></tr>
<tr><td>1678, rue Sansonnet</td><td>5-7, rue de l'École Polytechnique</td></tr>
<tr><td>Ottawa, Ontario</td><td>75005 Paris</td></tr>
<tr><td>K1C 5Y7</td><td>France</td></tr>
<tr><td>Tél.: (613) 830-3336</td><td>Tél.: 01 40 46 79 20</td></tr>
<tr><td>Télécopieur: (613) 830-2819</td><td>Courriel: hermat@worldnet.fr</td></tr>
<tr><td>Courriel: ed.david@sympatico.ca</td><td></td></tr>
</table>

À Ghislaine

INTRODUCTION

> «Plus un message contient d'information, c'est-à-dire de choses ignorées ou même insoupçonnables par son destinataire, moins sa signification lui paraîtra évidente[1].»

OMME LE CONFIRME la recherche épistémocritique[2], les œuvres de fiction inscrivent presque toutes des références, certes plus ou moins volumineuses et plus ou moins explicites, à de multiples savoirs non littéraires. Bien plus, dans de nombreux cas, cette présence épistémique n'est rien moins que passive et insignifiante; elle constitue au contraire l'un des ressorts de l'écriture dans la mesure où elle assume une fonction structurante ou sémantique, justifiant la démarche décrite par Michel Pierssens:

> La question à chaque fois se pose: *que sait un texte*? Mais aussi: comment le texte fait-il de son propre déploiement la réponse à cette question sur quoi il joue son existence et son sens, en visant à nouer de nouveaux nœuds dans la langue, les figures, les discours [...][3]?

---

1. Alain ROBBE-GRILLET, *Angélique ou l'Enchantement*, Paris, Les Éditions de Minuit, 1988, p. 168.

2. Voir par exemple Walter MOSER, «Literature — A Storehouse of Knowledge?», *SubStance*, vol. 22, n°s 71-72, automne et hiver 1993, p. 126-140.

3. Michel PIERSSENS, «Épistémocritique», *Spirale*, n° 77, mars 1988, p. 8.

Les romans d'Alain Robbe-Grillet ont d'ores et déjà livré quelques-uns de leurs emprunts à des savoirs non littéraires. L'écrivain — formation scientifique oblige — a ainsi convoqué plusieurs sciences, notamment les mathématiques avec «la lemniscate de Bernoulli[4]» ou la topologie de Klein[5], la physique moderne avec la mécanique quantique de Heisenberg[6] ou la théorie de l'information de Shannon[7]. Mais il a aussi fait appel à la philosophie: phénoménologie de Husserl et de Merleau-Ponty[8] ou existentialisme sartrien[9], pour ne citer que ces quelques exemples.

Robbe-Grillet alchimiste?

La présente étude se propose, elle, de rechercher à l'intérieur des romans robbe-grillétiens les marques de

---

4. Alain GOULET, *Le Parcours mœbien de l'écriture:* Le Voyeur, Paris, Lettres modernes, coll. «Archives des Lettres modernes», 1982, p. 3.

5. Sur la bouteille de Klein et *Projet pour une révolution à New York*, voir Lucien DÄLLENBACH, «Ouroboros et serpents de Klein», dans *Le Récit spéculaire. Essai sur la mise en abyme*, Paris, Seuil, coll. «Poétique», 1977, p. 189-193.

6. Voir Raylene L. RAMSAY, «Toward the Sense(e) of Science: Of "Complementarity"», dans *Robbe-Grillet and Modernity. Science, Sexuality and Subversion*, Gainesville, University Press of Florida, 1992, p. 7-42.

7. Voir Maureen DiLonardo TROIANO, «Robbe-Grillet: Adapting New Terms and Constructs to Literary Discussion», dans *New Physics and the Modern French Novel. An Investigation of Interdisciplinary Discourse*, New York, Peter Lang, 1995, p. 139-180.

8. Voir Victor CARRABINO, *The Phenomenological Novel of Alain Robbe-Grillet*, Parme, C.E.M., 1974.

9. Voir Renato BARILLI, «De Sartre à Robbe-Grillet», *La Revue des Lettres modernes*, n°s 94-99, 1964, p. 105-128.

cette *pseudo-science*[10] qu'est la philosophie alchimique. Consistant à associer à l'Art sacré le chef de file du Nouveau Roman, l'approche peut a priori surprendre. Pourtant, elle se trouve confortée par un certain nombre d'indices selon lesquels, contrairement à une opinion généralement admise, l'environnement éditorial de Robbe-Grillet n'est pas exempt de toute empreinte hermétique.

Ainsi, l'alchimie n'est pas étrangère aux Éditions de Minuit, où Robbe-Grillet a publié à partir de 1953 la quasi-totalité de son œuvre et où il a été lecteur, puis conseiller littéraire, de 1955 à 1985. En effet, en 1953, paraît aux Éditions de Minuit *Aspects de l'alchimie traditionnelle*. Cet ouvrage de René Alleau, un alchimiste reconnu, de surcroît directeur de la prestigieuse collection « Bibliotheca Hermetica » des Éditions de Retz, est préfacé par Eugène Canseliet, son maître, lui-même disciple du célèbre Adepte Fulcanelli. Or, en 1956, les Éditions de Minuit récidivent avec la publication d'un traité alchimique majeur, *Les Douze Clefs de la philosophie*, dû au bénédictin Basile Valentin et paru initialement en 1624. La traduction du texte latin, l'introduction, les notes et l'explication des images sont à nouveau d'Eugène Canseliet. Ces deux livres, hautement spécialisés, expliquent que les Éditions de Minuit ont été, dans un numéro du *Magazine littéraire* entièrement consacré à l'alchimie, rangées parmi les éditeurs d'ouvrages ésotériques[11]. Si ces ouvrages ont pu voir le jour, c'est qu'un intérêt marqué pour l'alchimie était nourri à cette époque par le président des Éditions de Minuit, Jérôme

---

10. Voir Allen G. DEBUS, «The Pseudo-Sciences and the History of Science», *University of Chicago Library Society Bulletin*, n° 3, 1978, p. 9-20.

11. Voir *Magazine littéraire*, n° 98, mars 1975, p. 16.

Lindon, et par le conseiller de celui-ci, Georges Lam-
brichs, bientôt remplacé par Robbe-Grillet, Canseliet
citant les deux hommes dans l'introduction des *Douze
Clefs*[12].

Du reste, toujours en 1953, dans *Critique*, la revue
publiée par Les Éditions de Minuit, le futur auteur de
Passage de Milan, qui paraît également aux Éditions de
Minuit en 1954, publie un article intitulé «L'Alchimie et
son langage[13]». Butor y manifeste une connaissance particulièrement approfondie et lucide de l'Art royal. Point
étonnant, dans ces conditions, que plusieurs critiques
aient découvert dans les romans de Butor une inspiration d'ordre alchimique. Ainsi, de l'analyse de *L'Emploi
du temps* et de *Degrés*, J. H. Matthews conclut que «c'est
bien à fixer une forme de conscience que Butor, à
l'exemple des alchimistes, vise dans ses œuvres
romanesques[14]». Quant à Georges Raillard, non seulement il voit dans *Portrait de l'artiste en jeune singe*, à
l'instar de Jennifer Waelti-Walters[15], un «[l]ivre de col-
lages hanté par Fulcanelli[16]», mais il trouve de très nombreuses références aux *Demeures philosophales*, un des

---

12.   Voir Eugène CANSELIET, introduction à Frère Basile
VALENTIN, de l'ordre de Saint-Benoît, *Les Douze Clefs de la philosophie*, Paris, Les Éditions de Minuit, 1956, p. 12.

13.   Ce texte est repris dans Michel BUTOR, *Répertoire. Études et
conférences, 1948-1959*, Paris, Les Éditions de Minuit, 1960, p. 12-
19.

14.   J. H. MATTHEWS, «Michel Butor: l'alchimie et le roman»,
La Revue des Lettres modernes, nᵒˢ 94-99, 1964, p. 57.

15.   Jennifer WAELTI-WALTERS, *Alchimie et Littérature. À propos
de* Portrait de l'artiste en jeune singe *de Michel Butor*, Paris,
Denoël, 1975.

16.   Georges RAILLARD, «*Le Butor étoilé ATTENTION,
HEPTAÈDRE*», dans G. RAILLARD, *Butor. Colloque de Cerisy*, Paris,
U.G.É, coll. «10/18», 1974, p. 429 et 430.

deux traités alchimiques de Fulcanelli, jusque «dans les premiers romans» de Butor. De plus, il décèle dans *Passage de Milan* «un champ ésotérique et religieux, voire théosophique[17]», dans lequel s'inscrit l'œuvre alchimique réalisée par Marcel Duchamp, *La Mariée mise à nu par ses célibataires, même*, le *Grand verre*[18] du peintre surréaliste renvoyant au patronyme de Martin de Vere, comme il renvoie aussi, dans *L'Emploi du temps*, à celui de Jacques Revel (Revel est l'inversion de Lever) et, dans *Degrés*, à celui de Pierre Vernier (Ver/nié)[19].

Or, l'influence alchimique est également visible chez un autre Nouveau Romancier, Robert Pinget. L'auteur de *Graal flibuste*, *Paralchimie*, *Abel et Bela*, ne cache d'ailleurs pas l'inspiration qu'il trouve dans l'alchimie, confiant notamment: «La lecture des derniers livres de Jung (*Psychologie et alchimie* et *Mysterium conjunctionis*), de même que celle des livres de Mircea Eliade, m'a passionné[20].»

À l'image de l'environnement éditorial, l'environnement littéraire de Robbe-Grillet, c'est-à-dire les écrivains qui ont compté pour lui, n'est pas sans évoquer l'alchimie. En effet, parmi ceux-ci figure l'auteur de *Nadja*. Du reste, «*L'Année dernière à Marienbad* était initialement dédié à André Breton, ce qui, à l'époque de la sortie du film (1961), n'avait pas été rendu public en

---

17. *Id.*, *Butor*, Paris, Gallimard, 1968, p. 188.

18. À noter que Robbe-Grillet lui-même signale qu'il est possible de «reconnaître» l'œuvre de Duchamp dans *Projet pour une révolution à New York*. A. ROBBE-GRILLET, *Le Miroir qui revient*, p. 43.

19. Voir G. RAILLARD, «Référence plastique et discours littéraire chez Michel Butor», dans J. RICARDOU et F. van ROSSUM-GUYON, *op. cit*, t. II «Pratiques», p. 265, 272 et 276.

20. Robert PINGET, *Robert Pinget à la lettre. Entretiens avec Madeleine Renouard*, Paris, Belfond, 1993, p. 20.

raison de la réaction violente du poète surréaliste à la projection privée[21]». Or, si Breton a détesté le film, c'est, confie Robbe-Grillet, qu'y «perçait une lèse-majesté concernant son propre domaine[22]». Ce domaine réservé de Breton ne peut-il pas être apparenté à l'alchimie? Cela est vraisemblable, puisque le rédacteur des *Manifestes du surréalisme* souligne lui-même: «Je demande qu'on veuille bien observer que les recherches surréalistes présentent, avec les recherches alchimiques, une remarquable analogie de but [...][23].» D'ailleurs, la culture hermétique de Breton transparaît clairement dans *Arcane 17*[24] — dont le titre renvoie à la dix-septième lame du tarot —, au travers des références qui y sont faites à Antoine Fabre d'Olivet, à Emanuel Swedenborg, à Éliphas Lévi et à Louis-Claude de Saint-Martin.

Autre phare: Raymond Roussel, dont Robbe-Grillet considère l'œuvre «comme l'une des plus importantes de la littérature française au début de ce siècle[25]» et en hommage à qui il a envisagé de donner au *Voyeur* le titre de *La Vue*[26], un poème descriptif publié par Roussel en 1902. Or, l'écriture de Roussel, où abondent calembours et anagrammes, est qualifiée par Canseliet de

---

21. Roger-Michel ALLEMAND, «*Un régicide*: quel régicide?», dans R.-M. ALLEMAND et Alain GOULET, *Imaginaire, Écritures, Lectures de Robbe-Grillet, d'*Un régicide *aux* Romanesques, Lion-sur-Mer, Arcane-Beaunieux, 1991, p. 42.

22. A. ROBBE-GRILLET, *Les Derniers Jours de Corinthe*, Paris, Les Éditions de Minuit, 1994, p. 181.

23. André BRETON, «Second Manifeste du surréalisme (1930)», dans *Manifestes du surréalisme*, Paris, [Pauvert] Gallimard, coll. «Idées», [1962] 1979, p. 135.

24. *Id.*, *Arcane 17*, Paris, Jean-Jacques Pauvert, [1944] 1971.

25. A. ROBBE-GRILLET, *Pour un nouveau roman*, p. 71.

26. *Id.*, *Les Derniers Jours de Corinthe*, p. 74.

«cabalistique[27]». À noter que la cabale hermétique, «[t]andis que la *kabbale hébraïque* n'est qu'un procédé basé sur la décomposition et l'explication de chaque mot ou de chaque lettre, [...] est une *véritable langue[28]*», «un idiome phonétique basé uniquement sur l'assonance[29]»; elle permet «à qui la possède d'ouvrir les portes [...] de ces *livres fermés* que sont les ouvrages de science traditionnelle, [...] d'en saisir la signification secrète[30]». L'utilisation par Roussel de la langue des alchimistes est d'ailleurs confirmée par... Breton: analysant *La Poussière de Soleils*, une pièce de théâtre de Roussel, le pape du surréalisme, évoquant «le secret alchimique[31]», souligne que «Roussel obéit, en qualité d'*adepte*, à un mot d'ordre imprescriptible», et il ajoute que, dans son texte, l'auteur «s'est appliqué [...] à nous fournir les rudiments nécessaires à la réalisation de ce que les alchimistes entendent par le Grand Œuvre[32]». À noter que... Butor lui-même trouve dans *Impressions d'Afrique*, roman, puis pièce de théâtre de Roussel, des éléments «qui légitime[nt] la comparaison que fait Breton de l'aventure de Roussel avec le grand œuvre alchimique[33]».

---

27. E. CANSELIET, préface à R. ALLEAU, *Aspects de l'alchimie traditionnelle*, Paris, Les Éditions de Minuit, 1953, p. 19.

28. FULCANELLI, *Les Demeures philosophales et le symbolisme hermétique dans ses rapports avec l'art sacré et l'ésotérisme du grand œuvre*, t. II, Paris, Jean-Jacques Pauvert, [1930] 1965, p. 209.

29. *Ibid.*, t. I, p. 113.

30. *Ibid.*, t. II, p. 210.

31. A. BRETON, «Fronton Virage», préface à Jean Ferry, *Une étude sur Raymond Roussel*, Paris, Arcanes, 1953, p. 22.

32. *Ibid.*, p. 28.

33. M. BUTOR, «Sur les procédés de Raymond Roussel», dans *Essais sur les Modernes*, Paris, Gallimard, coll. «Idées », [1960] 1971, p. 219.

Au même titre que Raymond Roussel, Robbe-Grillet range notamment Kafka parmi «les vrais romanciers[34]». Or, Breton, toujours lui, établit un lien entre Kafka et le Grand Art: «[...] [L]a pensée de Kafka [...] réveille pour elle seule les fours éteints de la petite rue des Alchimistes, véritable quartier réservé de l'esprit[35].» Reste que ce jugement de Breton, pour anecdotique qu'en apparaisse son fondement — Kafka a vécu un moment dans cette rue de Prague — acquiert de la pertinence si l'on se rappelle que Kafka a durablement subi l'influence de Madame Fanta, une passionnée de philosophie hindoue et de théosophie, et que c'est chez elle que Kafka assista aux conférences de l'anthroposophe Rudolf Steiner. Le témoignage de la fille de Berta Fanta est précieux: «Je me souviens d'avoir regardé longuement Franz Kafka pendant les conférences, ses yeux brillaient et étincelaient, un sourire éclairait son visage[36]». Kafka devait rendre personnellement visite à Rudolf Steiner. Nous sommes en 1911, et Kafka, qui possède dans sa bibliothèque des ouvrages sur la théosophie et sur la gnose, va bientôt rédiger ses œuvres majeures. Faut-il alors s'étonner que Michel Carrouges puisse ranger parmi ses *machines célibataires* à connotation alchimique, aux côtés notamment de celles que Raymond Roussel décrit dans *Impressions d'Afrique* et dans *Locus Solus* ou de *La Mariée mise à nu par ses célibataires, même*, une

---

34. A. ROBBE-GRILLET, cité par Claude SARRAUTE, «La subjectivité est la caractéristique du roman contemporain...», *Le Monde*, 13 mai 1961, p. 9.

35. A. BRETON, *Anthologie de l'humour noir*, Paris, Jean-Jacques Pauvert, 1966, p. 439-440.

36. Klaus WAGENBACH, *Franz Kafka. Les années de jeunesse*, Paris, Mercure de France [pour la trad.], [1958] 1967, p. 162. Voir aussi p. 238 et 244.

machine aboutissant, dans *La Colonie pénitentiaire*, à «l'illumination divine[37]»?

Si l'on considère que Joë Bousquet, dont l'œuvre est «précieuse[38]» aux yeux de Robbe-Grillet, est tout entier préoccupé par le Grand Œuvre[39] et que les *Romanesques* font une «référence constante à Goethe, Mallarmé et Kipling, qui étaient tous trois francs-maçons[40]», — la franc-maçonnerie présente avec l'alchimie une «identité d'ésotérisme[41]», l'une et l'autre comportant «les mêmes données initiatiques» —, si l'on se rappelle enfin que Robbe-Grillet confie: «*La Comédie humaine* me tombe des mains. À la rigueur, je peux trouver du plaisir à des Balzac très marginaux: *Séraphita* [...][42].», force est de constater que la plus grande partie du panthéon littéraire robbe-grillétien est fortement marquée par l'influence hermétique.

En outre, un observateur attentif de la réception critique de l'œuvre de Robbe-Grillet n'est pas sans rencontrer un certain nombre d'appréciations qui militent en faveur d'une exploration alchimique. Ainsi, Roger-Michel Allemand relève dans les trois volumes des

---

37. Michel CARROUGES, *Les Machines célibataires*, Paris, Chêne, 1976, p. 46.

38. A. ROBBE-GRILLET, *Pour un nouveau roman*, p. 93.

39. Voir à ce sujet Françoise BONARDEL, *Philosophie de l'alchimie. Grand Œuvre et modernité*, Paris, Presses Universitaires de France, coll. « Questions», 1993, p. 620-631.

40. R.-M. ALLEMAND, *Alain Robbe-Grillet*, Paris, Seuil, 1997, p. 227.

41. Oswald WIRTH, cité par Paul Naudon, *L'Humanisme maçonnique. Essai sur l'existentialisme initiatique*, Paris, Dervy-Livres, [1962] 1974, p. 41.

42. Jean-Pierre SALGAS, «Robbe-Grillet: "Je n'ai jamais parlé d'autre chose que de moi"», *La Quinzaine littéraire*, n° 432, 16-31 janvier 1985, p. 7.

Romanesques, la série *autobiographique*, des références à la fois précises et nombreuses à l'alchimie ainsi qu'à la franc-maçonnerie[43]. D'autres critiques ont établi un constat analogue à propos des romans eux-mêmes. Par exemple, R.-M. Albérès parle de «roman ésotérique, [...] à plusieurs possibilités de sens successifs[44]», Bernard Dort de «récit [...] à clef philosophique[45]», Gaétan Picon d'«œuvre [...] explicitement métaphysique[46]», d'«allégorie métaphysique[47]»; Ben Stoltzfus fait état de symboles empruntés à l'alchimie traditionnelle[48]; S.M. Bridge mentionne l'alchimie jungienne[49] et Sybil Dümchen-Weihert évoque l'alchimie chinoise[50].

De plus, Robbe-Grillet n'avoue-t-il pas lui-même qu'«[i]l y a une part de métaphysique[51]» à l'intérieur de

---

43. Voir la thèse de doctorat de R.-M. ALLEMAND, *Le Grand Œuvre des* Romanesques *d'Alain Robbe-Grillet*, A.N.R.T. Université de Lille III, 1995, microfiche 1846.19074/95.

44. R.-M. ALBÉRÈS, «A. Robbe-Grillet et la sacralisation du roman policier», dans *Métamorphoses du roman*, Paris, Albin Michel, [1966] 1972, p. 146.

45. Bernard DORT, «Le Temps des choses», *Cahiers du Sud*, vol. 38, n° 321, janvier 1954, p. 302.

46. Gaétan PICON, «Le Problème du *Voyeur*», *Mercure de France*, n° 1106, octobre 1955, p. 304.

47. *Ibid.*, p. 307.

48. Voir Ben F. STOLTZFUS, «*Souvenirs du triangle d'or*: Robbe-Grillet's Generative Alchemy», *Kentucky Romance Quarterly*, vol. 29, n° 4, 1982, p. 331-345.

49. Voir S.M. BRIDGE, «Robbe-Grillet's *Djinn*: "Le cœur a ses raisons que la raison ne connaît point"», *French Studies Bulletin*, n° 13, hiver 1984-1985, p. 9-11.

50. Voir Sybil DÜMCHEN-WEIHERT, «*Djinn*: Yin und Yang und die unterbrochene Linie», *Lendemains*, vol. 9, n° 24, 1984, p. 93-102.

51. A. ROBBE-GRILLET, cité par [ANONYME], «En retard ou en avance ?», *L'Express*, 8 octobre 1959, p. 33.

Dans le labyrinthe? Bien plus, il confie à Bruce Morrissette qu'il a imaginé «son premier roman — auquel il songeait avant même d'écrire *Un régicide* [...] — comme une intrigue qui aurait utilisé 108 éléments, par référence aux 108 écailles du corps de l'Ouroboros, le serpent occulte[52]». Du reste, le romancier fait à nouveau une déclaration similaire à propos des *Gommes*, pour lequel a été choisie une «structure circulaire[53]» empruntée à «l'Ouroboros, le serpent égyptien qui se mord la queue». Or, «la figure du cercle gnostique, formé par le corps du serpent qui dévore sa queue[54]», en tant qu'«expression géométrique de l'unité[55]» et «tracé symbolique de l'infini et de l'éternité, comme aussi de la perfection[56]», est «le signe distinctif du Grand Œuvre[57]».

Enfin, Robbe-Grillet admet que *Les Gommes* est construit «sur la succession des arcanes majeurs du tarot[58]», lequel est également mis à contribution dans *Topologie d'une cité fantôme*. Or, «le tarot, hiéroglyphe complet du Grand Œuvre, contient les [...] opérations ou phases par lesquelles passe le mercure philosophique avant d'atteindre la perfection finale de l'Elixir[59]».

Reste que ces traces alchimiques, à l'instar des quelques indications fournies par les critiques, sont fragmentaires et, partant, leur intérêt réside surtout en ce qu'elles

---

52. B. MORRISSETTE, *op. cit.*, p. 38.

53. A. ROBBE-GRILLET, cité par Claude BONNEFOY, «Alain Robbe-Grillet: "Les procédés sont faits pour être détruits."», *Nouvelles littéraires*, 10-17 mars 1977, p. 20.

54. FULCANELLI, *op. cit.*, t. II, p. 87.

55. *Ibid.*, p. 87.

56. *Ibid.*, t. I, p. 278.

57. *Ibid.*, t. II, p. 88.

58. A. ROBBE-GRILLET, cité par C. BONNEFOY, *op. cit.*, p. 20.

59. FULCANELLI, *op. cit.*, t. I, p. 307.

peuvent laisser supposer l'existence d'un véritable gisement.

À la recherche de l'épistémè alchimique

C'est à la recherche et à l'exploitation de ce gisement potentiel que correspond le projet de cet ouvrage, puisque celui-ci vise à confronter au savoir alchimique l'ensemble des romans[60] de Robbe-Grillet.

Pour dégager les concepts de base de l'alchimie ainsi que les principales opérations du Grand Art et disposer des multiples symboles par lesquels celles-ci et ceux-là sont représentés, il fait appel à une théorie développée dans différents pays, notamment en Chine, mais il privilégie les spéculations de l'alchimie occidentale, puisque, généralement, c'est à celle-ci que se réfèrent les écrivains français. À l'intérieur de ce champ, sont mis à contribution divers traités parus à des époques variées; cependant, l'accent est principalement mis sur les ouvrages édités au cours de la première partie du XXe siècle et qui, de ce fait, ont pu être plus facilement consultés par Robbe-Grillet. Parmi les auteurs concernés, trois alchimistes d'envergure sont particulièrement convoqués : un Adepte et son disciple, Fulcanelli et Eugène Canseliet, et René Alleau, lui-même élève de Canseliet. Sont de plus utilisées les analyses de deux *initiés*, René Guénon et

---

60. Les citations de ces romans sont suivies, entre parenthèses, d'un renvoi aux pages des éditions répertoriées dans la bibliographie, précédé des sigles suivants: *D* pour *Djinn*, *DL* pour *Dans le labyrinthe*, *G* pour *Les Gommes*, *J* pour *La Jalousie*, *MRV* pour *La Maison de rendez-vous*, *PRNY* pour *Projet pour une révolution à New York*, *R* pour *Un régicide*, *STO* pour *Souvenirs du triangle d'or*, *TCF* pour *Topologie d'une cité fantôme* et *V* pour *Le Voyeur*. En outre, à l'intérieur d'un même paragraphe, les séries continues de références à une même source sont allégées du sigle commun initial et réduites à la numérotation des pages.

Julius Evola, et celles de deux *scientifiques*, Mircea Eliade et, surtout, Jung, dont pourtant seuls les commentaires relatifs à l'alchimie sont exploités, les théories psychologiques étant volontairement écartées puisque notre démarche, contrairement à celle d'autres critiques tels que Didier Anzieu, Robert Georgin, Robert Storey et Rosanne Weil-Malherbe, est étrangère à toute forme de psychanalyse. Enfin, il est également fait mention des symboles empruntés à la franc-maçonnerie puisque, comme nous l'avons vu, celle-ci s'appuie sur les mêmes fondements épistémiques que l'alchimie.

Des textes alchimiques et des interprétations auxquelles ceux-ci ont donné lieu, il ressort que l'alchimie constitue d'abord une philosophie selon laquelle l'état le plus élevé de l'être, celui de l'unité, est ordinairement dégradé sous la forme de deux composantes de polarité opposée, et que cette philosophie se double ensuite d'un art grâce auquel l'alchimiste peut reconstituer l'unité idéale: «l'*opus* naît de l'*Un* et ramène à l'*Un*[61]», dit Jung.

S'appliquant, dans l'ensemble de l'univers, indifféremment au plus petit et au plus grand, le principe de polarité, lequel «exprime la dualité propre à toute manifestation[62]», hisse effectivement l'alchimie au rang d'une philosophie, et notamment d'une métaphysique et d'une ontologie. Cette philosophie est dite hermétique dans la mesure où son contenu est initialement fixé dans le *Corpus Hermeticum* attribué à Hermès Trismégiste et écrit en Égypte au cours de l'époque hellénistique. À noter d'ailleurs que les alchimistes se nomment

---

61. Carl Gustav JUNG, *Psychologie et alchimie*, Paris, Buchet/ Chastel [pour la trad.], [1944] 1970, p. 377.

62. Patrick RIVIÈRE, *L'Alchimie, science et mystique*, Paris, De Vecchi, 1990, p. 36.

«philosophes[63]», «amateur[s] de la Vérité[64]», d'une «Vérité éternelle, universelle et indivisible[65]»: «Les Philosophes Hermétiques [...] sont tous d'accord entre eux: pas un ne contredit les principes de l'autre. Celui qui écrivait il y a trente ans parle comme celui qui vivait il y a deux mille ans[66]», même si chacun représente ces principes au moyen de symboles qui lui sont propres. C'est également pourquoi les alchimistes s'appellent «fils de science[67]», de la «Haute Science[68]», de «la science [...] des causes[69]», d'une «science véritable et positive[70]», dont les lois ne sont pas sans évoquer celles de la physique moderne[71], l'atome étant par exemple formé d'un noyau de charge électrique positive et d'électrons chargés négativement.

Cependant, cette science est aussi une «science [...] ésotérique[72]», «secrète[73]», puisque ses matériaux ne sont jamais clairement identifiés, mais toujours cachés sous

---

63. E. CANSELIET, préface à FULCANELLI, *op. cit.*, t. I, p.14.

64. *Id.*, *L'Alchimie expliquée sur ses textes classiques*, Paris, Jean-Jacques Pauvert, 1972, p. 7.

65. *Id.*, préface à FULCANELLI, *Le Mystère des cathédrales et l'interprétation ésotérique des symboles hermétiques du grand œuvre*, Paris, Jean-Jacques Pauvert, [1926] 1964, p. 16.

66. Dom Antoine-Joseph PERNETY, *Les Fables égyptiennes et grecques*, t. I, Paris, La Table d'Émeraude, [1786] 1991, p. 11.

67. FULCANELLI, *Le Mystère des cathédrales*, p. 164.

68. R. ALLEAU, *op. cit.*, p. 149.

69. FULCANELLI, *Les Demeures philosophales*, t. I, p. 79.

70. *Id.*, *Le Mystère des cathédrales*, p. 223.

71. Voir notamment Fritjof CAPRA, *Le Tao de la physique*, Paris, Tchou [pour la trad.], [1975] 1979.

72. E. CANSELIET, préface à FULCANELLI, *Les Demeures philosophales*, t. I, p. 12.

73. FULCANELLI, *Les Demeures philosophales*, t. I, p. 151.

le «voile des allégories[74]». Ainsi, les opposés sont notamment symbolisés par le Mercure et le Soufre. Pourtant, il ne faut pas s'arrêter au «sens littéral[75]» et confondre l'alchimie avec «l'*archimie* [...] qui enseigne la transmutation des métaux[76]». Certes, l'alchimie n'est pas seulement une doctrine; c'est également une «philosophie expérimentale[77]»: «Celui [...] qui ose se prétendre philosophe et ne veut *labourer* [...], celui-là doit être regardé comme le plus vaniteux des ignorants[78]». Mais le travail de l'«artiste[79]» utilise des matériaux «qu'on ne saurait trouver qu'en soi-même[80]», et c'est au plus profond de l'Adepte qu'il vise à générer une «illumination de la conscience[81]», étant entendu qu'avec l'alchimie, «il ne s'agit pas de mysticisme, mais d'une *science réelle*, dans laquelle [l'accomplissement] n'a pas un sens moral, mais très concret — nous dirions presque physique — au point d'éveiller éventuellement certains pouvoirs supranormaux[82]», dont la possession «dote l'*Adepte* [...] de la vie éternelle, de l'infuse connaissance et des richesses temporelles, au sens le plus absolu de ces trois vocables et de leurs épithètes[83]».

---

74. E. CANSELIET, préface à FULCANELLI, *Les Demeures philosophales*, t. I, p. 12.

75. FULCANELLI, *Les Demeures philosophales*, t. I, p. 314.

76. *Ibid.*, p. 71.

77. *Ibid.*, t. II, p. 75.

78. *Ibid.*, p. 197.

79. E. CANSELIET, préface à FULCANELLI, *Les Demeures philosophales*, t. I, p. 23.

80. FULCANELLI, *Les Demeures philosophales*, t. II, p. 57.

81. R. ALLEAU, *op. cit.*, p. 34.

82. Julius EVOLA, *La Tradition hermétique. Les symboles et la doctrine de l'«Art Royal» hermétique*, Paris, Éditions traditionnelles [pour la trad.], 1988, p. 3.

83. E. CANSELIET, *L'Alchimie expliquée sur ses textes classiques*, p. 67.

Pour atteindre cet objectif, symbolisé notamment par l'élaboration de «la Pierre Philosophale» ou par la naissance de l'Androgyne, l'étudiant doit effectuer toute une série d'opérations dont l'illustration fait indifféremment appel à la terminologie de la chimie ou au vocabulaire de l'érotique et dont la fin est la réalisation de la réunification des deux opposés sous l'effet d'un agent identifié au magnétisme ou au désir, la réalisation «du mariage, de l'union des deux principes, masculin (le Soufre) et féminin (le Mercure), dans la cornue ou le creuset, par le moyen d'un troisième principe (le Sel), grâce auquel les "Noces chimiques" deviennent possibles[84]». Traditionnellement, ces opérations sont regroupées autour de trois phases «se développ[a]nt selon l'ordre invariable qui va du *noir* au *rouge* en passant par le *blanc*[85]».

L'alchimie n'étant pas ici identifiée à un récit mythique, mais à un corps de doctrine auquel s'ajoutent les préceptes d'un art, la démarche suivie dans cette étude n'est pas mythocritique, mais épistémocritique: l'objectif est à la fois de reconnaître l'existence de l'épistémè alchimique dans le texte robbe-grillétien et de découvrir le rôle joué par celle-ci dans l'économie et la portée de l'œuvre de façon à proposer finalement une nouvelle lecture de l'ensemble des romans.

Afin d'aboutir à cet objectif, il est indispensable, avant d'examiner comment l'Œuvre alchimique se construit au fil des romans, d'analyser les différents types de matériaux à partir desquels s'effectue cette construction, d'où l'organisation de notre ouvrage en deux parties. La première vise à mettre en évidence la présence des

---

84. Serge HUTIN, *L'Amour magique*, Bruxelles, Savoir pour Être, 1994, p. 73.

85. FULCANELLI, *Le Mystère des cathédrales*, p. 108.

opposés alchimiques, lesquels sont successivement étudiés sur le plan des personnages, de l'espace et du temps. La seconde partie met au jour le processus dynamique qui, épousant la succession des différentes phases — noire, blanche et rouge — de l'Œuvre alchimique, provoque d'abord l'éclatement de l'unité et l'apparition consécutive des deux opposés, puis instaure, entre ces contraires, des relations conflictuelles au cours desquelles ceux-ci subissent une série de métamorphoses conduisant progressivement à la reconstitution de l'unité. Elle met en évidence le rôle disjoncteur, puis réunificateur, joué, dans ce processus, par un troisième intervenant qui, comme dans l'*opus* hermétique, peut être identifié à Éros.

PREMIÈRE PARTIE

Les opposés aux deux pôles d'une psyché

> «Ces parcours labyrinthiques, ces piétinements, ces scènes qui se répè-tent (même celle de la mort, qui ne peut plus jamais être définitive), ces corps inaltérables, cette absence de temps, ces multiples espaces paral-lèles aux déboîtements soudains, ce thème enfin du "double" [...], ne doit-on pas y reconnaître précisément les signes distinctifs et les lois naturelles des éternelles régions hantées[1]?»

« *[L]* A MATIÈRE EST UNE, dis[ent] les alchimistes, *mais elle peut prendre diverses formes[2]*», en fonction notamment de la prépondérance de l'une ou de l'autre de ses «deux propriétés contraires[3]», lesquelles sont sym-bolisées notamment par le Mercure, «le principe passif, féminin[4]», et par le Soufre, «le principe actif, masculin».

---

1. A. ROBBE-GRILLET, *Le Miroir qui revient*, p. 21-22.

2. S. HUTIN, *L'Alchimie*, Paris, Presses Universitaires de France, coll. «Que sais-je?», [1951] 1967, p. 69.

3. *Ibid.*, p. 71.

4. *Ibid.*, p. 70.

Dans la philosophie taoïste et l'alchimie chinoise qui en découle, ces deux opposés sont respectivement désignés par le yin et par le yang. En effet, comme l'indique Julius Evola, «le *yang* a la nature du Ciel et tout ce qui est actif, positif et masculin est *yang*, tandis que le *yin* a la nature de la Terre et tout ce qui est passif, négatif et féminin est *yin*[5]». À ces deux principes antagonistes sont associés tous les couples de contraires. C'est ainsi que s'explique «l'attribution au *yin* de la qualité froide, humide et obscure, au *yang* de la qualité sèche, claire, lumineuse[6]». Par ailleurs, alors que «l'esprit est *yang*[7]», au yin «est propre l'ombre, [...] en rapport avec les puissances élémentaires antérieures à la forme, qui chez l'être humain correspondent à l'inconscient[8]». Enfin, «[t]ous les phénomènes, les formes, les êtres et les changements sont considérés à l'échelle de rencontres et de combinaisons variées du *yang* et du *yin*[9]». C'est la raison pour laquelle «le pur *yin* et le pur *yang*» sont deux principes qui n'existent que dans l'absolu et qui sont toujours en fait entachés chacun d'une parcelle, plus ou moins grande, appartenant à son contraire, ainsi qu'il apparaît du reste dans le T'ai-Chi, symbole taoïste où, dans chacune des deux moitiés, noire et blanche, du dessin figure un petit disque de la couleur opposée[10].

Pareillement, pour Jung, derrière la matière alchimique et les multiples formes de celle-ci, il faut comprendre «la psyché[11]» et ses «manifestations», les deux

---

5. J. EVOLA, *Métaphysique du sexe*, Paris, Payot [pour la trad.], 1968, p. 168.

6. *Ibid.*, p. 169.

7. *Ibid.*, p. 168.

8. *Ibid.*, p. 169.

9. *Ibid.*, p. 168.

10. Voir P. RIVIÈRE, *L'Alchimie, science et mystique*, p. 36 et 37.

11. C. G. JUNG, *op. cit.*, p. 62.

opposés représentant «l'inconscient» et «la conscience».
Là encore, l'inconscient possède un «aspect chtonien et
féminin[12]»; il figure «la moitié obscure de la personnalité,
l'ombre[13]» et les «impulsions animales[14]»; c'est «un élément passif (*patiens*), réceptif, qui conçoit, ou une substance à laquelle il faut donner forme (alchimiquement
informatio, le fait de donner une forme, *impregnatio*,
fécondation[15])», tandis que la conscience «apparaît
comme *masculine*, c'est-à-dire comme détermination
active et action» et correspond «à l'agression». Toutefois,
ce partage doit être nuancé «puisque, selon la doctrine
alchimique, chaque élément renferme son contraire "à
l'intérieur" de lui-même[16]». Ainsi, par exemple, le
«Mercure, qui [...] personnifie l'inconscient, est essentiellement *duplex*, c'est une nature double paradoxale,
un diable, une bête, et en même temps un remède
salutaire[17]».

Or, Robbe-Grillet confie lui-même qu'il cherche
dans son œuvre à «traduire[18]» son rapport «au monde et
à [s]on être, [...] rapport où tout est double, contradic-
toire et fuyant», opposant «l'univers qu'affronte et
sécrète tout à la fois notre inconscient[19]» au «monde
factice de la quotidienneté, celui de la vie dite consciente».

---

12. *Ibid.*, p. 34.

13. *Ibid.*, p. 45.

14. *Ibid.*, p. 192.

15. *Id.*, *Psychologie du transfert*, Paris, Albin Michel [pour la
trad.], [1946] 1980, p. 66.

16. *Ibid.*, p. 100.

17. *Ibid.*, p. 47.

18. A. ROBBE-GRILLET, *Le Miroir qui revient*, p. 41.

19. *Id.*, *Angélique ou l'Enchantement*, p. 182.

Aussi est-il logique de retrouver, à la fois dans les personnages, les espaces et les trames temporelles des romans robbe-grillétiens, les marques de la philosophie alchimique, puisque celle-ci affirme, en deçà d'une unicité fondamentale, la nature duelle de toute réalité.

CHAPITRE PREMIER

Un seul personnage

> «[...] [Je] poursuis ici cette quête
> inlassable, justement, à la ren-
> contre de mon double[1].»

APPLIQUANT à l'homme, «appelé *microcosme* [...]
parce qu'il offre en abrégé toutes les parties de
l'univers[2]», les lois du macrocosme, les alchimistes
revendiquent un art où le futur Adepte s'adonne à «un
travail persévérant[3]» qui consiste dans «une ascèse psy-
chique et spirituelle[4]» et qui vise l'apparition «d'un état
particulier de la conscience[5]».

Les divers éléments de la symbolique alchimique
n'étant «qu'un même hiéroglyphe recouvrant deux états
physiques distincts d'une même matière[6]», les multiples
acteurs de l'*Ars Magna* présentés dans les traités ou sur
les gravures hermétiques correspondent donc en fait à

---

1. A. ROBBE-GRILLET, *Angélique ou l'Enchantement*, p. 185.

2. S. HUTIN, *L'Alchimie*, p. 63.

3. FULCANELLI, *Les Demeures philosophales*, t. II, p. 133.

4. S. HUTIN, *La Tradition alchimique*, Saint Jean de Braye, Dangles, 1979, p. 192.

5. R. ALLEAU, *op. cit.*, p. 36.

6. FULCANELLI, *Le Mystère des cathédrales*, p. 164.

l'illustration des différents états atteints par un seul initié travaillant sur lui-même, puisque «l'Un [...] se rapporte à la personne de l'"artiste", dont l'unité est posée comme condition indispensable à l'accomplissement de l'œuvre[7]».

Or, Robbe-Grillet avoue, d'une part, qu'il est «très largement le personnage central de [s]es romans[8]» et, d'autre part, qu'il n'est «pas d'une pièce[9]». Autrement dit, comme c'est le cas dans les ouvrages alchimiques, les personnages mis en «scène» (*PRNY*, 7) dans les romans robbe-grillétiens, loin de correspondre à des individualités tout à fait autonomes et distinctes, personnifient en fait les différents états de conscience d'une entité unique.

La protéisation des personnages

Ce procédé, que j'appelle *protéisation*, est opérant à l'intérieur de tous les romans. Examinons-en d'abord le fonctionnement dans *Projet pour une révolution à New York*, roman où les personnages sont particulièrement nombreux. De ces personnages émerge d'abord le narrateur qui, au tout début du roman, quitte son domicile en «referm[ant] la porte derrière [lui]» (*PRNY*, 7), puis, à son retour, s'identifiant au «cambrioleur» (14), à l'«assassin» (14), au «criminel» (15) qui pénètre dans la chambre de Laura, «étrein[t]» (19) la jeune fille «pour la violer» (141) avant de s'«endormi[r] auprès d'elle» (171, voir 19), la «boîte d'allumettes» (141 et 171-172) dérobée à cette

---

7. C. G. JUNG, *Psychologie et alchimie*, p. 332.

8. A. ROBBE-GRILLET, cité par Jean Montalbetti, «Alain Robbe-Grillet autobiographe», *Magazine littéraire*, n° 214, janvier 1985, p. 88.

9. *Ibid.*, p. 93.

occasion appartenant indifféremment au *je* du narrateur et au *il* du violeur.

Ressentant une grande «fatigue» (*PRNY*, 19, 26 et 49), se découvrant dans un miroir «une image tout à fait comparable» (32) à la «figure grise» (31) des passants, ce même narrateur possède «[s]on double» (50) dans «le type en noir — imperméable verni à col relevé, mains dans les poches, chapeau de feutre mou rabattu sur les yeux — qui attend sur le trottoir d'en face» (14) ou qui le «fil[e]» (73), puisque cet homme possède, comme lui, un «visage gris de fer» (35) et «les traits tirés par la fatigue» (36). Du reste, au «"hello!" familier» (167) du narrateur, ce «factionnaire» (20) répond «de la même manière, comme en écho» (167). Or, cette «sentinelle» (23) n'est autre que «Ben Saïd» (104 et 174) ou, plus exactement, le «faux Ben Saïd» (114), c'est-à-dire Ben Saïd portant «un masque plastique» (104). Ne faisant donc qu'un avec le faux, le narrateur se confond au surplus avec «le vrai Ben Saïd» (125). En effet, celui-ci est «fatigué» (108 et 137) et, au terme de son voyage en «métro» (105), il se retrouve dans un «terrain vague» (159) identique au «terrain vague» (175) où déambule le narrateur, lequel rentre chez lui par le «chemin de fer métropolitain» (55). D'ailleurs, Ben Saïd lui-même n'est pas sans rapport avec la narration puisqu'il s'occupe de «rédaction» (148), s'attachant à «relater la scène avec un soin laborieux sur le carnet à couverture de moleskine usée» (147) et «à couvrir sa page quadrillée, avec lenteur mais sans rature, de minuscules caractères appliqués» (147-148). En cela, il est semblable au faux Ben Saïd qui, lui aussi, «note, à la suite de ses observations précédentes, le récit succinct de l'événement» (115) et qui, «se carrant dans son ciré» (36), peut apparaître, verlan oblige, comme bien installé dans son récit. Du fait que le serrurier, son «masque chauve»

(198) une fois enlevé, laisse «apercevoir à la place les traits du vrai Ben Saïd» (198), le narrateur se cache également sous cet homme «en costume de travail avec la courroie d'une boîte à outils passée sur l'épaule» (11).

À noter que N. G. Brown, même s'il est chargé «de surveiller l'homme au ciré noir et au chapeau mou à bord rabattu» (*PRNY*, 186), peut être lui aussi considéré comme un nouvel avatar de Ben Saïd. En effet, il «a le visage, ainsi que le crâne, entièrement dissimulés par un masque en cuir fin» (11) et c'est, comme Ben Saïd (voir 50 et 103), un «intermédiaire» (186). En tout cas, N. G. Brown ne fait qu'un avec le narrateur, «la compagne clandestine» (201) de celui-là correspondant à la personne que le narrateur «cach[e]» (73) chez lui. En outre, Brown «poursui[t]» (193) le docteur Morgan alors que le narrateur confie: «Et c'est à sa poursuite que je me trouve moi-même lancé.» (203)

Or, portant «le même masque» (*PRNY*, 190) que le «docteur M» (190), M «comme Mahler ou Müller» (190), le docteur Morgan représente une identité supplémentaire pour le narrateur. En effet, comme celui-ci, Morgan a les «traits fatigués» (138 et 144, voir 150 et 157) et, de même que le narrateur est marqué par «plusieurs jours de veille» (26), de même le médecin a le «regard [...] usé par la veille» (138 et 144). En outre, Morgan constitue, dans la structure «symétrique» (144) des voitures du métro, le pendant du «vampire du métropolitain» (144), lequel est «M» (134), «Marc-Anthony» (110) ou «Marc-Antoine» (134), c'est-à-dire un homme qui a «mis sur son vrai visage un masque d'adolescent» (134). Or, lorsque «M le vampire [...] décolle un instant son masque» (213), ce sont «les traits du narrateur» (214) qui apparaissent. Si l'on se rappelle que cet «assassin» (133) est le «chef des indicateurs au sein d'une organisation terroriste» (130),

M ne fait qu'un avec Frank, considéré «comme le chef» (50) de cette organisation, et, par conséquent, le narrateur et Frank ne forment qu'un seul personnage. D'ailleurs, si l'interlocuteur anonyme du narrateur (voir notamment 78) peut être identifié à Frank, ce personnage semble bien parfois prendre lui-même en charge la narration (voir 79). De plus, le jeune Marc-Antoine et «son frère» (108), W, étant, «de visage comme de silhouette, [...] aussi semblables entre eux que des jumeaux» (108), ne se distinguent aucunement l'un de l'autre, M portant d'ailleurs un blouson «orné sur la poche de poitrine d'une lettre brodée qui pourrait être l'initiale du prénom "William"» (204), c'est-à-dire le blouson de son double, lequel devient donc une nouvelle personnification du narrateur.

Déjà «maniaque» (*PRNY*, 130) du métro, ce narrateur, un «agen[t] d'exécution» (50), est également «l'exécuteur [...] de JR» (81). En effet, le crime se termine par «l'incendie» (82) du «studio» (80) de la jeune femme et, quand cet «incendie ronfle» (41), c'est le narrateur qui échappe à celui-ci en «déval[ant] les degrés de fer» (42) de «l'escalier» (82). Du reste, cette séquence de *Projet pour une révolution à New York* se confond avec une séquence identique tirée d'un livre qui constitue une mise en abyme du roman et, dans ce livre également, c'est «le narrateur, déguisé en policier, [qui] fait irruption» (93) chez la victime. «[P]olicier en uniforme [...] [ayant] la mitraillette réglementaire braquée sur son ventre, [...] la vareuse noire, les bottes, le baudrier en cuir, les galons de sous-officier et la casquette à écusson» (82), le narrateur ressemble beaucoup aux «deux policiers [...] port[ant] la casquette plate des milices [...] avec l'écusson» (20), «la vareuse bleu-marine et le ceinturon de cuir à baudrier, avec la mitraillette sur la hanche» (21, voir 209), qui «fixe[nt] les yeux sur» (22) le narrateur au moment où celui-ci quitte son domicile. Au demeurant, ces policiers n'en sont qu'un, puisque les deux hommes «se tiennent exactement de la même manière [...] et ressemblent ainsi — par leurs vêtements, corpulences et postures identiques— à un unique individu doublé de son reflet dans un miroir» (121).

Si donc les personnages masculins de *Projet pour une révolution à New York* ne constituent que les multiples facettes d'un personnage unique, à savoir le narrateur, le même phénomène est-il observable chez les personnages féminins? Commençons par Laura, la «sœur» (*PRNY*, 78 et 83) du narrateur. Celle-ci n'est autre que Laura, «la nièce et unique héritière d'un puissant personnage [...] qui habite dans Park Avenue» (131). En effet, l'une ne va «pas en classe» (70), n'est «pas heureuse» (58), cherche dans le dictionnaire «le mot "ulve" et [...] [le] prononce à mi-voix» (68), tandis que l'autre a interrompu «ses études» (95), mène «une vie malsaine et triste» (94) et «prononce à mi-voix le mot "ulve"» (116). Mais l'«enfant» (27) du narrateur se confond également avec une *autre* «Laura» (108), «la fille qui commande» (107) de «jeunes vauriens» (106) dans le métro. De fait, toutes les deux ont de «longs cils» (110 et115), portent la main à une «poignée» (138 et144) de porte, «mais s'arrête[nt]» (138 et144) dans leur geste, sont effrayées par la vue d'un «rat» (140) et «se réfugie[nt]» (149 et 169) dans l'angle d'une pièce. Du reste, la «petite captive» (94) du narrateur, lorsqu'elle parvient à s'enfuir «de sa prison» (206), se retrouve «tout au bout du wagon» (206) du métro, où elle est bientôt «capturée» (206) dans des conditions analogues à l'arrestation de la jeune délinquante (voir 146).

Par ailleurs, Laura porte un pull-over «dont l'enco-
lure semble déchirée» (*PRNY*, 28), une jupe «rouge» (28)
et «courte» (27) qui, «retroussée dans la culbute, [...] [la]
met à nu [...] presque jusqu'au sexe» (27-28). Ce tableau
correspond tout à fait à la jeune femme à laquelle il est
injecté «un sérum» (89) «de vérité» (92 et 190) et que le
narrateur nomme «Laura» (190) : celle-ci porte un «corsage [...] profondément déchiré sur une épaule» (88) et la
jupe de «sa robe rouge vif» (88), «assez courte [...],
remonte d'un côté jusqu'à la hauteur du sexe» (88);
«enfermée dans sa propre maison» (91) comme l'est également Laura (voir 47 et 85), cette jeune femme «s'appelle
Sara» (91) lorsqu'elle est «l'héroïne» (92) d'un «livre» (91).
Ainsi, Laura et Sara sont deux personnages interchan-
geables, le narrateur attribuant ce dernier prénom à «la
belle métisse [...] engrossée [...] avec du sperme» (190)
injecté à l'aide d'un «cathéter» (10 et 190) et dont la silhouette apparaît dans le «bois» (8) de la porte de la
maison où Laura est enfermée. Or, cette Laura/Sara est
identique à «Sarah Goldstücker» (191) puisque toutes
deux sont des «métisse[s]» (91 et 208), ont un «teint
cuivré» (88, voir 192), «la chevelure [...] noir[e]» (88, voir
192), «les yeux bleus» (92 et 202) et subissent l'assaut
d'une «énorme araignée» (92, voir 193). À noter également que cette Sarah, «fille du banquier» (191-192)
Emmanuel Goldstücker, comme l'est également Laura
(voir 57 et 151), n'est autre que Claudia, les deux jeunes
filles étant l'«éphémère compagne» (206) ou la «compagne d'un jour» (142, voir 200) de Laura.

Enfin, celle-ci n'est pas non plus sans rapport avec
«JR» (*PRNY*, 57), «Joan Robeson» (99) ou «Robertson»
(72). Certes, cette dernière possède une «chevelure
rousse» (57, 67 et 176, voir 79), c'est «une négresse de
Porto-Rico» (103), mais c'est aussi une «fille de race

blanche» (57, voir 74 et 208), et la «chair nue de son cou, blanc» (75), évoque «la chair pâle» (15) de Laura. Du reste, comme Laura (voir 132), JR a «été violentée» (105) dans le métro et, alors que la jeune femme et son «fer à repasser au thermostat défectueux» (82) sont à l'origine de l'incendie de l'immeuble, c'est à une «jeune fille blonde» (47) comme Laura (voir 15, 19 et 27) qu'on en impute ailleurs la responsabilité pour avoir «oublié un fer électrique branché» (47). Si l'on observe en outre que JR est également l'«une des fausses infirmières qui travaillent chez le docteur Morgan» (72) et que cette infirmière accueille le narrateur en lui disant: «Il est bien tard... Quel temps fait-il dehors en ce moment?» (34), reproduisant les paroles de Laura au retour du même narrateur: «C'est vous qui rentrez si tard [...]. Comment est-ce, dehors?» (16), il est clair qu'à l'instar des personnages masculins, les personnages féminins de *Projet pour une révolution à New York* ne sont pas des individus véritablement distincts, mais représentent au contraire les divers aspects d'un seul et unique personnage.

Or, les marques de cette protéisation sont repérables non seulement chez les personnages masculins et féminins, mais entre ces deux types de personnages, la différenciation par le sexe n'étant rien moins qu'irréductible. En effet, garçons et filles «se ressemblent par le costume, mais aussi par le visage imberbe, blond et rose» (*PRNY*, 31); les uns, à «la poitrine mâle — ou supposée telle» (108), ont un «air un peu efféminé» (107), et les autres un costume, «pantalon et blouson de cuir noir [...][,] exactement identique dans son principe à celui des» (107) premiers. De même, Joan s'appelle initialement «Jean Robertson» (210), l'ambiguïté du prénom Jean (masculin en français, féminin en américain) répondant à l'ambivalence du personnage, laquelle est particulièrement manifeste chez le héros/héroïne de *Djinn*. Du reste, JR est la «gardeus[e]» (69) d'une petite fille, Laura, exactement comme le narrateur est le «gardien» (46) de la maison où il «gard[e]» (94) une jeune femme, prénommée également Laura. De plus, JR prend la place du narrateur lorsqu'elle *écrit*, à propos de Laura: «Puis nous nous sommes tues, toutes les deux [...]. J'ai pensé qu'elle n'était pas heureuse [...].» (58) À noter aussi que les questions (voir 71) que JR pose à Laura sont les mêmes que celles (voir 155-156) de l'interrogatoire que fait subir à l'enfant le docteur Morgan, qui est lui-même l'un des avatars du narrateur.

Pareillement, nombreuses sont les occurrences où le comportement de Laura double celui d'un personnage masculin. Ainsi, l'identité de celle-ci avec le narrateur est plusieurs fois confirmée. En effet, Morgan demande à Laura pourquoi elle emploie «le mot "reprise" dans [sa] narration» (*PRNY*, 157) alors que cette mention (voir 138, 143, 144 et 205) n'existe que sous la plume du narrateur. En outre, c'est le narrateur qui «dépos[e] comme d'habitude sa clef sur le marbre de la console, près du bougeoir en cuivre jaune» (26), mais Laura affirme qu'elle «la dépose toujours, en arrivant, sur le marbre de la console, dans l'entrée, à côté du bougeoir en cuivre» (160). Enfin, Laura

> gravit l'escalier marche par marche, en s'appliquant à ressentir dans ses jeunes jambes toute la fatigue accumulée au cours d'une longue journée de travail inexistante. En arrivant au premier étage, elle laisse tomber sa clef par mégarde (*PRNY*,117).

Pourtant, c'est le narrateur qui «gravi[t] les étages avec lassitude, les jambes lourdes, épuisé par une journée de courses encore plus chargée que d'ordinaire» (*PRNY*, 49), et qui «laisse par mégarde tomber [s]on trousseau de clefs» (49). Mais Laura est également rapprochée d'autres personnages masculins. Par exemple, la jeune fille regarde «par le trou de la serrure» (118) de la même façon que le serrurier applique son œil «à la petite ouverture» (87), ou bien elle «reprodui[t] le rictus de la joue qu'elle vient d'observer une fois de plus chez le personnage au ciré noir» (116).

Le même phénomène de protéisation fonctionne tout autant dans les romans comportant un nombre plus restreint de personnages. En effet, par exemple, dans *La Jalousie*, intervient tout d'abord le narrateur qui, pour ne jamais prononcer *je*, n'en est pas moins très présent, ainsi que de multiples études l'ont montré[10]. Notamment, tandis que A... est d'avis que l'on ferait bien d'«aller» (*J*, 47) chercher de la glace, mais que ni «elle ni Franck ne bouge de son siège» (47 et 106), c'est ce narrateur qui «travers[e] la maison» (48), voit que, «[d]ans l'office, le boy est en train déjà d'extraire les cubes de glace de leurs cases» (50), et qui est le destinataire des paroles du serviteur: «"Madame, elle a dit d'apporter de la glace"» (50). Le narrateur fait également état de son déplacement dans la maison en ces termes: «Les chaussures légères à semelles de caoutchouc ne font aucun bruit sur le carrelage du couloir.» (48) Ses allées et venues dans la maison, alors que «A... n'est pas rentrée» (175) de son voyage avec Franck, sont décrites de façon identique: «Les chaussures à semelles de caoutchouc ne font pas le moindre bruit sur le carrelage du couloir.» (175) Or, ayant entendu le cri d'un animal tout près de la maison, «Franck se relève d'un mouvement rapide et se dirige à grands pas de ce côté; ses semelles de caout-

---

10. Pierre van den HEUVEL, «Le Narrateur narrataire ou le narrateur lecteur de son propre discours (*La Jalousie* d'Alain Robbe-Grillet)», dans *Parole, mot, silence. Pour une poétique de l'énonciation*, Paris, José Corti, 1985, p. 142-164.

chouc ne font aucun bruit sur les dalles» (208). Franck et le narrateur ne forment donc qu'un seul personnage. Du reste, cette identité est à nouveau suggérée lorsque le mille-pattes plusieurs fois décrit comme étant écrasé par Franck (voir 63, 97, 112 et 166) ne peut, en l'absence de celui-ci, être projeté «sur le carrelage» (128) de la salle à manger et transformé en «une bouillie rousse» (129) que par le narrateur. Pareillement, Franck donne bien l'impression d'habiter, à l'instar du narrateur, la maison de A... quand il est signalé qu'il «va venir tout à l'heure pour prendre A... et l'emmener jusqu'au port» (142), mais que sa présence est annoncée par le boy alors qu'«[a]ucun bruit de moteur n'a pourtant troublé le silence» (143).

Autre point: Franck porte un «complet blanc» (*J*, 88, 109 et 205) qui l'apparente au «personnage vêtu à l'euro-péenne» (157), «vêtu d'un complet blanc» (172), person-nage figurant «sur le calendrier des postes» (155). À noter que ce personnage, qui «s'inclin[e], sans rien perdre de sa raideur» (172), pour regarder «une sorte d'épave dont la masse imprécise flotte à quelques mètres de lui» (157), n'est pas sans évoquer l'ouvrier indigène «immobile, penché vers l'eau boueuse, sur le pont en rondins» (182), qui «a l'air de guetter quelque chose, au fond de la petite rivière — une bête, un reflet, un objet perdu» (183). D'ailleurs, il n'existe pas, entre indigènes et Européens, de distinction bien tranchée: alors que le boy a le bras «de couleur brun foncé» (52) et le cuisinier noir la voix «volubile» (16 et 93), Franck possède une «main brune» (113) et est qualifié de «loquace» (17).

Si les personnages masculins n'illustrent donc que les multiples métamorphoses d'un unique individu, qu'en est-il des deux seuls personnages féminins, A... et Christiane? Celle-ci «critiqu[e] la forme "trop chaude pour ce pays"» (*J*, 22) de la robe de A... et préconise au contraire le port de «vêtements moins ajustés» (10). Puisque Christiane lui en fait la remarque «une fois de plus» (10), c'est que A... doit habituellement porter une «robe blanche» (74), une «robe claire, à col droit, très collante» (10), «la robe claire, de coupe très collante, que Christiane estime ne pas convenir au climat tropical» (94). Or, quand A... revient de son séjour au port, elle est habillée d'une «robe blanche à large jupe» (115), laquelle correspond par conséquent tout à fait au style prôné par Christiane. De plus, la main de Franck, qui est l'époux de Christiane, est néanmoins «ornée d'un anneau d'or large et plat, d'un modèle analogue» (113) à la «bague, un mince ruban d'or» (113), que A... porte à l'annulaire. Ces différents indices montrent que Christiane n'est en définitive qu'un avatar de A...

Au surplus, d'autres signes existent qui incitent à rapprocher les personnages masculins et féminins. Ainsi, de même que A... sourit souvent (voir *J*, 10, 22, 26, 27, 85, 133 et 200) — elle «arbore, par principe, toujours le même sourire» (42) —, de même Franck, hormis les moments où «le sourire» (86) le quitte, est «souriant» (17 et 58). Qui plus est, il arrive que A... et Franck «sourient en même temps, du même sourire» (204-205). Par ailleurs, il n'est pas rare qu'ils adoptent tous deux des positions ou des attitudes qui les placent dans des situations de parfaite symétrie: leurs fauteuils «se trouvent côte à côte» (19), «leurs têtes sont l'une contre l'autre» (18 et 59), leurs «quatre mains sont alignées, immobiles» (30), «ils sont assis côte à côte, [...] leurs quatre mains dans une position semblable, à la même hauteur, alignées parallèlement au mur de la maison.» (31-32), «Ils se dévisagent [...].» (45), «ils sont toujours l'un et l'autre dans la même position» (46). Bref, cette symétrie fait penser à celle qui existe entre une personne et le reflet de celle-ci dans un miroir. Or, effectivement, A... «se contemple dans le miroir ovale» (120) de la table-coiffeuse, elle se regarde dans «une armoire à glace» (122) ; «assise devant le miroir ovale où son visage apparaît» (142), elle est même témoin de son propre dédoublement: «Les deux visages se rapprochent. [...] Mais ils conservent leur forme et leur position respective [...].» (142) C'est pourquoi Franck peut apparaître comme l'extériorisation, comme la personnification de ce fragment de A... déjà manifesté sous l'effet multiplicateur du miroir: «Franck regarde A..., qui regarde Franck.» (26) D'ailleurs, l'identité fondamentale des deux personnages se fait également jour au travers de leur interchangeabilité: alors qu'elle est «toujours» (53) assise dans le même fauteuil, il advient que «A... est dans le fauteuil de Franck et vice-versa» (109).

À noter que la même identité est suggérée entre A... et le narrateur. En effet, pendant l'absence de A..., tandis qu'«un seul couvert a été disposé sur la table, pour le déjeuner» (*J*, 126), c'est le narrateur qui entreprend de faire disparaître la tache provoquée par l'écrasement d'un mille-pattes: «Le tracé grêle des fragments de pattes ou d'antennes s'en va tout de suite, dès les premiers coups de gomme.» (130) Cependant, bien que cette tache soit localisée «sur le mur» (129), c'est finalement le papier d'une «feuille bleu pâle» (131) qui «se trouve aminci» (131) par l'opération. Or, A..., penchée sur sa table à écrire, est occupée à effectuer un travail analogue: le «gommage d'une tache» (134). Du reste, dans le sous-main de cette même table à écrire se trouve une feuille qui «porte la trace bien visible d'un mot gratté [...] par la gomme» (168-169).

Dans ce contexte caractérisé par le procédé de la protéisation, les personnages ne sont pas de *vrais* personnages ; ils ne sont pas des personnages *réels*, auto-nomes, copies plus ou moins conformes d'êtres indivi-dualisés comme le roman conventionnel en représente ordinairement, et contre lesquels les tenants du Nouveau Roman, Alain Robbe-Grillet tout particulièrement[11], se sont violemment insurgés. Ces différents actants, des «"entités" qui ont remplacé les ci-devant personnages de la narration traditionnelle[12]», selon la formule de Jacques Leenhardt, constituent au contraire une personnifica-tion symbolique des différentes composantes ou mani-festations d'un personnage unique.

C'est ce qui explique que le personnage robbe-grillé-tien, s'il n'est pas à proprement parler réduit à un «numéro matricule[13]», est néanmoins très pauvre en attributs. Il ne possède pas «un "caractère", un visage qui le reflète, un passé qui a modelé celui-ci et celui-là[14]». Les connaissances que le lecteur en détient ne sont que des bribes : un prénom ou un nom parfois, et quelques rares traits physiques, psychologiques ou sociaux.

Or, ces éléments qualificatifs appartiennent tous à «deux systèmes antagonistes[15]», de telle sorte qu'à l'instar des multiples acteurs du drame alchimique, les personnages du roman robbe-grillétien ne sont dotés de caractéristiques distinctives que dans la seule mesure où celles-ci servent à suggérer l'un ou l'autre des deux

---

11. Voir notamment A. ROBBE-GRILLET, *Pour un nouveau roman*, p. 25-28.

12. J. LEENHARDT, *Lecture politique du roman. La Jalousie d'Alain Robbe-Grillet*, p. 34.

13. A. ROBBE-GRILLET, *Pour un nouveau roman*, p. 28.

14. *Ibid.*, p. 27.

15. *Id.*, cité par Jean-Jacques BROCHIER, «Robbe-Grillet, la Vrai-semblance et la Vérité», *Magazine littéraire*, n° 103-104, septembre 1975, p. 85.

opposés constitutifs d'un «homme [...] fragmenté[16]», écartelé entre sa conscience et son inconscient.

Intellectualisme et déraison

En alchimie, la conscience correspond au principe masculin, qui est également le principe actif. Pareillement, chez Robbe-Grillet, la conscience est figurée par des personnages masculins qui font preuve d'une grande activité, tant physique qu'intellectuelle. Ainsi, le narrateur de *Projet pour une révolution à New York* est un «agen[t] d'exécution» (*PRNY*, 50) qui réalise ses tâches «avec conscience» (96); d'ailleurs, il a passé «plusieurs jours de veille» (26). De même, le docteur Morgan qui, lui aussi, a l'habitude de «la veille» (138, voir *TCF*, 10), s'adonne au «travail» (*PRNY*, 155), se livrant à une «opération» (10 et 187) ou pratiquant une «expérience médicale» (10). Le serrurier appartient tout autant au monde de la conscience; en effet, muni d'une «boîte à outils» (11 et 187), d'une «trousse de travail» (186) et d'un «costume de travail» (11), c'est un «artisan» (86), un «honnête artisan» (186), qui commence son «opération» (86) «maintenant que le gros de l'averse est passé» (86), c'est-à-dire une fois que l'inconscient a lâché prise.

En outre, de même que le principe masculin, dans la pensée alchimique, est caractérisé par «son intellectualisme et son rationalisme[17]», la conscience implique chez le personnage robbe-grillétien qui en est le vecteur l'exercice d'une activité intellectuelle soutenue: il «pens[e]» (*STO*, 84), il «réfléchit» (186, voir 21, 22, 29, 41, 86, 174-175, 198, 201, *G*, 147 et *PRNY*, 87) sur les ques-

---

16. *Id.*, cité par Pierre MAZARS, «Robbe-Grillet: "Le Nouveau Roman remonte à Kafka"», *Le Figaro littéraire*, 15 septembre 1962, p. 1.

17. C. G. JUNG, *Psychologie et alchimie*, p. 72.

tions qu'il «étudi[e]» (*STO*, 34, voir 45) avec un «soin minutieux» (43, voir 82) et une «attention soutenue» (178); il «compren[d]» (23), il met «en ordre» (82, 199 et 202, voir 69), il sait «établir des rapports» (187) et il est capable de «tout calculer» (*PRNY*, 96, voir *STO*, 186). Ainsi, par exemple, Ben Saïd, «perdu dans ses pensées» (*PRNY*, 125), s'«appliqu[e]» (148) à rédiger «avec un soin laborieux» (147) un «texte [...] précis» (115) et à «l'ordonnance régulière» (148).

Actif, le représentant de la conscience exerce une profession, celle de médecin dans le cas de Morgan: c'est un docteur, c'est-à-dire un détenteur du savoir, qui «ne transige pas avec la vérité» (*PRNY*, 153) et qui fait «des signes mesurés» (*TCF*, 188). Avec le docteur Juard, il s'agit cette fois d'un «gynécologue» (*G*, 81) accoucheur (voir 93), c'est-à-dire de quelqu'un qui aide les enfants à venir au jour, un auxiliaire de la conscience par conséquent. C'est d'ailleurs dans la clinique du docteur Juard que s'est réfugié Daniel Dupont handicapé, blessé au «bras gauche» (30), limité donc à son bras droit, c'est-à-dire à sa partie consciente, à son intellect, puisque, dans la pensée hermétique, le côté gauche correspond à l'inconscient[18]. Du reste, ce Daniel Dupont fait effectivement partie des personnalités qui forment «l'armature même du système économico-politique de la nation» (175), qui agissent de façon cohérente à l'intérieur de ce système. C'est contre ces représentants de la conscience que complotent les «terroristes» (72 et 176), les partisans du désordre de l'inconscient, à la tête desquels se trouve le bien nommé Jean Bonaventure.

---

18. Ce qui vient «de la gauche [vient] [...] de l'inconscient». *Id.*, *Les Racines de la conscience. Études sur l'archétype*, Paris, Buchet/Chastel [pour la trad.], 1971, p. 342.

L'agent de la conscience est également recruté parmi les «policiers» (*PRNY*, 20), les «miliciens» (20), les «soldats» (21), les «gendarmes» (121), qui font tous partie des forces «de l'ordre» (*D*, 146 et *MRV*, 156), tel ce «policier en civil» (*TCF*, 106, voir 184) qui «paraît surveiller» (106) «l'équipe des métreurs professionnels de la police judiciaire» (113, voir 106) effectuant une «opération d'arpentage et de géométrie» (107), ou bien ce policier en uniforme dont «"La Vérité, ma seule passion."» (*PRNY*, 101) est la «devise [qui figure] sur l'écusson» (101) de sa casquette, ou bien encore le commissaire Laurent et ses «jeux d'esprit» (*G*, 168). Même lorsqu'il s'agit d'un crime, pour peu que «l'assassin» (*TCF*, 159 et 161) soit un représentant de la conscience, la symbolique est respectée, puisque le meurtre est alors commis «avec méthode, rigueur et minutie» (110).

À l'inverse, les personnages féminins présentent des traits caractéristiques de l'inconscient, l'autre opposé. Ainsi, par exemple, Laura jouit d'une «raison vacillante» (*PRNY*, 207), elle «déraisonn[e]» (169), dit des «bêtises» (169) car c'est une «idiote» (18 e t65). «Ses paroles ne forment jamais un discours continu : on dirait des morceaux découpés que plus rien ne relie entre eux [...].» (95) En outre, conformément à la pensée hermétique, selon laquelle «le mensonge est un trait essentiel de la nature féminine[19]», Laura «ment sans arrêt» (66, voir 90 et 206).

Ainsi, conformément au schéma alchimique, la conscience et l'inconscient se répartissent chez les personnages robbe-grillétiens selon le sexe, le degré d'activité et de rationalité.

---

19. J. EVOLA, *Métaphysique du sexe*, p. 213.

L'œil, instrument de la conscience

Toujours selon la tradition primordiale, le «principe conscient[20]» est également symbolisé par l'œil. Or, l'œil qui figure au centre de l'emblème maçonnique du «Delta lumineux[21]» n'est pas sans rappeler celui qui, dans *Un régicide*, témoigne au rebours de l'assoupissement de la conscience : «Il n'y eut plus alors à la surface de la terre qu'une immense banquise sur qui veillait, énorme et solitaire, un œil gelé...» (*R*, 28) Placé au milieu d'un cercle de nuages, cet œil maçonnique évoque également «l'œil fixe de la mouette dans des nuages» (*V*, 116) du *Voyeur*: la conscience est bien l'«œil rond, inexpressif, insensible» (12), de l'oiseau qui «surveill[e] l'eau» (17), c'est-à-dire qui observe l'inconscient. Or, cet «œil fixe» (12) renvoie au «regard rigide» (193), aux «yeux rigides» (215), aux «yeux fixes» (194 et 207), aux «yeux de verre» (217) de Julien Marek, ce voyeur qui a «"vu"» (214) le crime de Mathias:«Seules les images enregistrées par ces yeux, pour toujours, leur conféraient désormais cette fixité insupportable.» (214) Le jeune homme, qui «ne quittait pas le voyageur des yeux» (197), apparaît ainsi comme la conscience de Mathias, à l'instar de «La Conscience» de Victor Hugo: «[...] L'œil était dans la tombe et regardait Caïn[22].» C'est cette fonction attribuée au regard qui explique l'importance que les yeux revêtent dans *Le Voyeur*, importance bien mise en relief dans la dédicace que Robbe-Grillet écrivit sur l'exemplaire de son roman adressé à Émile Henriot: «Un monde concret où

---

20. Oswald WIRTH, *La Franc-maçonnerie rendue intelligible à ses adeptes*, t. I, Paris, Le Symbolisme, [1931] 1962, p. 201.

21. *Ibid.*, p. 200.

22. Victor HUGO, «La Conscience», dans *Châtiments*, Paris, Garnier-Flammarion, [1853] 1979, p. 384.

l'œil — en dépit de quelques apparences — joue un plus grand rôle que la main[23].»

À noter que, lorsqu'il se pose sur les êtres ou sur les choses, le regard agit également comme l'outil de la conscience puisque, sans lui, ni les uns ni les autres ne parviennent à la véritable existence. Ainsi, le petit Louis ne s'anime que sous le regard de Mathias :

> Un coup d'œil à travers la porte vitrée lui cause encore la même surprise: le pêcheur se trouve exactement à l'endroit où il croit l'avoir vu un instant auparavant, lorsque son regard l'a quitté, marchant toujours du même pas égal et pressé devant les filets et les pièges. Dès que l'observateur cesse de le surveiller, il s'immobilise, pour reprendre son mouvement juste au moment où l'œil revient sur lui — comme s'il n'y avait pas eu d'interruption, car il est impossible de le voir s'arrêter ni repartir. (*V*, 242)

Par conséquent, lorsqu'un personnage est «figé» (*V*,11), que son expression est «pétrifiée» (11), lorsque les traits d'un visage s'immobilisent «comme fixés à l'improviste sur une plaque photographique» (40), quand pas même «un tremblement» (58) ne révèle «la pulsation du sang dans les veines» (58), quand Mathias marche «avec lenteur — sans bouger, pour ainsi dire» (179), bref, chaque fois qu'une «scène entière se solidifi[e]» (57) ou reste «immobile» (28), c'est que la conscience, pendant un moment, se résorbe au profit de l'inconscient.

C'est aussi parce que le regard symbolise la conscience qu'il est, chez de nombreux personnages masculins, une composante majeure. Ainsi, dans *Projet pour une révolution à New York*, le docteur Morgan, lequel a des activités qui lui laissent «bien des morts sur la conscience» (*PRNY*, 153), est doté de «lunettes cerclées

---

23. Émile HENRIOT, «Le Prix des Critiques : *Le Voyeur*, d'Alain Robbe-Grillet», *Le Monde*, 15 juin 1955, p. 9.

d'acier» (89); il «considère avec une attention de chirurgien» (137) tout ce qui tombe sous son «regard [...] aigu» (138). Sa clinique de «psychothérapeute» (33) se distingue par son «éclairage intense» (34), et c'est sous une «lumière vive et crue, venant d'une lampe-projecteur» (9, voir 142, 143, 193 et 194) ou d'une «haute lampe à abat-jour chinois» (88), qu'il «contemple» (9) la captive offerte «aux regards» (10), «surveille» (90) et «épie les réactions de la jeune prisonnière» (150), à laquelle il accorde un «intérêt [...] aigu, exclusif» (89). Découvert, il «n'a plus d'yeux que pour l'intrus» (193), sur lequel «son regard [est] toujours rivé» (193). Or, le médecin-narrateur de *Dans le labyrinthe* possède un comportement identique: équipé d'une canne-parapluie dont la rondeur du «pommeau d'ivoire» (*DL*,182 et 199) évoque l'œil, il s'emploie lui aussi à «regarder» (171, voir 174), à «dévisage[r]» (163) le soldat. Du reste, c'est bien en tant que représentant de la conscience que ce docteur agit, puisque, après la première piqûre que celui-ci lui fait, le soldat «se sent l'esprit plus clair, moins somnolent» (205).

De même, Ben Saïd est un «indicateur» (*PRNY*, 24), un «observateur» (24) et un «espion» (194) qui est conduit par sa mission «de surveillance» (114) à «l[e]v[er] les yeux» (43) afin de pouvoir «épier» (25 et 86). Le «serrurier voyeur» (185 et 195, voir 113 et 115), lui, applique «l'œil» (87) à la serrure, «éclairant tant bien que mal l'intérieur du mécanisme avec une petite lampe électrique de poche» (87), «regarde [...] par le trou» (87) et est tout entier accaparé par le «spectacle» (87 et184) qu'il «contempl[e]» (187) et dont il «ne peut détacher son regard» (195). Sa besogne terminée, il «bala[ie] d'un regard circulaire l'ensemble du décor, pour vérifier que tout est en ordre» (199).

Le patron du café de *Dans le labyrinthe* présente des traits analogues. En effet, non seulement il est absorbé dans «ses réflexions» (*DL*, 217), mais, «s'appuyant des deux mains au bord du comptoir» (24, 110 et 146) à l'exemple du cafetier des *Gommes* (voir *G*, 12, 126 et 264), il jouit d'une position «surélevée» (*DL*, 39, voir 24) qui lui permet d'avoir une vue d'ensemble de la salle. D'ailleurs, il est soupçonné d'«être un espion» (217), c'est-à-dire une personne chargée d'épier, d'observer son entourage, «ou un indicateur de police» (217).

Pareillement, dans *Souvenirs du triangle d'or*, le regard constitue la caractéristique du narrateur, pour autant que celui-ci incarne des personnages représentant la conscience, le policier, l'inspecteur Franck V. Francis, le préfet de police Duchamp et le docteur Morgan en particulier. Alors, «examinateur» (*STO*, 169, voir 45), il «voi[t]» (43, voir 82 et 91), «regarde» (177 et 186, voir 16), «remarque» (29 et 43), «aper[çoit]» (10, voir 11, 14, 53, 62, 86, 95, 106 et 224) au «premier coup d'œil» (13 et 59, voir 52, 83, 91, 178 et 187), «observe» (61 et 106, voir 23, 45, 84 et 172), «sui[t]» (11) et «fix[e] des yeux» (176), «dévisage avec curiosité» (175), «admir[e]» (10) et «contemple» (49, voir 35) tout ce qui «surgi[t] dans [s]on champ visuel» (13) et sur quoi il «ramène [s]on regard» (45, voir 25 et 53) ; il est «totalement absorbé par l'excitant et dangereux spectacle» (25) qu'il «surveille» (45, voir 65) et «scrut[e]» (16, voir 213) sans le «quitter des yeux» (49 et 72) ; il «prolonge son inspection» (175, voir 22, 172 et 213), «savoure le spectacle» (55, voir 35) qui s'impose à son «regard» (220) et qui se grave dans sa «mémoire rétinienne» (198).

Tous ces exemples confirment que, chez Robbe-Grillet, le regard constitue, comme pour l'alchimiste, un attribut de la conscience et que la relation d'un personnage avec la vue permet d'identifier celui-ci comme un représentant de l'un ou de l'autre des deux opposés.

Entre la conscience et l'inconscient

Reste que, chez Robbe-Grillet, la conscience n'est pas l'apanage des personnages masculins ni l'inconscient le propre des seuls personnages féminins. En fait, c'est la prééminence, chez chacun de ces personnages, d'un opposé par rapport à l'autre qui est déterminante. Là encore, cette ambivalence est conforme à la philosophie hermétique, dont l'un des principes édicte que «[t]out Élément Mâle a son Élément Féminin [...] [et que] tout Principe Féminin contient le Principe Mâle[24]». Pareillement, l'inconscient jungien

> n'est pas seulement proche de la nature et mauvais, il est aussi la source des biens les plus hauts; il est non seulement sombre, mais également clair, non seulement bestial, à moitié humain et démoniaque, mais aussi surhumain, d'essence spirituelle et "divine[25]".

C'est la raison pour laquelle il peut arriver que la conscience possède également dans la femme un agent actif. C'est le cas par exemple du personnage féminin de *Dans le labyrinthe*: cette femme possède un visage aux «lignes régulières» (*DL*, 63) et s'engage volontiers dans des discussions où elle «parle, vite, donnant de longues explications» (82), répondant en outre aux questions «sans trop se faire prier» (198). De plus, elle n'hésite pas à «scrut[er]» (181), à «contempler» (57) le soldat, qu'elle «dévisag[e]» (62) de ses yeux clairs. Alors qu'«aucune lueur» (58) ne permet à celui-ci «de s'orienter» (58) dans

---

24. [ANONYME], *Le Kybalion. Étude sur la philosophie hermétique de l'ancienne Égypte & de l'ancienne Grèce*, Paris, Perthuis [pour la trad.], 1973, p. 34.

25. C. G. JUNG, *Psychologie du transfert*, p. 47.

le couloir, elle lui lance : «"Quoi, vous êtes dans le noir! Il fallait allumer l'électricité."» (61) Comme «à ces mots la lumière se fait dans le corridor» (61), l'intervention de cette femme démontre que seule la lumière de la conscience peut, si ce n'est vaincre, du moins combattre l'inconscient. Par là, cette situation rejoint la condition exprimée par le brigadier à l'attention du soldat prétendant qu'«[u]n jour ou l'autre, on sera ramassés» (177) par la mort: pour échapper à celle-ci, il «[f]audrait voir» (178).

Parallèlement, même chez les personnages masculins qui possèdent plusieurs attributs propres à la conscience, l'inconscient demeure souvent présent et tend à entraver le rôle de la conscience. Ainsi, les pertes de conscience de Boris ne sont pas sans corrélation avec son désœuvrement ou sa difficulté à penser. En effet, alors que Boris, en tant que représentant de la conscience, a pour travail d'effectuer des «série[s] de calculs» (*R*, 44) statistiques, il est envahi par l'inconscient lorsqu'il lui arrive que «l'usine [ne soit] pas là pour absorber minute par minute la journée» (13) parce que c'est «dimanche» (14), que le médecin lui a «donné congé» (79) ou qu'il a lui-même décidé qu'«il ne retournerait pas à l'usine» (100). Alors, comme cela arrive chez nombre de personnages robbe-grillétiens[26], ses facultés intellectuelles sont considérablement diminuées: il a «la tête inoccupée» (20) et les informations ont du mal à «s'imposer à son esprit» (23), il se montre incapable «de reconstituer un ensemble cohérent de doctrines» (38) jusqu'à ne «plus penser à rien» (39), il est aux prises avec la «migraine»

---

26. Robbe-Grillet déclare en effet : «S'il y a une constance chez tous mes héros, c'est une espèce de déficience mentale. Ils ont toujours l'impression d'avoir la tête vide.» A. ROBBE-GRILLET, cité par M. RYBALKA, «Robbe-Grillet commenté par lui-même», *Le Monde des livres*, 22 septembre 1978, p. 17.

(70) au point de ne pouvoir «tenter la moindre opération sérieuse» (71), il n'est «pas assez conscient pour parvenir à s'intéresser de façon continue à son chemin» (74).

De façon analogue, l'influence de l'inconscient, mesurée par les variations du niveau et de l'état de la mer, provoque chez Mathias d'importants changements. En effet, «la fatigue du voyageur» (*V*, 238) disparaît lorsque «[l]a mer, assez basse déjà, descend encore» (238). Mais si ce «calme parfait» (238) est remplacé par le «fracas grandissant» (144) des lames qui déferlent, Mathias se sent «fatigué» (127), et ses facultés intellectuelles diminuent: il flotte dans un «engourdissement» (92) prolongé, il «s'embrouill[e], entre le spectacle et la réflexion, au point de commencer lui-même à confondre la droite et la gauche» (108), «[u]n effort de pensée lui [est] nécessaire» (115), il parcourt l'île «sans beaucoup réfléchir» (186), «[l]e mal de tête [...] lui engourdi[t] l'esprit» (191), il ne «joui[t] [plus] de tous ses moyens» (201), «[s]on mal de tête devenait si violent qu'il en perdait l'esprit» (213), son crâne est envahi par «une sorte de bourdonnement cotonneux» (220), «[i]l ne trouvait plus ses mots» (222). Bref, Mathias connaît des états proches de «la demi-conscience du réveil» (232). Du reste, il a «sommeil» (126), et c'est la raison pour laquelle il «se pass[e] la main sur les yeux» (172 et 191) et que, finalement, il va jusqu'à «ferm[er] les yeux» (126 et 129).

Dans *Souvenirs du triangle d'or*, le représentant de la conscience devient lui aussi «fatigué» (*STO*, 78, 198 et 202, voir 216), tant il lui est difficile de résister à l'influence de l'inconscient. Certes, «vers midi» (44), quand la «mer [est] plate et bleue» (44), «ensoleillée» (46), il est «sans infirmité ni canne» (44). Mais, «en plein cœur de la nuit, à la faveur de l'obscurité la plus noire que disputent les seuls fantômes aux professionnels de la drogue et du crime» (196), quand «[l]es eaux boueuses de la rivière grossie par les pluies de printemps [...] lutt[ent] contre la marée montante» (32-33), il parcourt «un paysage dont la cohérence se dégrade» (88). Et le «matin» (11), «au petit jour» (80), «face aux rayons délavés, presque horizontaux, du soleil qui se lève» (195), la «marche [...] [reste] pénible» (195), et le narrateur se remet à «boiter» (198).

Le narrateur de *Projet pour une révolution à New York* ressent également «la fatigue accumulée depuis plusieurs jours [...] de veille» (*PRNY*, 26); «las de tout calculer, [il] fini[t] par attendre [...] l'événement incalculable» (96); la minuterie qu'il a «allumé[e]» (15) «s'éteint» (17) bientôt, plonge la chambre «dans l'obscurité soudaine» (17) et rend le visage de Laura «invisible» (19); la «fumée [l]'aveugle» (42) et, lorsqu'il craque des allumettes, «la faible et brève clarté des petites flammes fugitives [...] ne réussit à faire sortir de l'ombre que des détails si agrandis par leur proximité immédiate qu'il est impossible de leur attribuer un sens» (172). Morgan, lui, a «le regard [...] usé» (138) et «frotte» (150) «ses yeux fatigués» (150). Quant au serrurier, il regrette que sa lampe ne se trouve pas «à la place de l'œil» (87); «gêné par la silhouette massive de Brown» (187), il est «contraint de se pencher encore, pour regarder par l'interstice laissé libre entre le chambranle et la taille cintrée de la veste du smoking» (187) et, de surcroît, il est «myope» (86 et 114, voir 186, 187 et 195).

Les policiers, eux, possèdent un «regard sans expression» (*PRNY*, 23) et sont coiffés d'une casquette munie d'«une large visière qui cache presque les yeux» (209). Pareillement, Ben Saïd porte un «chapeau de feutre mou rabattu sur les yeux» (14, voir 86) et «des lunettes noires pour cacher les yeux» (104, voir *D*, 68). À noter que les

personnages féminins eux-mêmes, lorsqu'ils sont particulièrement en butte à l'inconscient, sont présentés de
façon analogue. Ainsi, les «communiantes» (*PRNY*, 212)
portent un «bandeau noir qui leur masque les yeux» (212-
213) et rend «leurs regards aveuglés» (213). De même, les
«fillettes de couleur» (119) jouent dans la cour de l'école
«à une sorte de colin-maillard» (119) où l'une d'entre
elles «a sur les yeux [un] bandeau» (119). Leur rythme est
«presque cotonneux» (120), à l'instar de la démarche,
«comme engourdie» (121), de Laura, laquelle se déplace
avec un «pas somnolent de paralytique» (121) ou «des
mouvements cotonneux de somnambule» (206).

Parfois aussi, les instruments de la conscience que
sont les yeux sont rendus inopérants par des matérialisa-
tions de l'inconscient comme la «nuit» (*TCF*, 149 et 197),
«l'obscurité» (48, 62, 72 et 74) et le «noir» (190). Dans
Topologie d'une cité fantôme, les objets sont ainsi «hors
de regard» (149), rien n'est «discernable» (9 et 10), il est
impossible «de déchiffrer l'inscription» (74), l'écriture est
«illisible» (100). Il est indispensable de s'approcher «de
l'un des réverbères du quai, pour déchiffrer les caractères
à l'encre bleue délavée» (107), mais dans «la clarté vague
provenant d'un vieux réverbère» (150), «il n'y a pas assez
de lumière pour déchiffrer les caractères» (151) ou «le
dessin maintenant brouillé par la nuit» (164).

Les yeux de la conscience rencontrent un milieu tout
aussi défavorable dans la villa de *La Maison de rendez-
vous*. Certes, cette villa est bleue, d'où «la douteuse clarté
bleuâtre que répandent alentour les murs de la maison»
(*MRV*, 56, voir 24 et 213). Cependant, dans la philosophie
hermétique, le bleu équivaut au noir puisque, «couleur
traditionnelle du manteau céleste de la Vierge[27]», il

---

27. C. G. Jung, *Psychologie et alchimie*, p. 281.

représente l'inconscient. D'ailleurs, à l'intérieur de la Villa Bleue, «[l]es spectateurs sont dans le noir» (41, voir 132) lorsqu'a lieu la représentation des pièces de théâtre, et c'est seulement quand l'action est terminée, au moment où le «rideau se referme» (54), que les «lustres se rallument» (54, voir 138).

Dans cet univers où la clarté est entravée par «le jour [...] [qui n'est] pas encore levé» (*MRV*, 212) et par «le jour [qui] tombe vite, sous ces latitudes» (187), où les lampadaires produisent seulement une «clarté bleuâtre» (23), les becs de gaz une «lumière pâle» (88) et les lanternes à pétrole une «lumière incertaine» (132), l'efficacité du regard est fortement compromise, d'autant plus que «l'absence de lumière constitu[e] encore une gêne supplémentaire pour des yeux venant du grand soleil extérieur» (145). En effet, dans ces «profondeurs où la vue se perd» (39, voir 41), «il n'y a rien de discernable» (25), il est impossible «que l'on distingue quoi que ce soit» (58, voir 24 et 28), on regarde «sans rien voir» (70), livré à la «contemplation [...] aveugle» (27) dans laquelle s'abîme un «œil ensommeillé» (35) ou un «regard absent de myope» (147). C'est dire combien la conscience, dont la vue est l'expression, est malmenée. C'est d'ailleurs pourquoi, lorsqu'il constate le «regard [...] absent» (187) de Lady Ava, le narrateur se «demande si elle possède encore toute sa conscience, si elle n'est pas déjà en train de délirer» (187). Pareillement, l'affaiblissement de la conscience se traduit par des «yeux sans vie» (151) ou par le port de «lunettes noires» (32), de même que la mort se manifeste, par exemple, par l'absence d'«un battement de paupières» (191) ou par le geste de cet homme qui, «frappé d'un coup de pistolet» (26), ramène la «main en avant et la porte à ses yeux (réalisant ainsi une image parfaite de l'expression "se voiler la face")» (27).

Projet pour une révolution à New York compte également de nombreuses situations où «l'obscurité» (*PRNY*, 83) prédomine. Ainsi, dehors, «le vide complet de la nuit» (112) fait écho à «la quasi-obscurité bleuâtre de la nuit qui achève de tomber» (172), et les réverbères ne jettent qu'«une clarté douteuse aux ombres déformantes» (60). Dans le métro, «le tunnel [est] sans lumière» (111) et les quais sont «mal éclairés» (111). Dans la maison même du narrateur, il y a «peu de lumière de l'autre côté de la porte» (7-8), qui donne sur un «obscur vestibule» (12) et, dans la chambre de Laura, règne «l'obscurité la plus complète» (19). Dans cette «pénombre» (13, 138, 140 et 145), le regard est condamné à l'impuissance : «Il s'agit de trois hommes, ou bien de deux hommes et d'une femme, c'est difficile de le préciser, tant ils sont vus [...] dans une insuffisante lumière.» (60), «la lumière n'est pas partout suffisante pour que le comptage des pavés soit commode» (182), «on ne distingue rien d'identifiable dans aucune direction» (30), «on ne distingue rien» (8). De même, «l'intérieur [de la chambre de Laura] est trop sombre» (43-44) pour que la jeune fille puisse être «vue» (43), et c'est précisément pour échapper à la conscience, pour éviter «de signaler sa présence au criminel» (15) qu'elle «ne donn[e] pas de lumière» (15). De fait, la lumière arrive «du côté droit» (13), c'est-à-dire de la conscience, puisque, selon la tradition hermétique, le «côté gauche (*sinister!*) est le côté sombre, celui de l'inconscient[28]», et c'est donc un personnage majoritairement polarisé sur la conscience qui l'apporte : la «clarté qui vient du couloir, où [le narrateur a] allumé la minuterie en passant devant le bouton électrique, fait briller dans la pièce sans lumière les cheveux blonds, la chair pâle et la chemisette» (15, voir 49) de Laura.

---

28. *Id., Psychologie du transfert*, p. 69.

En revanche, dans l'immeuble de *Dans le labyrinthe*, «il est impossible de rien distinguer, tant l'intérieur est sombre» (*DL*, 54), le couloir et l'escalier passant, en fonction du «[d]éclic» (61, 64 et 181) de «l'interrupteur de porcelaine blanche» (62, voir 82), du «noir» (60 et 61), du «noir total» (100), de l'«obscurité totale» (58 et 104), «complète» (61), de la «nuit absolue» (58), à «une lumière jaune» (61), à «une clarté artificielle, jaune et pâle» (59), qui laisse le soldat «dans la pénombre» (59). Enfin, dans la chambre «sans fenêtre» (196), «où n'est allumée» (79) qu'une lampe, tout «semble dans une obscurité relative par rapport au rond éclatant de clarté découpé sur le plafond blanc» (79). Qui plus est, «[l]œil qui a fixé trop longtemps celui-ci n'aperçoit plus, lorsqu'il s'en détourne, aucun détail sur les autres parois de la pièce» (79).

Dans cet environnement où l'inconscient est en passe de devenir le maître, le regard, en tant qu'outil de la conscience, est bien évidemment placé dans des conditions qui en handicapent l'efficacité. Ainsi, lorsqu'il marche en pleine tempête de neige, le soldat est amené, ou bien à incliner la tête en avant de telle sorte que son «regard se trouve dirigé vers le sol» (*DL*, 17), à «baisser les yeux» (93, voir 148), ou bien à appliquer «sur le front la main qui protège les yeux, laissant tout juste apercevoir quelques centimètres de sol devant les pieds» (11, voir 9 et 31), ou bien, s'il «s'obstine à lever les yeux» (31), à recevoir de la «neige dans les yeux» (36) et à jouir de ce fait d'une «vue brouillée» (15), obligé qu'il est de «plisse[r] [...] les paupières» (93) pour éviter d'être complètement «aveuglé par les fins cristaux qui le frappent de plein fouet» (93).

Étant donné ces circonstances, il est naturel que le soldat doive se contenter de regarder «la neige qui tombe» (*DL*, 49, voir 58 et 109) ou «de fixer la pénombre»

(29 et 108) : «[...] [C]'est comme si le soldat ne voyait pas l'enfant — ni l'enfant ni rien d'autre. Il a l'air de s'être endormi de fatigue, assis contre la table, les yeux grands ouverts.» (29) De fait, parallèlement à ses pertes de vision qui le conduisent jusqu'à avoir les yeux «fermés» (181 et 189), le soldat voit sa conscience progressivement érodée, puisqu'il «per[d] connaissance» (170), «recroquevillé sur lui-même, ne parlant plus, n'entendant rien, ne remuant pas plus que s'il était mort» (198). Ainsi, même avant de sombrer entièrement dans l'inconscient en devenant réellement «mort» (211), le soldat dispose déjà d'une conscience réduite, puisqu'il «était déjà malade, avant sa blessure, qu'il avait de la fièvre et qu'il agissait parfois comme un somnambule» (216). Il est vrai que le soldat manifeste en général des facultés intellectuelles limitées: «Aucune pensée ne [se] devine» (28) dans son «visage inexpressif» (113), il ne «pens[e] à rien» (136), «oubli[e] la plupart des choses récentes» (216), a «l'esprit troublé par un tel défaut dans ses souvenirs» (191), avoue une grande ignorance en répondant «Je ne sais pas» (35, 62, 63, 71, 143 et 197, voir 88 et 144) à la plupart des questions qui lui sont posées. Bref, il «délir[e] [...] le plus souvent» (216).

Puisque l'inconscient, chez le soldat «mour[ant]» (*DL*, 197), est ainsi en voie de l'emporter sur la conscience, le personnage concerné a besoin d'un adjuvant. Comme dans *Djinn* (voir *D*, 59 et 95), c'est l'enfant qui exerce la fonction de cette conscience auxiliaire. C'est lui qui sert de «guide» (*DL*,188, *D*,62, 68, 70 et 99), qui prête son regard à cet aveugle en devenir qu'est le soldat. C'est lui qui le «conduit» (*DL*, 36, 94, 115 et 143, voir 38 et 87) et, quand la silhouette elle-même en devient «invisible» (116), ce sont «ses empreintes» (116) qui continuent de diriger le soldat. De fait, l'enfant, lui, n'est «pas gêné par la tempête» (33); il reste «impassible sous les flocons» (36). De plus, «[l]e froid ne semble toujours pas le gêner.» (159). Représentant de la conscience, il est doté d'un «air sérieux» (36), d'un «visage sérieux» (216), «attentif» (36), d'une «voix réfléchie» (50) et «sérieuse» (143 et 197). «[D]e ses grands yeux sérieux» (142), il «examine» (33) le soldat, le «dévisage» (142), le «considère» (42), le «considère de ses yeux écarquillés» (163). L'«œil» (81 et 82) de l'enfant, ce passe-partout de la conscience, possède ainsi une fonction analogue à celle du «bouton de porte, ovoïde, en porcelaine blanche» (82, voir 83), lequel devient, à l'instar de l'œuf philosophique qui «peut, à volonté, être sphérique ou ovoïde[29]», «une masse arrondie en forme d'œuf» (102). En effet, cette poignée ouvre un passage au regard, comme l'«interrupteur électrique, également en porcelaine» (82), repousse l'horizon. L'œil, c'est aussi, à la manière de l'«œil de verre» (*V*, 210) de Julien Marek dans *Le Voyeur*, cet «objet rond et dur, lisse, froid, de la taille d'une grosse bille» (*DL*, 137) que le soldat rencontre «au fond de [s]a poche droite» (137), c'est-à-dire du côté de la conscience :

> C'est une bille de verre ordinaire, d'environ deux centimètres de diamètre. Toute sa surface est parfaitement régulière et polie. L'intérieur est tout à fait incolore, d'une transparence absolue, à l'exception d'un noyau central, opaque, de la grosseur d'un petit pois. Ce noyau est noir et rond; de quelque côté qu'on regarde la bille, il apparaît comme un disque noir de deux à trois millimètres de rayon. (*DL*, 142)

Lorsque le soldat fait à l'enfant «cadeau de la bille de verre» (*DL*, 144), il lui transfère en réalité ce qui reste de son regard, faisant de lui le dépositaire, l'héritier de sa conscience.

---

29. FULCANELLI, *Le Mystère des cathédrales*, p. 185.

État de veille et endormissement

Enfin, quel que soit leur sexe, les personnages robbe-grillétiens manifestent également leur position vis-à-vis de la conscience et de l'inconscient selon qu'ils sont en éveil ou non. De fait, nombreux sont les passages entre la conscience et l'inconscient. Ainsi, dans *Souvenirs du triangle d'or*, les personnages s'«assoupi[ssent]» (*STO*, 122 et 216), sombrent «dans le sommeil» (173, voir 209) ou en «sort[ent]» (191) et se «réveille[nt]» (108 et 122, voir 80, 173 et 191); il arrive aussi que «[l]a tête [leur] tourne» (135, voir52 et 92), qu'ils «perd[ent] connaissance» (160, voir 38, 65, 101 et112), s'«évanoui[ssent]» (106, voir 234) ou qu'au contraire, ils «repren[nent] conscience» (228).

De même, dans *Les Gommes*, c'est par rapport à l'état de veille et au sommeil que se déterminent le partage entre les deux opposés ainsi que, dans l'intermédiaire, la série d'états modifiés de conscience qui se succèdent. Ainsi, au tout début du roman, le patron du Café des Alliés «dort encore» (*G*, 11), et c'est la raison pour laquelle «il ne sait même pas ce qu'il fait» (11). Son comportement est tout entier commandé par des automatismes dont l'inconscient est le seul maître d'œuvre: «De très anciennes lois règlent le détail de ses gestes, sauvés pour une fois du flottement des intentions humaines [...].» (11) Alors, les objets semblent se mouvoir d'eux-mêmes, sans l'intervention du patron, lequel «n'a pas encore recouvré son existence propre» (11): «Il est l'heure où les douze chaises descendent doucement des tables de faux marbre où elles viennent de passer la nuit. Rien de plus. Un bras machinal remet en place le décor.» (11) La sortie de l'inconscient ne s'opère que graduellement: «Le patron n'est pas encore bien réveillé.» (257) Ce n'est que lorsque «la lumière s'allume» (11) que le «fantôme» (12) nocturne du patron «se dissout lentement dans le petit jour de la rue» (12).

Semblablement, c'est au point de «limite du monde visible et de l'invisible» (*TCF*, 36) que se situe le narrateur de *Topologie d'une cité fantôme*, plongé, «[a]vant de [s]'endormir» (9, 10, 11 et 13), dans des états «à demi inconscients où les yeux déjà se ferment» (200). Quand les «yeux [sont] fermés» (13) et que les «paupières sont closes» (66), «[p]endant le sommeil, les murs de la prison s'effilochent en minces pans de brouillard laineux» (124), ce sont les «images qui défilent» (128) dans le cerveau comme «des troupeaux de moutons» (13, voir 124, 128 et *R*, 226). Alors, les personnages sont parés de «ces vêtements trop légers que l'on porte dans les rêves» (*TCF*, 124), telle cette jeune fille qui s'avance «comme une somnambule» (87, voir 79 et 125) et «se déplace [...] avec une légèreté de fantôme. Elle garde les yeux grands ouverts et fixes, [...] mais elle paraît ne rien voir. Elle rêve.» (87)

Au sommeil succède, «le matin, de très bonne heure» (*TCF*, 77), un état de «demi-sommeil» (77 et 78). Du reste, l'aurore est tout à fait semblable au crépuscule. En effet, «la pénombre intérieure du petit matin» (174) est identique à celle «d'une fin d'après-midi orageuse» (174), et c'est pourquoi le narrateur mentionne indifféremment : «C'est le matin, c'est le soir.» (10, voir149 et153), car «la lumière incertaine du jour extérieur ne fournit aucune précision à ce sujet» (153). Lorsque le narrateur «[s]e réveille» (152), «le soleil du petit matin» (80) est aussi «bas» (88, voir 78 et 81) que le soir, «le petit jour gris» (196) de l'aube rappelle le «ciel gris» (13) vespéral, «la clarté [est] blême» (171). Aussi le réveil est-il «encore peuplé de fantômes légers» (77), des «morceaux disloqués du cauchemar» (139).

Entre l'endormissement dont il est question dans les premières pages (voir *TCF*, 9, 10, 11 et 13), et l'éveil, marqué, à la fin du roman, par «le petit jour [...] qui se lève» (196), le narrateur de *Topologie d'une cité fantôme* a «dormi longtemps» (150), «très longtemps» (152 et 153), le temps du livre. La nuit correspond en effet au «temps compté dont [il] dispose» (195), et c'est pourquoi «il faut qu['il] hâte le pas» (195), l'errance dans l'inconscient, pendant laquelle «l'esprit [est] ailleurs» (161), devant prendre fin avec le retour à la conscience. De même, le narrateur de *Projet pour une révolution à New York*, à la fin du roman, a encore beaucoup «à décrire [...]. Mais le temps presse. Il va bientôt faire jour.» (*PRNY*, 208) De fait, le livre est inévitablement terminé au moment où la conscience revient en force: «Mais il est trop tard. Dans le petit jour qui se lève, les pas martelés de la patrouille résonnent déjà [...]...» (208-209)

En effet, de même que la symbolique alchimique associe le «clair et [l']obscur [...] [au] conscient et [à l']inconscient[30]», de même la veille et le sommeil vécus par les personnages robbe-grillétiens sont reliés au jour et à la nuit. C'est d'ailleurs l'alternance entre ces deux types d'opposés qui rythme souvent les nombreux mouvements de va-et-vient entre la conscience et l'inconscient ponctuant *Un régicide*, ce roman étant constitué de la succession de toute une série d'états modifiés de conscience qui conduisent, étape par étape, un opposé à perdre progressivement ses attributs pour basculer dans son contraire, et ainsi de suite.

Les premières pages du roman représentent un bon exemple de ce processus. Au départ, c'est la «tombée du jour» (*R*, 11), puis la nuit et, par conséquent,

---

30. C. G. JUNG, *Psychologie et alchimie*, p. 199.

l'inconscience portée à son degré maximal: «La mer monte [...] en de dangereux remous.» (11) En effet, symbole alchimique de l'«inconscient[31]», l'eau est fréquemment associée au sommeil: pendant le «[s]*ommeil liquide*[,] [l]a mer déferle sur la plage, et se retire, la mer déferle de nouveau» (*TCF*, 129). Puis, «[i]l fait jour maintenant, [...] la mer est calme et sans piège» (*R*, 12): l'inconscience s'estompe, à tel point qu'à l'île humide du *je* succède la chambre de Boris. Celui-ci se réveille (voir 13), mais l'inconscient n'est pas loin: les effets de la mer subsistent sous la forme de «vaguelettes» (15) que Boris localise «dans l'arrière de son crâne» (15) ou de «petites vagues» (15) qui roulent dans sa bouche. Finalement, «Boris se l[ève]» (16), mais, comme il se demande ce qu'il va «faire de cette journée de liberté» (19), rien ne «déclench[e] en lui le moindre courant d'attention» (20), et c'est pourquoi la chambre et la conscience vont à nouveau s'effacer: «Le décor, que plus rien ne retenait, glissa peu à peu vers le pays des brumes, où la mer étale baigne le pied des roches, sous une lumière grise.» (20)

De fait, ce sont la nuit et, chez Boris, l'approche du sommeil qui effectuent la transition entre la ville et l'île: «Boris aspirait les odeurs de la nuit.» (*R*, 63), «Boris, qui a éteint sa lampe, ferme les yeux[...]...» (77), «Le soir, Boris se coucha de bonne heure, et, tranquille, s'endormit tout de suite.» (82), «Ensuite il éteignit la lampe de chevet et se glissa dans les draps, la tête vers le mur.» (104) La reprise de l'incipit — «Une fois de plus c'est, au bord de la mer, à la tombée du jour...» (79) — s'inscrit dans cette succession cyclique du jour et de la nuit, de la conscience et de l'inconscient. À l'inverse, au paysage de l'île et au *je* qui y évolue succède la chambre où Boris, à son réveil, échappe peu à peu à son inconscient: «Le mardi matin,

---

31. *Ibid.*, p. 518.

Boris se réveilla la tête lourde et douloureuse.» (70), «Lorsque Boris se réveilla, vers sept heures et demie, il se ressentait encore de ses maux de tête de la veille.» (79), «Il se réveilla tout en sueur, se retourna dans son lit et se rendormit aussitôt.» (114), «Bien que le réveil n'eût pas sonné, Boris émergea du sommeil à l'heure habituelle.» (122)

À noter que, parallèlement à la succession de la conscience et de l'inconscient, s'instaure une alternance entre deux types de narration: dans l'île, c'est le *je* de la voix narrative qui intervient, tandis que dans la chambre, dans la ville, tout ce qui a trait au «héros» (*R*, 13), Boris, est raconté à la troisième personne. Cependant, là encore, le phénomène de protéisation est actif, de telle sorte qu'il est possible de remarquer que l'instance narrative et le personnage de Boris ne font qu'un. Ainsi, Boris et le *je* observent tous les deux le même numéro de *l'Action* qui relate la victoire de l'Église:

> Boris regarda le journal [...] La feuille, roulée en bouchon, vint se poser sur l'eau verte; une brise légère la poussait vers le large.

> Longtemps, je suis des yeux cette boule de papier qui s'éloigne. (*R*, 40)

L'instance narrative pose une question — «Qui avait bien pu prononcer cette phrase et pourquoi?» (*R*, 54) — à propos d'une parole dont Boris a pourtant été le témoin (voir 52). Plus loin, à l'inverse, Boris prononce une phrase qui ne se justifie que dans le contexte du *je*: «"La nuit s'avance, dans quelques heures la mer redescendra."» (68) Pareillement, Boris se souvient d'une chanson qui a été fredonnée devant le *je* et d'une scène à laquelle celui-ci a participé (voir 87): «Brusquement, une image apparaît: une plage de galets, où sont au sec cinq ou six barques de pêche; des hommes s'affairent autour d'elles;

l'un d'entre eux, un peu à l'écart, regarde la mer et chante...» (88)

Ainsi, comme Alain Robbe-Grillet l'indique lui-même, *Un régicide* met en scène «quelqu'un qui vit deux réalités en même temps[32]», ce personnage unique se trouvant en permanence en butte à une lutte qui est menée à l'intérieur de lui-même par les deux opposés: «Il avait l'impression de s'être retranché dans une cave avec un peuple d'ouvriers forgeant des armes et d'assister impuissant aux préparatifs d'une guerre qu'il aurait voulu empêcher.» (R, 71) À l'image de l'ensemble des personnages robbe-grillétiens, Boris et son double ne sont donc pas à proprement parler des personnages; comme le font les personnages des traités alchimiques, ils traduisent seulement la transformation d'une seule entité selon que celle-ci évolue dans l'univers de l'inconscient ou dans celui de la conscience.

---

32. A. ROBBE-GRILLET, cité par M. RYBALKA, *op. cit.*, p. 17.

CHAPITRE II

Un espace qui se déploie

> «[...] [J]'y retrouvais la tentative de construire un espace [...] purement ment[al] [...][1].»

L'ALCHIMISTE qui vise à réaliser le Grand Œuvre et qui franchit l'une après l'autre les différentes étapes conduisant au succès est souvent figuré par «"celui qui va", "celui qui marche", le "voyageur[2]"». Son parcours est «une représentation des épreuves initiatiques[3]» dont chacune est d'ailleurs «dans la maçonnerie [...] désignée comme un "voyage"». Ainsi, par exemple, le «*Chemin de Saint-Jacques*[4]», le pèlerinage que l'Adepte Nicolas Flamel prétend avoir effectué, n'est en fait qu'un «*voyage symbolique*, [...] Compostelle, cité emblématique, n'[étant] point située en terre espagnole, mais dans la terre même du sujet philosophique». Dans ce contexte, l'espace alchimique perd l'étendue et la diversité de sa

---

1. A. ROBBE-GRILLET, *L'Année dernière à Marienbad*, Paris, Les Éditions de Minuit, 1961, p. 9-10.

2. R. ALLEAU, *op. cit.*, p. 60.

3. René GUÉNON, *Symboles de la science sacrée*, Paris, Gallimard, [1962] 1994, p. 191.

4. FULCANELLI, *Les Demeures philosophales*, t. I, p. 312.

matérialité au profit d'un contenu purement allégorique, sa fonction se réduisant à délimiter les domaines impartis à la conscience et à l'inconscient.

Or, dans les romans de Robbe-Grillet, où déambule toujours un «voyageur» (*V*, 9, voir *J*, 98), un personnage qui «marche» (*G*, 127, *DL*, 117 et *TCF*, 11, voir *R*, 170, *V*, 178, *MRV*, 120, *PRNY*, 49, *STO*, 193 et *D*, 101), y compris dans la petite rue d'un «quartier Saint-Jacques» (*V*, 28) à la recherche d'une jeune «Jacqueline» (33), l'espace obéit, comme l'espace alchimique, à une structuration duelle.

L'apparente dualité de l'espace

En effet, d'emblée, l'espace robbe-grillétien apparaît strictement séparé en deux sous-espaces. Dans *Un régicide*, dans *Le Voyeur* et dans *La Maison de rendez-vous*, il s'agit d'une «île» (*R*, 21 et *V*, 24), de «Hong-Kong» (*MRV*, 13), et d'une «ville» (*R*, 56 et *V*, 28) située sur le continent, de «Kowloon» (*MRV*, 23), dans *Les Gommes* des secteurs, «est [...] [et] ouest» (*G*, 18), d'une ville coupée en deux par un «canal» (*G*, 18), dans *La Jalousie* d'une «plantation» (*J*, 11) et d'un «port» (60), dans *Projet pour une révolution à New York*, dans *Topologie d'une cité fantôme*, dans *Souvenirs du triangle d'or* et dans *Djinn* de New York, d'une «cité» (*STO*, 15), de «Paris» (*D*, 8) et d'une «chambre» (*PRNY*, 15, *TCF*, 152 et *D*, 29), d'une «cellule» (*STO*, 41).

À titre d'exemple, examinons en détail l'espace, particulièrement diversifié, de *Dans le labyrinthe*. L'espace s'y articule effectivement autour de deux sous-espaces fortement contrastés: l'intérieur, où l'on est «bien à l'abri» (*DL*, 9, *PRNY*, 94 et *TCF*, 126), et l'extérieur, où «il pleut, [...] il fait froid, le vent souffle» (*DL*, 9, voir *PRNY*, 34), où «il neige» (*DL*, 14).

Le premier sous-espace est lui-même subdivisé en plusieurs lieux apparemment bien distincts. Cependant, la chambre du médecin-narrateur n'est pas différente de la pièce où vit la jeune femme. En effet, ces salles sont meublées de façon identique, toutes deux contenant un «lit-divan» (*DL*, 117 et 64), une «table» (117 et 64), une «commode» (117 et 64) à dessus de marbre, une «cheminée, dont le tablier est ouvert sur un amoncellement de cendres, sans chenets» (19, voir 64), et au-dessus de laquelle est fixée «une grande glace rectangulaire» (59 et 66). Bien plus, les mêmes «rideaux rouges» (23 et 190) figurent dans les deux endroits, où est également visible, «dans l'angle du plafond, une petite ligne noire, très fine, longue d'une dizaine de centimètres [...] : une fissure dans le plâtre, ou un fil d'araignée chargé de poussière» (125-126, voir 187). En outre, de même que la chambre du médecin-narrateur est précédée d'un «vestibule obscur où la canne-parapluie est appuyée obliquement contre le porte-manteau» (220-221), de même l'appartement de la jeune femme s'ouvre sur un «vestibule où attend le parapluie noir» (196). Pas étonnant, dans ces conditions, qu'entre ces deux endroits, le chemin ne soit «pas très long» (213) : en réalité, les deux lieux n'en forment qu'un seul.

Or, la chambre se confond également avec le café. En effet, reproduit dans le tableau, le café se compose d'une salle où ne sont «représenté[s] que trois murs» (*DL*, 48), «la paroi absente du dessin» (48) étant «le seul des quatre côtés qui donne vraisemblablement sur quelque chose» (48). Cette configuration est analogue à celle de la chambre, laquelle possède également une paroi qui, «au lieu du papier peint qui recouvre entièrement les trois autres, est dissimulée du haut en bas, et sur la plus grande partie de sa largeur, par d'épais rideaux rouges»

(11) cachant «une haute fenêtre» (190). L'identité des deux lieux est encore plus clairement suggérée lorsqu'il est indiqué que «le plancher à chevrons» (204) du café est «semblable à celui de la chambre elle-même» (204) et qu'il «se prolonge [...] jusqu'aux lourds rideaux rouges» (204) de celle-ci. Enfin, alors que, sur la table empoussiérée de la chambre, «un cercle, à peine terni, est un peu entamé sur un de ses bords par un second cercle de même grandeur» (13) et que viennent ensuite «des lignes incertaines, entrecroisées, traces sans doute de papiers divers, dont les déplacements successifs ont brouillé la figure, très apparente par endroits, [...] et ailleurs plus qu'à demi effacée, comme par un coup de chiffon» (13-14), il est possible d'observer, sur la table du café, les mêmes signes:

> [...] [L]e verre a laissé plusieurs traces circulaires, mais presque toutes incomplètes, dessinant une série d'arcs plus ou moins fermés, se chevauchant parfois l'un l'autre, [...] et, dans d'autres parties du réseau, le dessin rendu plus trouble par des déplacements successifs trop rapprochés, ou même à demi effacé par des glissements, ou bien, peut-être, par un rapide coup de chiffon. (*DL*, 40, voir 113)

À noter du reste que ces empreintes, laissées sur «le damier de petits carreaux rouges et blancs de la toile cirée» (*DL*, 40, voir 29 et 113) de la table du café, sont également présentes sur la table, elle aussi recouverte d'une «toile cirée à carreaux blancs et rouges» (189, voir 64 et 113), de la jeune femme: «[...] [L]es alentours sont entièrement maculés de traces circulaires, mais presque toutes incomplètes, dessinant une série d'arcs plus ou moins fermés, se chevauchant parfois l'un l'autre [...].» (69)

Par ailleurs, la pièce principale de l'appartement de la jeune femme communique, par une porte «entrebâillée» (*DL*, 64 et 115), avec une «chambre voisine» (115), «une pièce très sombre» (64), de la même manière que la salle de café donne sur une «salle de billard» (48 et 176). Ces deux lieux sont à rapprocher du «dortoir» (160), de «la chambrée d'une caserne, ou plus exactement d'une infirmerie militaire» (161), voire d'un «hôpital» (184). En effet, «[d]ans la pièce voisine [de l'infirmerie], une foule considérable est rassemblée: des hommes, debout, pour la plupart en costumes civils, qui parlent par petits groupes en faisant beaucoup de gestes. Le soldat essaie de s'y frayer un chemin [...].» (162-163). Or, «à côté [de] la salle de billard» (176), c'est-à-dire dans la salle du café, «une foule considérable est rassemblée: des hommes, debout, pour la plupart en costumes civils, qui parlent par petits groupes en faisant beaucoup de gestes. Le soldat essaie de s'y frayer un passage.» (170) Du reste, l'identité entre l'infirmerie, appelée ailleurs «la chirurgie» (183), et la salle de billard est signalée par l'un des sens du mot *billard*, qui évoque une table pour opération chirurgicale. La salle d'infirmerie étant donc contiguë au café et, par conséquent, à la pièce principale de l'appartement de la jeune femme, il est compréhensible que l'invalide, qui «partage [l]a demeure» (206) de celle-ci, ait pu s'y rendre facilement «sur sa béquille» (139).

À noter que l'unicité des différents lieux constituant le sous-espace de l'intérieur apparaît également dans le fait que ceux-ci appartiennent tous à la même «maison [...] haute» (*DL*, 12), à la même «maison d'angle» (123, voir 50 et 148), au même «immeuble qui fait le coin» (20 et 53) de la rue, à la même «bâtisse dans le style traditionnel: une construction basse (deux étages seulement [...])» (73). À cette unicité correspond logiquement la singularité qui caractérise le sous-espace de l'extérieur. De fait, dans «la grande ville symétrique et monotone, avec ses voies tracées au tire-ligne et se coupant à angles droits» (183), les rues sont toutes «semblable[s]» (15), «identiques» (38), «pareille[s] aux autres» (94), les maisons sont «toutes semblables» (179), «identiques» (32) ; ce sont toutes «des hautes maisons uniformes» (116), «des hautes façades plates qui se succèdent, sans une variante, indéfiniment» (122), comme reflétées dans «un miroir» (21).

Enfin, tout aussi logiquement, l'unicité des deux sous-espaces aboutit à l'unicité de l'espace tout entier. La similitude de l'intérieur et de l'extérieur est en effet révélée à plusieurs reprises. Ainsi, dans la chambre, la lampe à la «colonne cannelée» (*DL*, 10 et 14) et à «l'abat-jour tronconique» (220) génère un «filament incandescent» (14). Mais «[c]'est encore le même filament, celui d'une lampe identique ou à peine plus grosse, qui brille [...] au carrefour des deux rues, enfermé dans sa cage de verre en haut d'un pied de fonte» (16) dont «la base conique [...] [est] entourée de plusieurs bagues» (16). En outre, la «fine poussière» (220) qui «dans le silence descen[d] [en] de minces particules» (12) et qui «se dépose en couche uniforme, sur le plancher» (12) de la chambre, correspond à la neige, dont les «flocons serrés descendent doucement, dans une chute uniforme» (14), et qui laisse «une couche [...] qui recouvre toutes les surfaces horizontales» (23) de la ville. De même, le motif du papier peint de la chambre est décrit comme «des plumes silencieuses qui tomberaient verticalement en lignes régulières d'une chute uniforme, [...] comme [...] des flocons de neige» (80). Enfin, l'«étroit chemin de parquet luisant» (18) tracé par «les chaussons de feutre» (12) équivaut au «chemin rectiligne [qui] marque [...] le trottoir enneigé» (18) et qui a été «produit par le piétinement de personnages maintenant disparus» (18).

En fait, tout porte à penser que l'espace de *Dans le labyrinthe* se réduit à «la chambre close» (*DL*, 117), à «la chambre, bien close derrière ses épais rideaux» (125), et que les «pérégrinations» (73) du soldat qui poursuit une «interminable marche» (186), qui «marche toujours, de son pas mécanique» (117), qui «tourn[e] en rond» (38), «avançant machinalement un pied après l'autre, sans même être certain d'une progression quelconque» (118), se bornent aux quelques «pas» (59) qui vont «[d]e la commode à la table [....][,] de la table au coin du lit [....][,] du lit à la commode [...] [et] de la commode à la table» (59).

La chambre du mental

L'espace des autres romans peut faire l'objet de la même réduction à un lieu unique, dont tous les autres lieux ne sont que le déploiement. Qui plus est, ce lieu unique correspond dans tous les cas à une chambre.

En effet, dans *Un régicide*, Boris est «ailleurs, ou nulle part» (*R*, 19); comme la foule qui l'entoure, il a beau marcher dans la ville, «lui non plus n'allait nulle part» (27), et c'est pourquoi il peut affirmer avec indifférence: «"Tous les chemins mènent à Rome"» (74); le narrateur, lui aussi, déambule «dans une zone indifférenciée, sans localisation précise» (78), les habitants de l'île et lui ayant «souvent le sentiment [qu'ils pourraient] tout autant [se] trouver nulle part» (79). À vrai dire, il n'existe *réellement* qu'un seul espace: la chambre. C'est la chambre dont le narrateur, au début du roman, «ouvre la fenêtre» (12) et au sujet de laquelle, dans les toutes dernières pages, il avoue: «Je suis couché dans ma chambre, cette chambre où j'aurai passé, seul, la plus grande partie de ma vie.»

(225) Cette chambre est également celle de Boris, à propos de laquelle il est écrit qu'elle «se réduisit à ses dimensions mesurables» (16), ce qui signifie qu'auparavant, elle s'était élargie de façon à intégrer en elle le paysage de l'autre sous-espace.

Pareillement, dans *Les Gommes*, bien que Wallas parcoure «en fin de compte un bon nombre de kilomètres» (*G*, 225), dans la ville, les distances

> sont tellement affectées qu'elles en deviennent à peu près méconnaissables, sans que l'on puisse dire exactement dans quel sens elles se sont transformées : étirées, ou bien réduites — ou les deux à la fois — à moins qu'elles n'aient acquis une qualité nouvelle ne relevant plus de la géométrie (*G*, 101).

Du reste, les rues «se ressemblent» (*G*, 177, voir 225) et Wallas, près du «bureau de poste» (159), c'est-à-dire loin de son point de départ, boit un café «[d]ans un bistro qui ressemble à s'y méprendre à celui de la rue des Arpenteurs» (163). En outre, la tentative d'assassinat contre Daniel Dupont s'est passée tout près du «Café des Alliés» (18), «à deux pas d'ici» (12), mais il est permis de s'interroger sur la réalité même de cette courte distance, puisque, sur la table du bistro, figure une «petite tache; [...] comme du sang» (12). En fait, là encore, les différents lieux ont leur origine dans la «chambre» (14) que Wallas «a trouvé[e]» (45) dans le bistro et à laquelle on accède en passant «dans un vestibule étroit où filtre une vague lumière» (258), puis par un «escalier» (258).

Ainsi caractérisée, cette chambre ressemble fort à la «chambre» (*PRNY*, 15) du narrateur de *Projet pour une révolution à New York*, où l'on arrive après avoir traversé un «obscur vestibule» (12) et gravi «les marches» (26) d'un escalier, et à laquelle peuvent être ramenés tous les autres lieux du roman. En effet, cette chambre ne se distingue pas du «studio» (78) de JR, puisque celui-ci dispose d'un «escalier de secours au squelette de fer noir» (81) qui renvoie à «l'escalier de fer» (23) dont est également munie la maison du narrateur. De plus, ce studio, où «ce ne sont que surfaces polies, blancheur, glaces, reflets, angles vifs» (80), n'est pas sans rappeler l'«officine souterraine» (138) du docteur Morgan, où la porte, en «verre dépoli» (33), s'ouvre sur «une toute petite pièce nue, cubique, peinte en blanc sur ses six faces» (33). Cette pièce, dont le sol est recouvert d'une «céramique [...] blanche» (148), fait songer à «la salle» (37) de réunion, dont les «murs et [le] plafond [...] sont [...] revêtus ici des mêmes carreaux de faïence» (38), à l'instar du «couloir» (29 et 36) du métro, lui aussi recouvert d'une «céramique blanche» (36, voir 29). Par ailleurs, l'«appartement de Park Avenue» (63) de la petite Laura se confond aussi avec la maison du narrateur, puisqu'à la fermeture de la porte de celle-ci, le «pêne de la serrure reprend sa place dans la gâche avec un claquement sourd, prolongé par une vibration à résonances caverneuses qui se propage dans toute la masse du battant» (12) et que la fermeture de la porte de celui-là est caractérisée par «le claquement sec de la serrure, que prolonge une vibration profonde dans toute la masse du panneau de bois» (66). Enfin, le «terrain vague» (175) rempli d'«objets au rebut» (175) coïncide également avec la maison du narrateur, étant donné qu'une des affiches qui en recouvrent la palissade reproduit «la façade de [l]a propre maison» (174) de celui-ci.

Dans *La Jalousie*, la «chambre» (*J*, 10) de A... est une fois de plus la base de l'espace tout entier. En effet, elle peut être assimilée à la salle à manger, puisque le mille-pattes est indifféremment écrasé sur le mur de celle-ci (voir 27, 63, 69, 90, 97, 112, 127, 145 et 202) ou de la chambre à coucher (voir 165-166). Mais cette chambre n'est pas non plus distincte du bureau. En effet, «la gomme pour machine à écrire [...] qui se trouve dans le tiroir supérieur gauche du bureau» (130), un «massif bureau à tiroirs» (124) situé dans la pièce également appelée «bureau» (123), est «un mince disque rose» (132). Or, cette même «gomme à machine en forme de disque» (169) est tout aussi présente dans «le tiroir de la table» (169) à écrire de la chambre à coucher. Mais celle-ci ne fait également qu'un avec le port. En effet, dans ce port, «le "Cap Saint-Jean"» (95 et 155), un «navire blanc» (203), est «amarré le long du wharf» (95 et 203). Or, «[c]'est ce motif qui figure sur le calendrier des postes, au mur de la chambre. Le navire blanc, tout neuf, est à quai [...].» (155) Par conséquent, le port où A... et Franck se rendent et où ils vont finalement passer la nuit n'est en fait rien d'autre que la chambre à coucher de la maison située sur la plantation.

Comme son titre le laisse entendre, *Topologie d'une cité fantôme* s'attache moins à la «topographie» (*TCF*, 4ᵉ de couv.), c'est-à-dire à la configuration d'une ville, qu'à sa *topologie*, c'est-à-dire, en langage mathématique, à sa structure, caractérisée par des «invariantes dans les déformations continues[5]». De fait, les très nombreux lieux repérables dans le roman sont bien le résultat de la métamorphose multiplicatrice d'un espace unique: la «chambre» (152) du narrateur. Celle-ci se confond en effet avec «la chambre abandonnée» (11) où une jeune fille «se peigne» (10) et qui n'est autre — mêmes personnages, même «glace ovale» (10 et 158), même «divan très bas» (11, voir 159) — que la chambre dont «l'assassin [...] s'approche» (161) et d'où «l'assassin» (159) repart. De plus, la chambre du narrateur fait partie d'une maison de

---

5. *Le Nouveau Petit Robert*, Paris, Dictionnaires Le Robert, 1995, p. 2268.

«trois ou quatre étages» (153) «jadis peuplée de chambre en chambre, d'étage en étage» (198). Cette maison est donc semblable à la «vaste bâtisse de trois étages» (113) dont les deux premiers sont occupés «par un bordel clandestin» (117) caractérisé par un «nombre [...] élevé» (118) de chambres. Elle est aussi identique à la «grande maison» (77 et 78) de David H. puisque celle-ci possède également une file de «chambres successives» (77), et au «bâtiment [...] aux formes massives» (12), «pénitencier» (12 et 30), «maison de correction pour les prostituées mineures» (13) ou «hôtel» (182 et 187) où «la succession des portes identiques s'ouvr[e] alternativement à gauche et à droite» (176, voir 182). À noter que ce bâtiment, une «construction massive» (30, voir 12), «sans grâce» (68) et à la «muraille grise» (31, voir 44), «grande maison» (77) au «lourd vantail» (78), n'est pas sans rappeler la «citadelle [...] à la porte [...] massive[6]», le «bâtiment [...] d'aspect imposant et rébarbatif [...] [tenant] de la prison» qu'est «la *Forteresse alchimique*, [...] le *Palais*, mystérieux et fermé, du roi de» l'Art sacré. Or, c'est dans ce bâtiment que se trouve la chambre du narrateur, laquelle mérite donc bien son appellation de «cellule initiale» (55).

Cet espace est bien évidemment à rapprocher de celui de *Souvenirs du triangle d'or*, lui aussi constitué d'un «immeuble» (*STO*, 7 et 30), d'une «maison» (30) sans localisation, puisqu'elle est «[s]ituée du côté impair, entre le 9 et le 11» (30), d'un «établissemen[t] de bains hors d'usage» (127), d'un «Casino» (85), tous ces bâtiments possédant le même «couloir» (99, voir 38, 91, 127 et 155) et comportant une «cellule» (41 et 172), qui est aussi la «cachette» (88) du narrateur, «toujours la même chambre exiguë et dépourvue de confort, perdue dans un quartier que ses derniers habitants désertent» (88).

---

6. FULCANELLI, *Le Mystère des cathédrales*, p. 166.

Cette pièce n'est pas sans renvoyer à «la modeste chambre meublée» (*D*, 9) de Simon Lecœur, chambre située dans un «immeuble» (107) perdu au milieu de «masures ouvertes à tous les vents» (107). Or, décorée de rideaux «[f]aits d'une lourde étoffe rouge sombre» (115), cette chambre fait également songer aux «draperies rouges» (*V*, 45, voir 68) de la chambre du *Voyeur*, laquelle constitue à elle seule l'espace du roman, puisque c'est la chambre que Mathias occupe depuis son enfance: «Il était de nouveau seul dans cette chambre où il avait passé toute sa vie [...].» (230) C'est la raison pour laquelle Mathias effectue un périple dans un environnement difficile à «situer» (154) et paraissant «sans situation géographique» (106): se heurtant à une «distance impossible à évaluer» (134), il marche «sans bouger» (179) et, là où il arrive, il y est «comme on serait arrivé n'importe où» (106). Identique est d'ailleurs la situation de Johnson, cloîtré dans sa chambre d'hôtel qu'il regagne pour n'en «plus ressorti[r]» (*MRV*, 163), ayant «renonc[é] à la réception chez Lady Bergmann» (164), dont *La Maison de rendez-vous* constitue pourtant le compte rendu.

En réalité, dans chaque roman, du fait que le personnage reste enfermé dans sa chambre, ses pérégrinations constituent moins des marches physiques que des déambulations psychiques. Dans ce contexte, la chambre peut légitimement apparaître comme le symbole du mental, ce qui correspond du reste parfaitement à la formule de Robbe-Grillet: « [...] [I]l n'y a pas autre chose au monde que ma tête, que ce qu'il y a dans ma tête[7].» Or, cette affirmation, qui illustre une foi solide en «la primauté de l'esprit[8]», rejoint la symbolique

---

7. A. ROBBE-GRILLET, cité par J.-J. BROCHIER, «Conversation avec Alain Robbe-Grillet», *Magazine littéraire*, n° 250, février 1988, p. 91.

8. *Id.*, *Le Miroir qui revient*, p. 203.

alchimique lorsque, par exemple, celle-ci utilise «le mot grec qui sert à désigner la tête, Κρανίον, [...] [pour] marque[r] [...] le *lieu du Calvaire*[9]». En effet, le «Golgotha, c'est-à-dire le lieu du crâne[10]», là où le Christ subit la Passion, est considéré par les alchimistes comme l'espace où le Grand Œuvre se réalise, puisque «le vase alchimique doit être rond comme la tête[11]», que cet athanor est «le "*vas cerebri*" (le vase du cerveau), c'est-à-dire le crâne[12]», «le processus de transformation a[yant] son siège dans la *tête*[13]».

À noter en outre que ce parcours mental est «un parcours assez compliqué» (*D*, 70, voir *TCF*, 71), où prolifèrent les «tournants à l'équerre [...], tantôt à droite et tantôt à gauche mais sans alternance régulière» (*STO*, 99, voir 38-39, 155, 209 et 224). Ainsi, lorsque le narrateur de *Topologie d'une cité fantôme* «erre, comme au hasard» (*TCF*, 11), «erre en spirale» (198), «continu[ant] [s]a route à travers la ville» (152, voir 99, 150 et 153), à travers les «ruelles sinueuses» (68, voir *D*, 127) provoquant de nombreux «détours» (*TCF*, 150), il ressemble à l'Artiste réalisant son «"voyage" initiatique[14]» puisque celui-ci est un parcours qui «s'élèv[e] en spirale[15]» et qui s'effectue au travers «d'un labyrinthe». C'est précisément dans ce décor, mêlant une étendue infinie à une uniformité

---

9. FULCANELLI, *Les Demeures philosophales*, t. I, p. 265.

10. «Évangile selon Matthieu», XXVII, 33, dans *La Bible. Nouveau Testament*, Paris, Gallimard, coll. «Bibliothèque de la Pléiade», 1971, p. 97.

11. C. G. JUNG, *Psychologie et alchimie*, p. 117.

12. *Id.*, *Les Racines de la conscience. Études sur l'archétype*, p. 172.

13. *Ibid.*, p. 175.

14. R. ALLEAU, *op. cit.*, p. 127.

15. C. G. JUNG, *Psychologie et alchimie*, p. 41.

absolue, que le soldat de *Dans le labyrinthe* «erre[e]» (*DL*, 208) au fil des pages tout en faisant du surplace. En effet, «multipli[a]nt [...] les changements subits de direction, et les retours en arrière» (186, voir 36), le soldat évolue dans un «dédale» (121) qui rappelle «les circonvolutions et les apparents labyrinthes» (*J*, 174) de *La Jalousie* et le «labyrinthe de petites rues» (*G*, 85, voir *D*, 127 et *PRNY*, 204-205) où Wallas, «sans cesse [...] conduit à de nouveaux détours» (*G*, 136), «erre» (239, voir 136) lui aussi. Ces cheminements intérieurs, effectués à l'intérieur du «labyrinthe [...] [d'une] raison malade» (*PRNY*, 92), recoupent parfaitement la «série de détours, de retours, de circonvolutions[16]» qui caractérisent les tracés du labyrinthe hermétique. En outre, d'après le traité alchimique d'Alexandre-Toussaint Limojon de Saint-Didier, *Le Triomphe hermétique*, ce labyrinthe est «un chemin dans des sables[17]», lesquels sont bien évidemment à rapprocher de la «poussière» (*DL*, 18) et de la «neige» (23) dans lesquelles on marche tout au long de *Dans le labyrinthe*.

---

16. FULCANELLI, *Les Demeures philosophales*, t. II, p. 76.

17. Alexandre-Toussaint LIMOJON DE SAINT-DIDIER, *Le Triomphe hermétique ou la Pierre philosophale victorieuse*, [Amsterdam] Milan, Archè, [1699] 1971, p. 123. À noter que E. CANSELIET (*L'Alchimie expliquée sur ses textes classiques*, p. 222) affirme que «Breton connaissait bien *Le Triomphe hermétique* [...], dans lequel il prit l'idée, hautement philosophique, de son Exposition surréaliste, et surtout celle d'imposer, aux visiteurs, le piétinement dans le sable d'un étroit passage en labyrinthe caverneux». Pour des détails sur cette IIe Exposition internationale du surréalisme, qui s'est tenue à Paris de juillet à septembre 1947, voir Henri BÉHAR, *André Breton, Le Grand Indésirable*, Paris, Calmann-Lévy, 1990, p. 381-383.

L'eau, le froid et la chaleur

«[E]mblématique du travail entier de l'Œuvre[18]», le labyrinthe est pour les alchimistes la «représentation de la multiplicité des états ou des modalités de l'existence manifestée, à travers la série indéfinie desquels l'être a dû "errer" tout d'abord avant de pouvoir s'établir dans [l]e centre[19]». Espace originel des romans robbe-grillétiens, la chambre constitue ce centre, «où se livre le rude combat des deux natures»: c'est à partir d'elle que se déploient tous les autres lieux, lesquels constituent des extériorisations des deux opposés et dont l'apparente différenciation correspond en réalité à la mise en évidence des variations d'un espace unique en fonction de la nature changeante des états de conscience dont celui-ci est le cadre.

Dans *La Jalousie*, la démarcation entre la conscience et l'inconscient s'effectue tout d'abord au travers de la séparation de l'espace en fonction de l'axe nord-sud. D'après la philosophie hermétique, le nord est tradition-nellement associé à l'hiver, au froid, à l'eau et, donc, à l'inconscient, tandis qu'inversement, le sud l'est à l'été, à la chaleur, au feu et, partant, à la conscience[20]. Or, c'est bien à ce schéma que correspond la topographie de la plantation. En effet, la partie de celle-ci que «le regard» (*J*, 11), autrement dit l'instrument de la conscience, peut embrasser «du fond de la chambre» (11), c'est-à-dire la portion située au sud, est constituée de bananiers dont «la mise en culture [...] est assez récente» (11) et dont on «suit distinctement encore l'entrecroisement régulier des lignes de plants» (11). Chez ces bananiers, «faciles à

---

18. FULCANELLI, *Le Mystère des cathédrales*, p. 63.

19. R. GUÉNON, *op. cit.*, p. 374.

20. Voir à ce sujet J. EVOLA, *Métaphysique du sexe*, p. 169.

compter» (37), «la régularité [...] est parfaite» (37), «absolue» (104), «l'alignement impeccable» (33). C'est dire si cette part de la plantation représente le domaine, tout empreint de rationalité, de la conscience. En revanche, «de l'autre côté de la maison» (12), au nord, se trouvent «les parcelles les plus anciennes — où le désordre a maintenant pris le dessus» (11). «C'est de l'autre côté, également, que passe la route» (12) qui conduit au port. Passé, désordre, eau: tous ces éléments sont bien ceux de l'inconscient. D'ailleurs, c'est aussi au nord, du côté de «la cour» (55, 57 et 127), que les fenêtres sont dotées d'un verre «grossier» (55, 95 et 126) qui rend le paysage «distordu» (57), «aberrant» (96), générant «des cercles mouvants» (55), «des taches de verdure circulaires ou en forme de croissants» (57). Qui plus est, alors que, «dans le panneau de droite, la disposition des lignes n'est qu'à peine altérée par les défauts du verre» (74), «dans le panneau de gauche» (74), c'est-à-dire, selon Jung, du «côté sombre, celui de l'inconscient[21]», «l'image réfléchie est franchement distordue» (74).

Toujours en conformité avec la symbolique alchimique, les assauts portés par l'inconscient au cours de la lutte que se livrent les opposés sont représentés par les progrès du froid. Ainsi, l'espace extérieur de *Dans le labyrinthe*, fortement dominé par l'inconscient, est caractérisé par le «froid» (*DL*, 9, 36, 41, 141 et 148) et le «gel» (11). Mais la supériorité de l'inconscient n'est pas moins affirmée dans l'espace interne. Ce n'est guère que le café, dont «[l]'intérieur est vivement éclairé» (38) et qui possède un «gros poêle carré, en faïence, près de la porte du fond, tout au bout du comptoir» (108), qui échappe à l'emprise de l'inconscient, et ce n'est donc pas un hasard si les consommateurs y «semblent au milieu d'une

---

21. C. G. JUNG, *Psychologie du transfert*, p. 69.

discussion animée; debout dans des attitudes diverses, ils sont pour la plupart en train d'effectuer avec les bras des gestes de grande envergure [...].» (24) De même, la pièce principale de l'appartement de la jeune femme est «éclairée» (96) par «une haute fenêtre» (190) et procure une «chaleur relative» (72). En revanche, partout ailleurs, l'inconscient exerce une influence prépondérante. Cela est particulièrement évident dans l'infirmerie. En effet, cette salle «est plongée dans une demi-obscurité» (133) et, «l'ombre gagnant depuis la gauche et s'épaississant de plus en plus» (133), le caporal n'y est plus bientôt «qu'une silhouette noire» (133). L'infirmerie n'étant «pas chauffée» (108), le «froid» (126) y règne, et les hommes y «sont couchés» (105), «parfaitement immobiles et silencieux» (106). En effet, l'«immobilité» (26, voir 29, 91 et 106) et les scènes figées (voir 11, 25, 91, 97, 109, 119 et 153) sont toujours le résultat de la défaillance de la mobilité du regard et, partant, de l'effacement de la conscience; elles représentent l'ascendant exercé par l'inconscient et préfigurent la mort:

> Un bras reste à moitié levé, une bouche entrouverte, une tête penchée à la renverse; mais la tension a succédé au mouvement, les traits se sont crispés, les membres raidis, le sourire est devenu rictus, l'élan a perdu son intention et son sens. Il ne subsiste plus, à leur place, que la démesure, et l'étrangeté, et la mort. (*DL*, 110)

Pareillement, au sortir de la nuit, c'est-à-dire au moment où l'inconscient commence à se retirer, dans le bistrot des *Gommes*, il faut que «Jeannette allume le poêle» (*G*,12). Quant à Wallas, tandis qu'il marche «[d]ans l'air froid de cet hiver qui commence» (52), il

> sent le froid sur son visage; ce n'est pas encore l'époque de la glace coupante qui paralyse la face en un masque douloureux, mais on perçoit déjà comme un rétrécissement qui commence dans les tissus: le front se resserre, la naissance des cheveux se rapproche des sourcils, les

> tempes essayent de se rejoindre, le cerveau tend à se réduire à un petit amas bénin à fleur de peau, entre les deux yeux, un peu au-dessus du nez. (*G*, 56-57)

Lui qui dispose déjà, en temps ordinaire, de capacités intellectuelles modestes — il lui manque en effet «quelques millimètres» (*G*, 165) de surface frontale — voit sa conscience affaiblie de surcroît par le froid. Point étonnant alors qu'il boive un «café brûlant» (163) pour tenter de «sortir de ce malaise cotonneux qui l'empêche de réfléchir sérieusement à son affaire» (163) : alors qu'il a «besoin de toute sa lucidité» (163), il est aux prises avec la «somnolence» (165).

En outre, au fur et à mesure que l'inconscient affermit sa prépondérance, l'importance de l'élément aqueux se fait de plus en plus sentir. Le lien dynamique entre l'eau et l'inconscient est d'ailleurs suggéré lorsqu'il est indiqué que, si «le froid commence tôt cette année» (*G*, 12), c'est parce qu'«il a plu le quatorze juillet» (13). Ainsi, quand le patron du café amorce sa remontée des profondeurs de l'inconscient, la métaphore aquatique est omniprésente : «Péniblement le patron émerge. Il repêche au hasard quelques bribes qui surnagent autour de lui. Pas besoin de se presser, il n'y a pas beaucoup de courant à cette heure-ci.» (12) Certes, le plus noir de la nuit de l'inconscient est dépassé, le moment où «l'océan déchaîne le tourbillon sifflant des chimères» (49) est révolu. Mais «[i]l faut quand même y prendre garde et ne pas trop se pencher, si l'on veut éviter leur aspiration» (49). D'ailleurs, la tempête nocturne a laissé des traces dans «l'eau trouble de l'aquarium» (126 et 264) du patron.

Ce sont ces mêmes vestiges qui attirent Garinati lorsque celui-ci «fixe à ses pieds l'eau huileuse du canal» (*G*, 20) : «[...] [L]à se sont rassemblées quelques épaves»

(26) qui se transforment bientôt en sphinx (voir 37). Or, ce poseur d'énigme possède dans *Les Gommes* un double en la personne de l'ivrogne poseur de devinettes. Tous deux, faisant appel à l'entendement de leurs interlocuteurs, peuvent apparaître comme la figure de la conscience raisonneuse. Du reste, l'ivrogne s'insurge contre la pensée qu'il pourrait commettre «une erreur» (116), se gausse de la faiblesse intellectuelle de Wallas (voir 118), conduit une «réflexion laborieuse» (117) et parle «sentencieusement» (262). Tombé dans l'eau, le sphinx représente donc la conscience rationnelle noyée dans l'inconscient. Aussi est-il logique que son image se mue en «une vague carte de l'Amérique» (37), cette Amérique rationaliste, scientiste et matérialiste où Robbe-Grillet avoue lui-même qu'il n'y a plus de place pour «la métaphysique[22]». C'est aussi dans l'univers de l'inconscient que l'assassin malheureux de Daniel Dupont marche quand, «ne sent[ant] plus le poids de son propre corps» (23), il s'introduit dans la maison du professeur avec «des pas si légers qu'ils ne laissent aucune ride à la surface des océans» (23).

Ce sont également les débris résultant de l'assaut mené par l'inconscient que Wallas, «attiré [par l'eau], soutenu par elle, absorbé dans la contemplation des reflets et des ombres» (*G*, 64), regarde lorsqu'il observe le canal, «dernier refuge [...] pour la nuit, l'eau du sommeil, sans fond, l'eau glauque remontée de la mer et pourrie de monstres invisibles» (49). L'influence inhibitrice de l'inconscient sur les facultés de penser de Wallas est du reste soulignée à plusieurs reprises: Wallas a une

---

22. «Aux États-Unis, on ne jure plus que par lui [Habermas], et par la philosophie analytique. La métaphysique, ce serait fini!» A. ROBBE-GRILLET, cité par J.-J. BROCHIER, «Conversation avec Alain Robbe-Grillet», p. 97.

«impression de vide dans la tête» (85), et des «idées déraisonnables» (86) l'assaillent. En fait, dans cette ville où «c'est déjà la nuit qui tombe — et la brume froide de la mer du Nord» (225), où «[i]l n'y a presque pas eu de jour» (225), où «[l]'eau glauque des canaux monte et déborde, franchit les quais de granit, envahit les rues, répand [...] ses monstres et ses boues» (260), rares sont les situations qui échappent à l'emprise, plus ou moins forte, de l'inconscient et où la conscience peut se manifester vraiment.

La pluie représente une autre forme de l'eau, comprise comme symbole de l'inconscient. Ainsi, dans *La Maison de rendez-vous*, il arrive que le «grand soleil extérieur» (*MRV*, 145) de la conscience brille, mais il doit néanmoins composer avec un élément appartenant à l'inconscient : l'eau. En effet, «des pluies soudaines, très fréquentes à cette époque de l'année» (22), de «brusques pluies torrentielles» (33), transforment «l'ensemble de la chaussée [...] en ruisseau d'un trottoir à l'autre» (142). Dans ces conditions, le soleil en est réduit à se refléter dans «l'eau boueuse» (38) du caniveau.

Dans *Projet pour une révolution à New York*, l'emprise de l'inconscient est pareillement symbolisée par la menace constituée par «la pluie» (*PRNY*, 12). C'est la raison pour laquelle le narrateur, lorsqu'il quitte sa maison, où il ne pleut «[p]as» (13), évite d'être «mouillé» (13) en s'«abrit[ant]» (13). L'eau de l'inconscient est également active au travers des «infiltrations d'humidité» (38) qui détériorent les lieux souterrains comme le couloir du métro (voir 29) ou la salle de réunion (voir 38). À noter qu'en tant que support de l'inconscient, l'eau revêt une signification proche de celle de l'obscurité, et c'est pourquoi, dans la maison du narrateur, la «chambre aveugle est une très grande salle de bains» (46) et pourquoi «les passants se hâtent dans l'espoir d'arriver chez eux avant la prochaine averse, [...] avant la nuit» (12).

Ce lien entre l'eau et les ténèbres se retrouve dans *Topologie d'une cité fantôme*, où «l'obscurité aux murmures d'océan» (*TCF*, 193) fait écho à «la nuit humide» (193, voir 107 et 149). Le fleuve, «dont l'eau bleu pâle coule, large, sereine, agitée seulement par endroit de faibles remous en surface» (56) tant qu'il fait jour, voit, avec la «nuit» (107), ses eaux devenir «plus sombres» (58, voir 100), se transformant bientôt en un «fleuve noir» (107 et 194) dont le «débit [est] accéléré par la crue qui en élève le niveau jusqu'aux voûtes des arches» (194-195) du pont. Dans «les remous [qui battent] avec un bruit de chien qui lape» (107) sont charriées, outre des «épaves» (150), «les ombres trompeuses qui bougent sans cesse au cœur des ténèbres» (195). De même, la mer qui, le jour, est «tout à fait dépourvue de vagues» (46), «remonte» (172) avec la nuit, «les longues vaguelettes [...] peu à peu gagnent du terrain» (173), jusqu'à «la marée haute» (199), dont le grondement rappelle «le bruit de l'océan avant la tempête» (180, voir 69). Dehors, on marche sur «l'asphalte mouillé» (107) par «la bruine» (150) et, à l'intérieur, «une vaste nappe liquide [...] recouvre la plus grande partie du plancher, s'infiltrant lentement vers les pièces inférieures, ce qui explique les innombrables flaques qui s'agrandissent goutte à goutte à travers toute la maison» (118-119, voir 10, 112 et 149).

L'espace d'*Un régicide* matérialise, lui aussi, une séparation entre la conscience et l'inconscient fondée sur des symboles analogues. En effet, dans l'île, où la vie, tout empreinte de passivité, est marquée par «le désœuvrement» (*R*, 48, voir 47), l'eau est omniprésente: partout, la mer «baigne le pied des roches» (20), la terre se réduit à du sable ou à du «gravier très fin aggloméré par la pluie» (54), «[...] [I]l n'y a [...] que des marécages coupés de lagunes saumâtres, [...] des terrains fangeux et des tourbières.» (22), l'air est constamment «humide» (48), sans cesse «une petite pluie fine [...] tombe» (25). Pas étonnant qu'habitant dans ce décor «froid, triste» (78) et, qui plus est, «vers le nord, à la pointe extrême» (61) de l'île, ainsi que dans une tour où «il fait très sombre» (83), le Solitaire s'appelle «Malus» (61), reflétant la face ténébreuse de l'individu. À l'opposé, le deuxième sous-espace est constitué par «la capitale» (108) d'un pays où tous les partis politiques sont «d'accord sur la nécessité d'entreprendre» (39) de «grands travaux» (38). C'est dire que cette ville représente le principe actif. D'ailleurs, y sont visibles toutes les manifestations de l'activité humaine, puisque ce paysage urbain rassemble entre autres un «boulevard» (23), une «avenue» (27) et des «rues» (73), un «tramway» (43) et des «gares» (175), une «terrasse» (20) de café, un «kiosque à journaux» (29), une «papeterie» (96) et d'autres «boutiques» (99), des «maisons» (34), de «grands immeubles de pierre, cossus et réguliers» (57) et, de façon significative, «l'Usine Générale» (43) où, devant «les huit rangées de tours et de fraiseuses[, s'affairent] les ouvriers au travail» (43). En outre, les événements qui se passent dans cette ville ont toujours lieu pendant la belle saison: «C'était l'été, il faisait chaud [...].» (32), «Il a fait très chaud cet été [...].» (210) Enfin, c'est dans le «Palais Blanc» (80) de cette capitale qu'habite le roi qui, doté d'un «air de bonté» (102) et qualifié de «brave homme» (130), de «débonnaire» (148), de «souverain si bon» (173), de «bon roi» (174), symbolise la polarité positive de la conscience.

Obscurité et clarté

Les multiples variations de la luminosité servent aussi à représenter les différents degrés de conscience ou d'inconscience. Ainsi, au début des *Gommes*, le Café des Alliés est un «obscur bistro» (*G*, 15) où le café, une boisson particulièrement tonique, n'étant pas encore disponible (voir 15), l'«intelligence [reste] fripée» (15). Il faut allumer «une lampe supplémentaire» (14) ou attendre qu'il fasse «jour» (15) pour que la conscience apparaisse peu à peu. Néanmoins, celle-ci n'y sera jamais la maîtresse puisque, bientôt, la salle est «remplie de fumée» (29). De même, l'assassinat de Daniel Dupont implique que l'inconscient l'a emporté sur la conscience car, «en plein jour, [...] personne n'a rien à craindre» (34). C'est pourquoi, dans «la nuit» (21), si «[l]a fenêtre du cabinet de travail [...] est brillamment éclairée» (21), tout s'assombrit néanmoins progressivement: «Au bout de quelques minutes la vive lumière est remplacée par une lueur plus faible [...].» (22), il n'y a plus qu'«une vague clarté» (22). Dans le cabinet de travail, «la grosse lampe à abat-jour [...] est éteinte. Une seule ampoule brille dans le globe, au plafond» (25). Pour que le crime s'accomplisse, il faut que le meurtrier éteigne ce «plafonnier» (25) afin d'être «invisible dans l'obscurité» (25): c'est parce qu'il n'a pas «étein[t] la lumière» (21) que le crime échoue. En effet, ce n'est que lorsque «[l]a nuit est [...] complète» (229) que la conscience disparaît totalement. Quand «[l]es lumières que répandent d'insuffisants becs de gaz et quelques rares boutiques n'arrivent à créer qu'une clarté douteuse et fragmentaire» (121), certes «l'esprit hésite à s'aventurer» (121) dans cette «pénombre» (11), mais la victoire de l'inconscient n'est pas encore assurée.

De même, quand la pluie cesse de tomber, l'inconscient ne diminue pas pour autant sa pression, laquelle peut se manifester par l'obscurité. Ainsi, quand tout sur «Queens Road [...] [est] ensoleill[é]» (*MRV*, 182), Kim ne fait qu'y transiter, empruntant, pour accéder à «la maison du rendez-vous» (69), un escalier qui «s'enfonc[e] directement vers des profondeurs sans lumière» (69-70, voir 39), un escalier «obscur» (77) où l'on «dispara[ît] en une seconde dans les ténèbres» (144). Arrivée sur place, la servante se retrouve en outre «dans un angle obscur de la pièce» (71), dont «les lamelles [du store vénitien] sont presque closes» (77). C'est dire que l'essentiel de l'action se passe dans une «clarté diffuse» (153), «dans l'ombre» (40), voire dans «l'obscurité» (146), «l'obscurité totale» (70). À noter que, dans la mesure où elle se concentre dans un espace qui est à l'abri de la lumière crue, la diégèse se conforme à la pratique du «travail alchimique, d'où la lumière solaire, ennemie de toute génération, doit être exclue[23]».

Or, l'autre maison de rendez-vous, la Villa Bleue, est elle aussi presque tout entière marquée au sceau de l'inconscient. Autour du bâtiment s'étend, sous «un ciel tout à fait obscur» (*MRV*, 22), dans «la nuit [...] noire» (28), la «forêt infranchissable» (25) d'un parc où «d'épais massifs viennent couper la lumière des lanternes» (24). C'est là, dans «l'obscurité[...] dense» (52), «épaisse» (58), que se manifeste le signe annonciateur de l'inconscient:

> Le bruit est assourdissant, produit par des milliers d'insectes invisibles, qui doivent être des cigales ou une espèce voisine à chant nocturne. C'est un bruit strident, uniforme, parfaitement égal et continu, qui provient de tous les côtés à la fois et dont la présence est si violente qu'il semble se situer au niveau même des oreilles du

---

23. FULCANELLI, *Le Mystère des cathédrales*, p. 183.

promeneur. Celui-ci néanmoins peut souvent ne pas en prendre conscience, à cause de l'absence totale d'interruption comme de la moindre variation d'intensité ou de hauteur. (*MRV*, 24-25, voir 22, 52 et 213)

L'opposition entre la conscience et l'inconscient peut également s'exprimer par la succession du jour et de la nuit. Ainsi, dans *La Jalousie*, au «lever du jour, le chant des oiseaux» (*J*, 78 et 176) retentit. Or, pour les alchimistes, «[l]es oiseaux en tant que volatiles [*volatilia*] signifient les pensées[24]», autrement dit les produits de la conscience rationnelle. D'ailleurs, le matin, quand le soleil est «encore bas dans le ciel, vers l'est» (32), les lignes de bananiers «sont partout bien distinctes, sous cet éclairage» (32), et «le comptage des plants est assez facile» (32). La conscience se déploie ainsi jusqu'à son maximum: tout est «en plein soleil» (135), «blanc de soleil» (136), «le soleil est au zénith» (200 et 203). L'inconscient est alors complètement dominé par la conscience: «La maison ne projette plus la moindre bande noire sur la terre fraîchement labourée du jardin.» (203), «Sous le soleil exact de midi, ils [A... et Franck] ne projettent pas d'ombre à leur pied.» (204) Cependant, le point culminant une fois atteint, la conscience fait progressivement place à l'inconscient: «La lumière décroît rapidement.» (181 et 206), «le jour baisse» (137), le soleil devient «très bas dans le ciel» (211), jusqu'à ce qu'il disparaisse derrière «l'éperon rocheux» (16, 137, 144, 181, 206 et 217). Alors, lorsque «[l]e soleil s'est couché» (137), «les panaches des bananiers s'estompent dans le crépuscule» (217): il est «six heures et demie» (144, 181 et 218). À «la nuit tombée» (62) succède bientôt «l'obscurité complète» (18 et 58), «totale» (27), la «nuit noire» (140, 144, 146, 207 et 218), «opaque» (209), «sans contours»

---

24. C. G. JUNG, *Psychologie du transfert*, p. 199.

(173) : il fait «tout à fait nuit» (18), «Il n'y a ni étoiles ni lune.» (146) À ce moment, «aucun objet ne surnage, même parmi les plus proches» (139), les bananiers deviennent «invisibles» (17), «[l]'œil maintenant ne discerne plus rien» (138). La conscience est complètement submergée par l'inconscient. Toute activité intellectuelle est inopérante : «Après d'ultimes monosyllabes, séparés par des noirs de plus en plus longs et finissant par n'être plus intelligibles, ils [A... et Franck] se laissent gagner tout à fait par la nuit.» (98) Il ne reste plus à présent qu'à «écouter le bruit, qui monte de toutes parts, des milliers de criquets peuplant le bas-fond. Mais c'est un bruit continu, sans variations, étourdissant, où il n'y a rien à entendre.» (17) Lorsque ces criquets «se sont tus» (99 et 146), le silence n'est troué que «par les appels aigus et brefs des petits carnassiers nocturnes» (146), appels qui se réduisent à «des cris machinaux, poussés sans raison décelable, n'exprimant rien» (31). La conscience n'échappe à l'emprise de l'inconscient que «le matin» (143), à «six heures et demie» (143).

À noter que le passage dans un espace obscur coïncide toujours avec une perte de conscience. C'est ce qui arrive aux personnages de *Souvenirs du triangle d'or* qui accèdent à la cellule. Ainsi, «Franck V. Francis ressent un vide soudain qui se creuse à l'intérieur de son corps, [...] il ne parvient pas à recouvrer ses facultés normales» (*STO*, 37), la «sensation de tomber l'envahit : une descente comme on en fait dans les cauchemars, avec le sol qu'on croit à chaque instant atteindre mais qui s'enfonce au contraire de plus en plus, vertigineux, sous les pieds devenus inutiles» (37-38), puis il «per[d] connaissance» (38). Le narrateur, sous l'effet d'une piqûre, jouit d'une «conscience trouble» (65) avant de «perdre» (65) totalement celle-ci. Angélica «passe la main sur son front comme si la tête lui tournait» (52), «un vague sourire de mort flottant sur ses lèvres» (53). Caroline «s'endort [...] d'épuisement» (209). Après la perte de conscience, c'est le choc «contre le panneau blindé de la porte» (38), contre «le lourd vantail d'acier» (97, voir 224), puis «la progression rapide quoique désordonnée» (39) dans un «couloir» (38, 57, 65, 97, 154, 172 et 209, voir 77-78) «blafard» (38) où l'on est «plongé au sein d'une demi-obscurité bleuâtre» (97, voir 224), dans la «pénombre» (48, 87, 140 et 149).

À l'intérieur de la cellule règne une «vague clarté blafarde» (*STO*, 148, voir 139 et 156) où «il n'y a rien à voir» (98). Si cette «clarté ambiante, bleue et laiteuse» (99), qui apparaît «de façon si progressive qu'il [...] [est] impossible de dire à quel moment le phénomène a pris naissance» (148), ne provient «d'aucune source lumineuse» (99, voir 140), c'est qu'elle est le fruit de la présence dans la cellule, au milieu de «l'obscurité la plus noire» (142), dans «le noir total» (148, voir 143) de l'inconscient, de la lumière intrinsèque d'un «esprit en éveil» (99). La dualité de l'espace de *Souvenirs du triangle d'or* emprunte par là un mode de représentation déjà utilisé dans *Un régicide*. En effet, de même que dans les «eaux mortes» (*R*, 28) continue néanmoins de subsister «un reste de vie» (29), dans ce «pays des brumes» (20) où «la nuit se distingue à peine du jour» (22) et où «le soleil n'arrive pas à percer [le ciel] du moindre rayon» (13), seule la mince clarté de «la lampe à huile» (22) constitue une faible trace de conscience. Dans *Souvenirs du triangle d'or*, c'est en fonction de l'évolution de cette conscience, selon que celle-ci garde sa «lucidité» (*STO*, 182) ou bien qu'au contraire, elle «s'embrume» (173) ou «sombre [...] dans le sommeil» (173), que la lumière de la cellule «augment[e]» (98, voir 99) ou bien «décroît avec rapidité [...] et s'éteint tout à fait» (140).

L'éclairage issu de la conscience est tout d'abord comparé à celui d'une «grosse lampe-torche à piles» (*STO*, 139) que le narrateur «étein[t]» (141) ou «rallume» (142) et qui «se met à décliner de façon soudaine» (147) jusqu'à ce qu'en disparaissent «les ultimes lueurs» (148). La conscience lumineuse est également représentée par l'«espèce de boule, ou de balle, ou de bulle, ou de perle, qui traverse sans cesse dans des directions changeantes l'espace cubique de la cellule» (156). En effet, cette «sorte de celluloïd blanc, opalescent, translucide, très brillant» (157), que le narrateur a du reste «confondue avec une ampoule électrique» (157), constitue «l'unique source lumineuse éclairant [l]a cellule» (161). D'ailleurs, le symbole de la conscience représenté par cette boule apparaît clairement lorsque celle-ci est rapprochée d'une autre figure de la conscience, «l'astre» (162), «le soleil de midi, boule aveuglante de blancheur» (160, voir 154), dont l'«éclat insoutenable» (161) est au demeurant à relier à l'«éclat intense, difficilement soutenable» (139), de la lampe électrique.

À noter que «cette boule mobile [...] n'est pas tout à fait sphérique, mais légèrement ellipsoïdale» (*STO*, 161) et qu'il lui arrive d'affecter «la forme d'un œuf» (162). Ce faisant, elle épouse également la forme de l'œil, instrument de la conscience, lequel est du reste «sculpté» (30, voir 8) au-dessus de la porte de la maison. N'étant pas «disposé horizontalement» (8), mais comme «un fuseau vertical» (8, voir 155), ce motif comporte une double signification: il marque que, si ce qui est à l'extérieur de la maison appartient principalement à la conscience, ce qui est à l'intérieur est en revanche du domaine de l'inconscient, figuré ici par le sexe féminin. Dans la cellule, cette dualité est illustrée par le dédoublement de l'individu, «chassé hors de [lui]» (125), dont la partie incarcérée, inconsciente, est regardée par la partie consciente, caractérisée par «deux yeux fixes» (48, 87, 140, 149 et 173) qui «sont à leur poste d'observation [...] derrière les lames d'acier entrouvertes qui forment jalousie au milieu du judas carré» (149) de la porte de la cellule. Ces yeux, ceux des «gardes» (216), des «gardiens» (48 et 174), des «geôliers» (182) chargés de la «surveillance» (48), des «enquêteurs» (65), des «policiers» (173) faisant partie des «forces de l'ordre» (22), dont «la lumière très vive des projecteurs [...] aveugl[e]» (66, voir174), sont identiques à ceux de deux personnages symboles, eux aussi, de la conscience: Julien Marek, qui observe Mathias de ses «yeux fixes» (*V*, 194 et 207), et le narrateur de *La Jalousie*, lequel dirige son «regard» (*J*, 13 et 184) au travers des «jalousies» (52), au travers des volets de la maison.

L'imbrication des opposés

Ainsi, chaque lieu reçoit un certain nombre de propriétés qui en font un symbole de l'un des opposés. Mais cette allocation dominante n'exclut pas qu'un même lieu puisse également accueillir des attributs représentatifs de son contraire. Ainsi, parallèlement à la clarté ou à l'obscurité caractérisant telle ou telle portion de l'espace, il existe des moyens qui permettent, à l'intérieur d'un secteur, de nuancer les états de conscience. Dans *La Jalousie*, le soir ou la nuit, c'est-à-dire au moment où l'inconscient a l'avantage, la conscience peut par exemple varier en fonction de l'intensité de l'éclairage artificiel. La «douceur de l'éclairage» (*J*, 62) émanant des «lampes à gaz d'essence» (20) placées dans la salle à manger de façon que «la lumière trop crue [...] [ne fasse pas] mal aux yeux» (22) plonge la pièce dans une «pénombre» (22 et 26) «intime» (23) : l'inconscient peut alors se rapprocher de la conscience sans l'effaroucher. Mais, si «la lumière s'éteint, d'un seul coup» (172), la conscience sombre et, avec elle, s'effondre la chambre, «la chambre carrée — cubique, même» (159), qui lui devait toute sa réalité : «Le câble qui se déroulait régulièrement s'est soudain rompu, ou décroché, abandonnant la cage cubique à son propre sort: la chute libre.» (173) En revanche, pendant le jour, ce sont les stores qui permettent d'échapper à la domination de la conscience en créant une «demi-obscurité» (48): «[...] [L]es trois fenêtres ont à cette heure-ci leurs jalousies baissées plus qu'à moitié. Le bureau est ainsi plongé dans un jour diffus qui enlève aux choses tout leur relief.» (76) Les jalousies contribuent donc à introduire l'inconscient, le «bleu froid des profondeurs» (136), à l'intérieur de la maison pourtant éclairée par la lumière du jour. Mais elles provoquent aussi le même effet à l'extérieur de la maison. De fait, le «regard» (13 et 184) et l'«œil» (13, 29 et 138), outils de cette conscience qu'est le narrateur, se trouvent handicapés par la fermeture des jalousies. Dans le pire des cas, «l'inclinaison trop forte des lames, aux fenêtres, ne permet pas d'observer l'extérieur depuis le seuil» (51). Mais, au mieux, l'«observateur» (13 et 124) doit se contenter «d'un paysage discontinu» (51), fragmenté «en tranches horizontales par les jalousies» (52).

Parfois, l'interpénétration des opposés est facilitée par la nature même du lieu, qui participe en quelque sorte des deux contraires. C'est par exemple le cas de l'île du *Voyeur*. En effet, celle-ci, en tant que terre, représente la conscience, mais il s'agit d'une conscience isolée au beau milieu de la mer de l'inconscient, ainsi que le souligne Jung: «La conscience, si vaste qu'elle puisse être, est et reste le petit cercle à l'intérieur du grand cercle de l'inconscient, l'île environnée par l'océan [...][25].» Ainsi, en quittant le continent et la ville où il habite pour retourner dans son île natale, Mathias abandonne un endroit où la conscience jouit d'un espace et d'une autonomie non négligeables pour atteindre un lieu où la conscience se retrouve toute proche de son opposé. En effet, sur l'île, la frontière est mince entre l'eau et la terre : «[...] [U]n étroit "chemin de douaniers" longeait la côte [...].» (*V*, 76) Lorsque le voyageur se déplace, il lui arrive ainsi de suivre un «sentier longea[nt] le précipice, au-dessus de la mer» (223). Dans le port même, il marche souvent «trop près du bord, du côté où la digue ne possédait pas de parapet» (38); lui qui craignait déjà «de glisser» (37) en descendant du bateau est alors pris par le «vertige» (38) : devant une paroi «sans garde-fou» (39 et 164), il risque de «perdre l'équilibre» (37), sa conscience raisonnable basculant dans l'extravagance de l'inconscient.

À noter que la contiguïté des deux opposés explique l'influence que l'inconscient exerce sur la conscience, l'île devenant alors le lieu où les contraires cohabitent : sur le quai, les «deux surfaces verticales sont dans l'ombre, les deux autres sont vivement éclairées par le soleil» (*V*, 13, voir 42 et 73), la chaussée «se divise en deux : [...] un triangle sombre et un triangle clair» (13), sur la côte se détache un «phare trapu à bandes noires et blanches» (12). Cette influence est d'autant plus forte que la mer est plus haute et plus violente. Or, si, à l'arrivée du bateau, la marée est «basse» (12), ce qui permet à la conscience de jeter un regard sur les premières couches de l'inconscient, d'explorer «les régions rarement découvertes que peuplent des formes à la vraisemblance équivoque» (32), bientôt, le niveau de l'eau,

---

25. *Ibid.*, p. 30-31.

de «l'eau noire» (43), va s'élever: «La mer montait.» (75), «La mer monte toujours. Elle s'élance avec d'autant plus de force que le vent souffle de ce côté.» (87) À tel point qu'au moment où le bateau appareille, «[l]a mer était haute, maintenant. [...] On ne distinguait plus les algues du fond, ni même les touffes de mousse verdâtre qui rendaient si glissantes les pierres inférieures.» (161)

Par ailleurs, il existe des lieux dont la fonction est moins celle d'une frontière discriminante que celle d'une interface réunificatrice et qui, par conséquent, rassemblent en eux-mêmes les deux opposés. Dans *Un régicide*, c'est le «Magasin Huit» (*R*, 44) qui réalise cette jonction. L'intérieur de ce bâtiment participe de la noirceur qui est la caractéristique de l'île: «[...] [I]l devait faire très sombre dans ce magasin.» (44). Quant aux murs de cette construction «sans ouverture» (44), ils constituent la porte sur laquelle s'ouvre le paysage marin:

> Le crépi en était [...] fissuré de haut en bas, décollé largement par plaques, arraché même en plusieurs endroits, laissant à découvert une sorte de mortier de couleur plus claire et d'aspect friable, à demi décomposé déjà par les pluies en boursouflures irrégulières que le vent désagrège. Sur les arêtes frangées des cratères, le sable s'accumule en sillons mobiles et crépite contre les herbes dures.
>
> La marche est lente et difficile dans ce terrain croulant [...]. (*R*, 44-45)

Situé dans la capitale, mais possédant les principales composantes de l'île, ce bâtiment réunit les deux opposés. Il est donc logique qu'il s'appelle le Magasin Huit. En effet, le huit couché, signe mathématique de l'infini, correspond à la dualité totalisante que représente le magasin. De plus, dans beaucoup de traditions, le nombre huit a «une valeur de *médiation entre le carré et le cercle*, entre la Terre et le Ciel, et [est] donc en rapport avec le monde *intermédiaire*[26]». Or, telle est bien la fonction, de communication, du Magasin Huit.

Identique est le rôle joué par le «pont tournant» (*G*, 20), le «pont-bascule» (57) des *Gommes*, lequel apparaît comme le sas permettant le passage entre le monde de la conscience et celui de l'inconscient. Reste que cette communication n'est ni permanente ni immédiate. De fait, pour pouvoir passer d'un univers à l'autre, il faut impérativement marquer un temps d'arrêt, et c'est pourquoi celui qui souhaite changer de bord doit attendre «la fin de la manœuvre» (20) du pont-bascule au lieu d'utiliser «la passerelle qui relie les deux berges» (20). Le mécanisme de ce pont est d'ailleurs révélateur de la fragilité du point de contact entre les deux opposés: «Avant de s'immobiliser tout à fait, le tablier du pont-bascule est encore agité de quelques très minimes oscillations.» (157). De plus, lorsque l'opération est stabilisée d'un côté, elle ne l'est toujours pas de l'autre:

> Mais, de l'autre côté de la barrière, on pouvait constater que tout n'était pas encore terminé; par suite d'une certaine élasticité de la masse, la descente du tablier n'avait pas pris fin avec l'arrêt du mécanisme; elle s'était poursuivie pendant quelques secondes, sur un centimètre peut-être, créant un léger décalage dans la continuité de la chaussée; une remontée infime s'effectuait qui amenait à son tour la bordure métallique à quelques millimètres au-dessus de sa position d'équilibre; et les oscillations, de plus en plus amorties, de moins en moins discernables — mais dont il était difficile de préciser le terme — frangeaient ainsi, par une série de prolongements et de régressions successifs de part et d'autre d'une fixité tout illusoire, un phénomène achevé, cependant, depuis un temps notable. (*G*, 158)

---

26. Jean CHEVALIER et Alain GHERBRANT, *Dictionnaire des symboles*, Paris, Robert Laffont/Jupiter, coll. «Bouquins», [1969] 1982, p. 511.

C'est que le processus de passage d'un opposé à l'autre implique l'intervention des deux contraires: c'est un «marin» (*G*, 20), un «employé en vareuse bleu marine» (158), c'est-à-dire un représentant de l'inconscient, qui déclenche «l'énorme machinerie» (220) dont le «bruit de moteur et d'engrenages» (53) évoque au contraire l'activité de la conscience. Les deux opposés, sous la forme du mécanisme et de l'employé, sont ainsi rassemblés sur le pont. Mais à cette réunification horizontale s'ajoute une autre réunion, verticale cette fois, la conscience, symbolisée toujours par la machinerie, surplombant le canal, «l'eau huileuse» (26) de l'inconscient, alors que seule une «légère balustrade en fer qui sert de garde-fou» (20) marque la séparation entre les deux opposés et empêche la conscience de basculer dans les aberrations de l'inconscient.

En dehors du pont, il existe dans *Les Gommes* un autre instrument de communication entre les deux opposés: il s'agit du service «des postes, télégraphes et téléphones» (*G*, 159). Ainsi, le téléphone du pavillon de Daniel Dupont, selon qu'il fonctionne (voir 254) ou, au contraire, qu'il «ne march[e] pas» (28), qu'il «est coupé» (205), illustre la capacité ou l'incapacité d'un personnage, plongé dans l'inconscient, d'accéder à la conscience. L'envoi d'un «télégramme de deuil» (59), d'un «[p]neumatique» (167), d'une lettre à «l'enveloppe jaune» (235) constituent autant de moyens par lesquels l'inconscient et la conscience se rejoignent pour s'influencer mutuellement. C'est précisément parce que la poste représente l'intermédiaire entre les deux opposés qu'elle prend, aux yeux de Mme Jean, des allures d'entremetteuse participant à des «combinaisons malhonnêtes» (207):

> [...] [L]es besognes diverses qu'elle a connues pendant son séjour à la poste lui ont toutes paru un peu étranges,

> à la fois compliquées et futiles, comme l'est par exemple
> une partie de cartes; les opérations intérieures, plus
> encore que celles qui s'accomplissaient aux guichets,
> étaient soumises à certaines règles secrètes et donnai-
> ent lieu à de multiples rites, le plus souvent
> incompréhensibles. (*G*, 192)

L'environnement mêlé, composite, de la poste ne tarde
d'ailleurs pas à contaminer l'employée: «Mme Jean, qui
avait toujours eu jusque-là le sommeil très calme, s'était
mise, après quelques semaines de ce nouveau métier, à
souffrir de cauchemars obsédants [...].» (*G*, 192)

À noter que *Les Gommes* possède encore un autre
lieu où les opposés sont intimement imbriqués: le «Café
des Alliés» (*G*, 18). En effet, sur les chaises «s'assoi[ent]
les meurtriers et leurs victimes» (16) et, sur les tables, «la
communion leur [est] servie» (16). Or, dans la pensée
alchimique, l'eucharistie réunit effectivement les deux
opposés, puisque «les deux substances signifient [...]
l'*androgynie* du Christ mystique (le vin, le sexe masculin,
et le pain, le sexe féminin[27])» . De plus, la salle, «bien
chauffé[e]» (163), mais «remplie de fumée» (29), associe
la chaleur de la conscience à la pénombre de l'inconscient.

Pareillement, le continent et l'île du *Voyeur*, bien que
coupés par la mer, communiquent grâce à un bateau qui
établit une jonction régulière entre ces deux sous-
espaces, à l'instar du «bac» (*MRV*, 119), du «ferry-boat
qui va de Kowloon à Victoria» (141), la capitale de
La Maison de rendez-vous, située sur l'île. Le navire du
Voyeur, dont l'«arrivée était interminable» (*V*, 39) du fait
de la lenteur de l'accostage, rappelle d'ailleurs la
manœuvre, elle aussi très lente, du pont-bascule des

---

27. C. G. JUNG, *Les Racines de la conscience. Études sur l'archétype*, p. 234.

Gommes. En outre, le petit vapeur participe lui aussi des deux sous-espaces : il est relié à la ville, puisque «la victime» (29) dont Mathias lui-même entend la «plainte» (28) dans une ruelle du quartier Saint-Jacques se trouve «debout contre un des piliers» (29) du bateau, mais il est également en rapport avec l'île, puisque Mathias, sur le pont du navire, se trouve en même temps «assis, face à la fenêtre» (21) de sa maison natale.

Ainsi, les différents espaces et lieux robbe-grillétiens, loin de référer chacun à des endroits tout à fait autonomes, ne sont que les déploiements d'un espace unique, grâce auxquels sont situés, au fur et à mesure que la diégèse s'étend dans le temps, des états plus ou moins altérés de conscience.

CHAPITRE III

Un temps neutralisé

> «[...] [D]ans le récit moderne, on
> dirait que le temps se trouve privé
> de sa temporalité. Il ne coule plus.
> Il n'accomplit rien[1].»

À L'INSTAR du narrateur des *Derniers Jours de Corinthe*
qui «cherch[e] [...] l'immortalité, l'éternelle jeunesse, la survie, non de l'âme mais du corps glorieux[2]»,
l'alchimiste vise à obtenir «la prolongation de la vie, voire
[...] la quasi-perpétuité de l'existence[3]». C'est dire que le
Grand Œuvre constitue un travail sur le temps, et contre
le temps. Du reste, ce n'est pas un hasard si «*Saturne*
Κρόνος, [...]4)», autrement dit le temps, évoque le plomb
que l'Adepte se propose de transmuter en or.

Là encore, les opposés interviennent: alors que
l'«essence de la conscience est la différenciation[5]», alors

---

1. A. ROBBE-GRILLET, «La Littérature, aujourd'hui — VI»,
Tel Quel, n° 14, été 1963, p. 44.

2. *Id.*, *Les Derniers Jours de Corinthe*, p. 133.

3. S. HUTIN, *L'Alchimie*, p. 10.

4. FULCANELLI, *Les Demeures philosophales*, t. II, p. 29.

5. C. G. JUNG, *Psychologie et alchimie*, p. 36.

que «l'intellect cherche toujours à voir des distinctions[6]», le temps de l'inconscient, lui, revêt «la qualité [...] de l'indéterminé[7]». Pour retrouver «l'état primordial[8]» où l'être humain possédait «le "sens de l'éternité", qui est aussi le "sens de l'unité"», le disciple du Grand Art entreprend donc de réunir les deux opposés en une atemporalité dynamique qu'exprime l'ouroboros: «l'éternité, conçue sous l'aspect d'un "éternel retour". Ce qui n'a ni fin ni commencement[9].».

Or, comme nous l'avons déjà mentionné, Robbe-Grillet reconnaît s'être inspiré dans ses romans de la structure circulaire du serpent hermétique. Aussi n'est-il pas étonnant que le temps robbe-grillétien soit conforme aux caractéristiques du temps alchimique.

Le temps des horloges

Bien que Robbe-Grillet écrive que le Nouveau Roman ne doit pas «chercher à reconstituer le temps des horloges[10]», force est pourtant de constater qu'il n'expulse pas entièrement celui-ci de ses romans. Ainsi, le temps du *Voyeur* peut apparaître a priori comme un temps maîtrisé, domestiqué, strictement évalué. D'ailleurs, Mathias non seulement vend des montres, mais s'en sert: «Mathias regarda sa montre. La traversée avait duré juste trois heures.» (*V*, 12). La montre que le voyageur regarde à plusieurs reprises (voir 39, 118, 145 et

---

6. *Id., Les Racines de la conscience. Études sur l'archétype*, p. 316.

7. *Id., Psychologie et alchimie*, p. 239.

8. R. GUÉNON, *Le Symbolisme de la croix*, Paris, Guy Trédaniel - Éditions Véga, 1984, p. 64.

9. Jacques van LENNEP, *Art & alchimie. Étude de l'iconographie hermétique et de ses influences*, Bruxelles, Meddens, 1966, p. 18.

10. A. ROBBE-GRILLET, *Pour un nouveau roman*, p. 118.

157) équivaut donc à «un chronomètre» (32) qui permet d'effectuer une mesure précise du temps: «Il était sept heures, exactement.» (34), Mathias «reviendrait prendre la machine au bout de trois quarts d'heure exactement» (49). Ainsi, grâce à ce temps parfaitement balisé, la durée du séjour de Mathias sur l'île est très rigoureusement déterminée «entre l'arrivée du bateau à dix heures et son départ à seize heures quinze» (34): Mathias dispose «de six heures et quinze minutes — soit trois cent soixante plus quinze, trois cent soixante-quinze minutes» (34). Son objectif consiste à optimiser le temps qui lui est ainsi alloué, à réaliser le meilleur *emploi du temps* possible: «[...] [I]l ne faudrait pas perdre une minute [...].» (34) Or, Mathias maîtrise le temps aux seuls moments où il entend «ne rien laisser au hasard» (31), où il procède à de savants «calculs» (52), c'est-à-dire à des moments où la rationalité, autrement dit la conscience, prime.

De même, le temps de *Souvenirs du triangle d'or* fait l'objet de notations «précis[es]» (*STO*, 225) lorsque celles-ci se rapportent au docteur Morgan. En effet, ce représentant de la conscience dispose d'une «grosse montre» (84) dont il «consult[e] le cadran» (84, voir 202) fréquemment. Lui et l'inspecteur de police Franck V. Francis évoluent en effet dans un environnement temporel strictement cloisonné: «le lendemain» (31), «[d]ès le matin suivant» (32), «trois jours plus tard» (34), «la dernière édition du *Globe*, celle de neuf heures» (43), «9 heures 30» (56), «huit heures moins dix» (91), «huit heures et demie précises» (120), «Un mois et vingt-sept jours.» (187) Semblablement, le narrateur donne un «résumé chronologique» (225), par tranches de douze minutes (voir 225-237), «de tous les événements qui se sont succédé depuis le matin» (225), mais cette relation s'arrête à «15 heures 36» (237), c'est-à-dire au moment où le soleil de la conscience commence à accentuer son déclin.

La stricte concordance entre le temps des horloges et les situations où la conscience est éveillée et intacte est confirmée par *Les Gommes*. En effet, ce n'est guère que dans l'environnement rationalisant de la préfecture et du commissariat que les repères temporels sont rigoureux: «L'horloge de la préfecture marquait un peu plus de sept heures dix [...].» (*G*, 63), «Quand Wallas débouche pour la seconde fois sur la place de la Préfecture, l'horloge marque huit heures moins cinq.» (64), un «agent de police» (134) donne à Wallas «l'heure exacte» (134): «Midi un quart» (134), «un rapport de police [...] débute ainsi: "Le lundi vingt-six octobre, à vingt et une heures huit..."» (198). Ce temps, extérieur à soi, indépendant des individus, n'existe que pour autant que l'inconscient n'est pas dominant: ce n'est que lorsque le «sommeil» (50) est chassé qu'il est «la même heure pour tout le monde» (51).

Ainsi, dans les moments de pleine conscience, le temps est présent, actif; il s'impose. C'est la raison pour laquelle, dans *Un régicide*, Laura, personnification de la conscience en tant que membre du parti actif de l'Église, explique son absence au rendez-vous en disant à Boris: «"[...] [J]e n'ai pas eu le temps"» (*R*, 64). Le jeune homme répond en généralisant la remarque, ponctuelle, de la jeune femme: «"Tu n'as jamais le temps"» (64). Cependant, Boris ne fait à celle-ci aucun «reproche» (64); il se limite à constater un fait: la conscience totalement éveillée est entièrement soumise à la marche du temps. En revanche, quand la conscience s'effrite au profit de l'inconscient, l'individu échappe au temps, qui n'a plus aucune prise sur lui. C'est par exemple ce qui se produit lorsque Boris tue le roi, et c'est pourquoi il lui est possible

de répéter alors: «"J'ai le temps, j'ai tout le temps."» (128)
Certes, l'assassinat a lieu dans l'Usine Générale, laquelle
fait partie de l'espace de la conscience. Cependant, à
l'intérieur de cette usine, le meurtre est commis, non pas
dans les ateliers, mais «dans les coulisses obscures du
bâtiment» (125), dans un endroit

> si encombré des matériaux les plus divers qu'on a peine
> à y circuler: des caisses de toutes dimensions sont em-
> pilées jusqu'au plafond, des paquets de tubes métal-
> liques et de cornières jonchent le sol; tout ce qui aurait
> pu gêner le passage du cortège a dû être entassé là à la
> hâte, ce qui explique le désordre. (*R*, 126)

C'est dire que la conscience s'y trouve passablement
diminuée. Du reste, Boris lui-même semble «voir sa
conscience lui échapper» (*R*, 156); il a la tête «coton-
neuse» (153) et va jusqu'à craindre «de s'endormir»
(154). Dans cet état modifié de conscience, le temps, à
proprement parler, n'existe plus et, d'ailleurs, à ce
moment-là, la montre de Boris est «arrêtée» (161). En
revanche, quand Boris se lève et s'habille, c'est là qu'il
murmure: «"J'ai perdu mon temps"» (178), la domination exercée par le temps allant de pair avec le rétablissement de la conscience.

Ainsi donc, chaque fois que la fiction se rapporte à
des états dégradés de conscience, la trame ordonnée du
temps est interrompue. Ces ruptures se manifestent par
le dysfonctionnement des appareils de mesure du
temps: les aiguilles du réveil ont «à peine bougé» (*R*, 13),
«[...] [L]a montre-bracelet accrochée à son clou s'était
arrêtée sur minuit, car elle n'avait pas été remontée.»
(123) Au demeurant, le lien entre l'arrêt du temps et la
détérioration de la conscience est très clairement mentionné. Ainsi, lorsque Boris est à ce point engourdi qu'il
est incapable «de bouger» (46), le temps, lui aussi, se fige:

> Le temps devenait sirupeux; et même il se coagulait par place en gros caillots blêmes qui passaient plus lentement, encombraient la pièce et se collaient aux murs, retardant d'autant l'embolie.
>
> La pendule, fixée au-dessus du grand classeur en bois, marquait d'une façon de plus en plus douteuse les minutes qui se dissociaient; arrivée au bas du cadran, la grande aiguille s'arrêta tout à fait, incapable de poursuivre une course aussi dépourvue de sens. Un silence très obscur, au sein duquel la pensée elle-même avait perdu ses dimensions, établit sa toile entre le plafond, la fenêtre et la porte. L'éternité buvait. (*R*, 46)

En revanche, que la sonnerie du téléphone fasse revenir le héros à lui, alors, aussitôt, «l'aiguille des minutes entama sa remontée régulière» (*R*, 46). De même, quand «le froid» (122) de l'inconscient gagne Boris, celui-ci introduit une «lime dans les engrenages» (122) de son réveil, qui s'arrête. Cependant, dès que la conscience, caractérisée par la préoccupation de «l'ordre» (123), refait surface, Boris enlève la lime: «Le tic-tac reprit son battement régulier, les aiguilles de nouveau avancèrent.» (123)

Or, les moments de pleine conscience ne durent jamais longtemps. Ainsi, dans *Le Voyeur*, de même que Mathias, essayant «de diviser deux mille par quatre-vingt-neuf» (*V*, 31), «s'embrouill[e] dans l'opération» (31), de même son emprise sur le temps lui échappe finalement: certes, le voyageur n'a «pas manqué de beaucoup» (162) son bateau de retour, mais il n'a pas pu néanmoins arriver à temps. D'ailleurs, le bateau, qui «était à l'heure, ce matin» (39), «avait accosté, en réalité, avec cinq bonnes minutes de retard» (39) et, pareillement, il est reparti «avec au moins cinq minutes de retard» (169). En fait, derrière l'apparence d'un temps régulier et ponctuel se profile un temps discontinu et variable : «Quand il put enfin pénétrer dans la cuisine, un temps sans rapport avec celui dont il disposait avait dû s'écouler, bien qu'il n'eût pas avancé d'un pouce ses affaires.» (39) Il arrive donc que la durée s'allonge au point qu'il devient «vain de prétendre évaluer le temps» (58). C'est pourquoi celui-ci paraît bientôt à Mathias «long, incertain, mal rempli» (143), — «Un trou demeurait toujours dans l'emploi du temps.» (202)—, à tel point qu'au sein d'un espace temporel où ne figure désormais «aucun repère» (144), «le voyageur s'effor[ce] en vain de découvrir la position dans le temps et de calculer la longueur» (139) des événements. Dans ces conditions, il n'est pas étonnant que les instruments de mesure du temps se révèlent une fois de plus inopérants; de fait, quand Mathias «consulta de nouveau sa montre» (154), il s'aperçut que «les aiguilles n'avaient pour ainsi dire pas bougé» (154).

La montre du soldat de *Dans le labyrinthe* met également en évidence la liaison entre la qualité du temps et celle de la conscience. En effet, le soldat «ne sait pas [...] l'heure qu'il est». (*DL*, 126). Du reste, il ne possède «pas de montre» (208), et c'est pourquoi il lui arrive de «fein[dre] de consulter à son poignet une montre absente» (124). En réalité, cette montre absente est la «vieille montre en or, sans grande valeur, avec une chaîne de cuivre dédoré» (214), qui se trouve à l'intérieur de la «boîte» (214). En effet, à l'enfant qui lui demande «ce qu'il y a dans [s]on paquet» (44-45), le soldat réplique: «Des affaires à moi.» (45). Au caporal, il donne la même réponse (voir 100). De fait, c'est parce que le soldat a quitté la vie de la conscience pour entrer dans la mort de l'inconscient qu'il s'est dépouillé de sa montre, qui ne lui est plus d'aucune utilité dans l'univers atemporel de l'inconscient et qu'il entend donc léguer au personnage au travers duquel il continue d'exister sur le plan de la conscience. Ce «destinataire» (152) est le médecin-narrateur, mais c'est aussi bien l'enfant, représentant de la conscience également. En effet, au début du roman, le soldat est, «pour un peu, prêt à donner le paquet au gamin» (45) et, sur le plancher du café reproduit dans le tableau accroché au mur de la chambre du médecin-narrateur, sur ce «plancher à chevrons semblable à celui de la chambre elle-même» (204), «un gamin est assis [...]; il ferme ses deux bras autour d'une grosse boîte, quelque chose comme une boîte à chaussures» (25-26, voir 48 et 202). Ainsi, à partir du moment où, chez le soldat, la conscience fait place à l'inconscient, l'écoulement mesuré du temps est suspendu. C'est la raison pour laquelle, dans «la chambrée [...] d'une infirmerie militaire» (161), se trouve «un gros réveil rond [...] qui marque quatre heures moins le quart» (162). L'appareil s'est «arrêté» (162) à l'instant même où, «dans la lumière de fin du jour» (164), une rafale de mitraillette a claqué près du soldat: «Une douleur aiguë lui a traversé le côté gauche. Puis tout s'est arrêté.» (168). S'apercevant que le temps désormais se dérobe à lui, le soldat ne peut que constater amèrement qu'«il faudrait encore du temps, un peu de temps, quelques minutes, quelques secondes, [mais qu'] il est déjà, maintenant, trop tard» (211).

Le temps des horloges est en effet totalement étranger aux personnages dominés par l'inconscient. C'est ce qui explique pourquoi, dans *Projet pour une révolution à New York*, Laura n'est pas capable de «témoigner de l'heure exacte à laquelle» (*PRNY*, 83) le narrateur est rentré chez lui et pourquoi elle «n'a jamais sous la vue, ou à sa portée, ni montre ni pendule ni quoi que ce soit qui pourrait lui permettre de donner ce genre de renseignement» (83). Si la jeune femme est tenue dans la plus «totale ignorance du temps» (83), c'est en effet pour que sa polarité féminine, inconsciente, soit renforcée, ou à tout le moins préservée, et il est donc normal que cette décision ait été «prise en accord avec le médecin» (83), représentant masculin de la conscience. Du reste, dans ce roman également, c'est l'inconscient qui perturbe effectivement les rouages du temps puisque, si le narrateur arrive «en retard» (13), c'est qu'il a «dû [s]'abriter de la pluie» (13).

De fait, chaque fois que la conscience est mise à l'écart, la marche du temps est interrompue : «Ainsi celui qui s'est attardé trop avant dans la nuit, souvent ne sait plus à quelle date appartient ce temps douteux où son existence se prolonge [...].» (*G*, 51) C'est la raison pour laquelle le conseil donné dans *Les Gommes* aux usagers de la gare de ne pas prendre le train sans se munir de leur journal —«Ne partez pas sans emporter *Le Temps*.» (212) — s'adresse absolument aux voyageurs qui partent à destination de l'inconscient, là où le temps est absent. C'est aussi pourquoi, dans cet environnement dépourvu d'enchaînement temporel, les instruments de mesure du temps ne peuvent que suspendre leur fonctionnement: la montre de Wallas «est arrêtée» (45 et 187) et marque en permanence «sept heures et demie» (45, 95 et 187), la pendule de la chambre de Daniel Dupont est «également arrêtée» (95).

Face au temps qui se refuse à tout étalonnage traditionnel, Wallas en est réduit à trouver dans la marche de quoi reconstituer une trame temporelle, de quoi récupérer «sa durée» (*G*, 52). Comme les aiguilles de sa montre n'en parcourent plus le cadran, c'est lui qui se substitue à l'appareil défectueux et qui recouvre, à travers l'espace, le moyen de générer le temps: en se promenant sur le Boulevard Circulaire,

> il marche et il enroule au fur et à mesure la ligne ininter-
> rompue de son propre passage, non pas une succession
> d'images déraisonnables et sans rapport entre elles,
> mais un ruban uni où chaque élément se place aussitôt
> dans la trame, même les plus fortuits, même ceux qui
> peuvent d'abord paraître absurdes, ou menaçants, ou
> anachroniques, ou trompeurs; ils viennent tous se
> ranger sagement l'un près de l'autre, et le tissu s'al-
> longe, sans un trou ni une surcharge, à la vitesse
> régulière de son pas [...], et c'est lui-même qui règle la
> cadence et la longueur des enjambées: une demi-
> seconde pour un pas, un pas et demi par mètre, quatre-
> vingts mètres à la minute. (*G*, 52)

Reste que cet ersatz de temps n'offre pas une rigueur absolue: Wallas «a, depuis la préfecture, suivi le même itinéraire que ce matin, et cependant il a l'impression de marcher depuis beaucoup plus de temps qu'il ne lui en a fallu la première fois» (*G*, 177).

En fait, à partir du moment où la conscience recule, le temps, lui aussi, s'estompe et, dans l'inconscience, il s'efface et, avec lui, disparaît sa fonction d'ordonnance. D'ailleurs, dès les premières lignes du roman, il est précisé: «Bientôt malheureusement le temps ne sera plus le maître.» (*G*, 11) En effet, les vingt-quatre heures au terme desquelles «le léger tic tac» (253) de la montre de Wallas se fait à nouveau entendre ne se sont pas *réel-lement* déroulées. Elles représentent seulement le pas-sage, incommensurable, d'un opposé à l'autre, ce «clignement comme d'hésitation entre la vie et ce qui porte un autre nom: après, avant, l'éternité» (101). Elles correspondent à l'extension, à la dilatation artificielle d'un *événement* atemporel. Celui-ci, de façon factice, est découpé dans la fiction en différentes séquences qui n'ont pas d'autre fonction que de symboliser les divers états de conscience par lesquels passent les deux opposés, un peu à la manière de la multiplication des

images que procure un «ralenti» (253) cinématographique.

Le temps indéterminé de l'inconscient

Lorsque la conscience disparaît, l'un des signes par
lesquels le désordre de la temporalité se manifeste consiste dans le fait que la mesure de la durée devient floue
et hésitante. Ainsi, le narrateur de *Souvenirs du triangle
d'or* «ne sai[t] même plus depuis combien de temps [il]
marche» (*STO*, 198), il se demande «depuis quand» (55)
les événements ont lieu, «peut-être depuis plusieurs
heures» (107), eux qui se poursuivent, dans une
«tranquillité sans âge» (221), pendant «un temps
indéterminé» (202), «un temps assez long» (187), «un
temps notablement trop long» (83). Au surplus, dans la
cellule, laquelle constitue le domaine de l'inconscient, le
narrateur doit «attendre plusieurs secondes — plusieurs
minutes peut-être— avant de voir assez clair» (97) et
effectue «un parcours dont il [lui] est difficile de chiffrer
l'étendue [...] dans le temps» (143), Caroline se demande
«[d]epuis combien de temps, aujourd'hui (quand ?), [...]
[elle] est enfermée» (155) et Angélica «[c]ombien de
temps [...] elle [a] dormi» (173). En effet, dans cette cellule où «il demeure impossible de distinguer le jour de la
nuit» (156) et qui «donne l'impression d'être [...] à l'abri
du temps» (99), c'est le règne «d'un temps assez... d'un
temps assez... d'un temps assez...» (158), d'«un temps
sans aucune durée» (162).

L'irruption de l'inconscient produit en effet, ainsi
qu'il est indiqué dans *Projet pour une révolution à
New York*, un arrêt du temps ou un «temps d'arrêt»
(*PRNY*, 29), «un temps mort de longueur indéterminée»
(7). C'est pourquoi la durée est restituée dans l'imprécision la plus totale: les scènes se prolongent pendant «un
certain temps» (35), «un long moment» (12 et 13), «un

temps sans doute assez long» (123, voir 58 et 198) ; elles se déroulent «depuis un moment» (117), «depuis un certain temps» (37), «depuis un temps qu'il serait difficile de préciser» (139), «depuis un quart d'heure, ou encore beaucoup plus» (137), «depuis plusieurs jours (depuis quand?)» (24), «[d]epuis combien de jours ?» (26).

La Jalousie contient également plusieurs situations où le trouble est introduit sur le plan de la durée. C'est le cas, par exemple, du «bruit assourdissant des criquets» (*J*, 138) qui se fait entendre «depuis de longues minutes, ou même des heures» (139). Là, l'imprécision du temps tient à ce que l'action se passe la nuit, c'est-à-dire dans un univers régi par l'inconscient. La durée est également difficile à quantifier lorsque la scène s'immobilise: «Au bout de plusieurs minutes — ou plusieurs secondes — ils [A... et Franck] sont toujours l'un et l'autre dans la même position. La figure de Franck ainsi que tout son corps se sont comme figés.» (46) De même, quand A...

> se contemple dans le miroir ovale, immobile, [...] [p]as un de ses traits ne bouge, ni les paupières aux longs cils, ni même les prunelles, au centre de l'iris vert. Ainsi figée par son propre regard, attentive et sereine, elle paraît ne pas sentir le temps passer. (*J*, 120)

Là encore, c'est la mise hors circuit des yeux, instruments de la conscience, qui provoque la suspension du mouvement et, partant, l'interruption de l'écoulement de la durée.

Un autre signe du dérèglement temporel se manifeste au travers de l'incapacité à situer de manière rigoureuse un événement dans le cours du temps. Ainsi, lorsqu'on demande au boy quand il a reçu l'ordre d'apporter de la glace, le serviteur «répond: "Maintenant", ce qui ne fournit aucune indication satisfaisante» (*J*, 50). Pareillement, il est impossible de dater l'écrasement du mille-pattes, intervenu «la semaine dernière, au début du mois, le mois précédent peut-être, ou plus tard» (27). De façon analogue, le narrateur de *Projet pour une révolution à New York* fait preuve d'incertitude: les événements ont eu lieu «l'après-midi d'hier, probablement» (*PRNY*, 200), «la nuit dernière probablement» (141), «cette nuit-là [...] [ou] le lendemain» (78). La seule datation précise se trouve sur l'agenda qui est placé sur la table de la clinique d'un représentant de la conscience, le docteur Morgan, et dont la couverture «porte le millésime "1969"» (34).

En fait, de nombreux personnages sont semblables au héros d'*Un régicide*, impuissant à se placer par rapport au temps: «Au bout de quelque temps, il s'apercevrait qu'il n'écoutait plus du tout [...]. Il ne saurait même pas depuis quand.» (*R*,19), il «regarda[i]t dans le vide d'un air hébété et ne voula[i]t pas croire qu'il était déjà l'heure» (72), «Combien de temps ai-je dormi ? [...] Je ne sais pas le nombre d'heures, d'années peut-être, pendant lesquelles je suis demeuré ainsi [...].» (110), Boris «avait demandé l'heure à l'un des gardiens, mais il était si ému qu'il n'avait pas enregistré la réponse» (160), «[...] [D]'une façon générale, la chronologie de l'affaire lui échappait complètement.» (169), «[...] [I]l aurait simplement aimé savoir combien d'années de sa vie cela représentait; il essaya vaguement de le calculer, mais les points de repère manquaient de précision, et puis ça n'avait pas d'importance.» (192)

«[I]ndéterminé» (*TCF*, 153), le temps de l'inconscient introduit également dans la trame temporelle des ruptures dont s'accommode mal la rigueur de la conscience. Ainsi, dans *La Maison de rendez-vous*, non seulement les événements deviennent impossibles ou, à tout le moins, difficiles à localiser dans le temps, mais cette imprécision n'est pas sans malmener la chronologie et la logique: le balayeur «a commencé son travail. (Quand?)» (*MRV*, 183), «Sans doute cette scène a-t-elle eu lieu un autre soir; ou bien, si c'est aujourd'hui, elle se place en tout cas un peu plus tôt [...].» (30), «Ensuite vient la scène de la vitrine de mode [...]. Cependant elle ne doit pas se situer immédiatement à cet endroit [...].» (66), Kim «est ensuite (sitôt après ou un peu plus tard?) face à face avec» (71) Manneret. Le narrateur, à l'instar de Lauren jouant au piano «une composition moderne, pleine de ruptures et de trous» (203), joue ainsi sans vergogne avec la trame temporelle de son récit, introduisant en outre, à l'occasion des multiples reprises d'une même scène, des variantes qui mettent apparemment la cohérence en péril. Les sept morts d'Édouard Manneret, dont le personnage de théâtre meurt à l'issue de la pièce (voir 73), qui se suicide (voir 94), qui est égorgé par un chien (voir 159), qui succombe à un accident (voir 165), puis qui est assassiné par un policier (voir 175), par des communistes (voir 202) et, enfin, par Johnson (voir 211), ne constituent que la plus brillante illustration d'une pratique très fréquente.

En effet, dans *La Jalousie*, la succession chronologique des événements au sein de la diégèse conduit pareillement à la confusion. Ainsi, par exemple, «Franck se lève de son fauteuil [...] et pose sur la table basse le verre qu'il vient de finir d'un trait. Il n'y a plus trace du cube de glace dans le fond.» (*J*, 108) Mais, quelques lignes plus loin, le narrateur précise: «Au fond du verre qu'il a déposé sur la table en partant, achève de fondre un petit morceau de glace [...].» (109)

Les incohérences de la mémoire

Si le roman robbe-grillétien bouscule à ce point la chronologie, c'est qu'il ne consiste pas en un compte rendu contemporain des événements relatés. Ainsi, loin d'être le fruit d'une espèce de reportage à chaud, *La Jalousie*, par exemple, se compose bien plutôt de la somme des informations que « [l]a mémoire parvient [...] à reconstituer» (*J*, 24). Or, un événement laisse rarement «un souvenir précis» (170). En outre, « [à] mesure qu'il s'éloigne dans le passé, sa vraisemblance diminue» (171), au point que «[c]'est maintenant comme s'il n'y avait rien eu du tout» (171). C'est ainsi que s'explique, par exemple, la présence, vite estompée, de la silhouette d'«un noir en short, tricot de corps, vieux chapeau mou, [...] couvre-chef de feutre, informe, délavé» (53) : «Son évanouissement n'étonne guère, faisant au contraire douter de sa première apparition.» (54) En fait, cette silhouette fantomatique est ce qui «reste en mémoire» (53) d'un indigène «vêtu d'un short et d'un tricot de corps, pieds nus, coiffé d'un vieux chapeau mou» (177), d'un «couvre-chef en feutre, informe, délavé» (177), lui-même «messager» (177) envoyé par Christiane pendant l'absence prolongée de Franck. Comme Bruce Morrissette l'a justement relevé, « [l]e narrateur vit et revit dans un même temps, un temps à deux sens. Des éléments de sa mémoire et du temps "réel" ou présent se confondent chez lui dans un temps hors du temps[11]».

En faisant appel au passé, c'est-à-dire à du vécu enfoui dans l'inconscient, le souvenir et l'écriture qui cherche à transcrire celui-ci ne peuvent qu'être contaminés par l'inconscient jusqu'à ne plus respecter les normes logiques de la conscience rationnelle. De ce point de vue, *La Jalousie* trouve dans la «monodie indigène» (*J*, 192) une mise en abyme parfaite, le roman, comme l'air chanté par le second chauffeur, «s'arrêtant

---

11. B. MORRISSETTE, «En relisant Robbe-Grillet. Lecture de *La Jalousie*», *Critique*, vol. 15, n° 146, juillet 1959, p. 587.

soudain» (100) et recommençant de façon «abrupt[e]» (100) «sans la moindre solution de continuité» (101):

> Si parfois les thèmes s'estompent, c'est pour revenir un peu plus tard, affermis, à peu de chose près identiques. Cependant ces répétitions, ces infimes variantes, ces coupures, ces retours en arrière, peuvent donner lieu à des modifications — bien qu'à peine sensibles — entraînant à la longue fort loin du point de départ. (*J*, 101)

À l'instar du chant indigène, *La Jalousie* peut ainsi apparaître comme un tissu de «paroles incompréhensibles» (*J*, 99) aux yeux de certains lecteurs, tel Émile Henriot: «C'est compliqué exprès pour un résultat morne et plat [...][12].»

Pareillement, dans *Le Voyeur*, le temps cesse de s'écouler de façon linéaire, il s'allonge ou se fige dans l'atemporalité parce que Mathias, en revenant dans son île natale, s'est plongé dans le passé, passé tout entier englouti dans l'inconscient. Aussi est-il normal que le temps mesurable, qui est celui de la conscience de veille, n'existe plus: «Il n'y avait pas d'horloger dans l'île.» (*V*, 51) et, du reste, «dans ce pays d'arriérés» (48), c'est-à-dire dans l'univers inconscient du passé, la vente de montres risque fort de confirmer l'avertissement lancé à Mathias: «Vous perdrez votre temps.» (48); autrement dit, le temps de la conscience va échapper à Mathias. De fait, c'est bien cela qui arrive au voyageur: semblable à ces gens qui «n'ont pas [beaucoup] de mémoire» (32), il est en butte aux «imprécisions et inexactitudes de sa propre mémoire» (25). En retournant dans l'île de son enfance, il pénètre dans un monde où le temps n'a pas de prise: «[...] [R]ien n'avait changé depuis trente ans [...].»

---

12. É. HENRIOT, «Le Nouveau Roman: *La Jalousie*, d'Alain Robbe-Grillet, *Tropismes*, de Nathalie Sarraute», *Le Monde*, 22 mai 1957, p. 9.

(25) Passé et présent coïncident dans un espace intemporel: Mathias passe devant des façades qui «étaient sans âge — comme sans époque» (53). Il voyage dans le temps, mais ce temps est neutralisé, car il ne comporte pas, ainsi que le note Alain Goulet, «de véritable présent référentiel, mais un phénomène de simultanéité, d'équivalence des courants de conscience[13]». Lui-même devient un voyageur sans *âge*, c'est-à-dire un *voyeur*, ainsi que peut le suggérer la remarque de Jean Ricardou[14], lequel décèle dans le titre du *Voyeur* un hypogramme dont l'hypergramme, voyageur, a subi une lacune (ag). Ainsi, c'est en revenant vers son enfance, en rentrant dans son passé et en s'enfonçant dans son inconscient que Mathias accède à un espace où les différentes parties du temps perdent leur distinction. Ce faisant, il est engagé dans un processus qui s'apparente fort à ce que les alchimistes appellent le «*regressus ad uterum*[15]», lequel «traduit une expérience spirituelle homologable à toute autre "projection" hors du Temps[16]» et aboutit à la perception d'une espèce de présent «intemporel[17]».

Or, c'est également un retour au passé qui s'effectue dans la cellule de *Souvenirs du triangle d'or*, là où se tient le «gênant tête-à-tête» (*STO*, 84) entre la personne qui y

---

13. Alain GOULET, *Le Parcours mœbien de l'écriture* : Le Voyeur, Paris, Lettres modernes, coll. «Archives des Lettres modernes», 1982, p. 73.

14. Voir l'intervention de Jean Ricardou dans la Discussion qui suit la Communication de B. MORRISSETTE, «Robbe-Grillet n° 1, 2... X», dans J. RICARDOU et F. van ROSSUM-GUYON, *op. cit.*, t. II «Pratiques», p. 136-137.

15. Mircea ELIADE, *Forgerons et alchimistes*, Paris, Flammarion, coll. «Champs», [1956] 1977, p. 131.

16. *Ibid.*, p. 132.

17. C. G. JUNG, *Psychologie du transfert*, p. 124.

est détenue et «l'interrogateur» (74, 128 et 225, voir 87), représentant de la conscience à qui la partie inconsciente, détentrice du passé, doit faire «rapport» (78 et 83): «Vous souvenez-vous de ce passage?» (66). La conscience, laquelle «recherche, dans les détours de sa mémoire récente, un souvenir fuyant» (225, voir 15 et 83), s'adresse à cet effet à l'inconscient, dépositaire du passé, de «ces souvenirs encore brûlants» (90) qu'elle «chasse» (90) à l'état de veille. Alors, parfois, elle «se souvient» (32, voir 34 et 149) «très bien» (66). Mais, la plupart du temps, elle se demande si ses «souvenirs sont exacts» (60, voir 143 et 157), elle craint d'être «trompé[e] par ses souvenirs» (33); elle n'est visitée que par un «vague souvenir» (62), un «souvenir confus» (80) ou un «souvenir tout proche [...] [qu'elle] ne parvien[t] ni à ramener en surface ni à chasser» (145); un fait lui «rappelle quelque chose — même d'assez récent — mais quoi ?» (144); parfois, enfin, elle a tout simplement «oublié» (198) des «souvenirs perdus» (76). Il arrive en effet que la «mémoire [soit] usée» (79). C'est à ce moment-là que, plongée dans le «cahier noir» (68, 81 et 87, voir 36, 45, 48-49, 56, 57 et 58), dans le «grand registre» (178) du passé, la conscience peut se «tromp[er] de page» (179) et bousculer l'ordre de la trame temporelle. À noter que ce compte rendu ne peut être réalisé que pendant la nuit, au moment où les deux opposés cohabitent, et c'est pourquoi il constitue une «épreuve [...] dont la durée est sans aucun doute limitée» (139). En effet, après la «sonnerie stridente de réveil-matin [*sic*], qui marque le début du compte à rebours» (149-150), «le temps est menaçant» (79), le «temps presse» (135), «il n'est plus temps» (155), «il est trop tard» (7). *Souvenirs du triangle d'or* apparaît ainsi comme le produit de l'«interrogatoire» (65, 102, 174, 203 et 216, voir 48 et 155) nocturne que la conscience fait subir à l'inconscient:

«"Faute de texte! Punition!" annonce la voix cruelle du haut-parleur.» (155)

La nuit de l'inconscient équivalant au sommeil, il est normal que, dans *Topologie d'une cité fantôme*, le temps mnésique corresponde à celui pendant lequel le narrateur a «dû dormir» (*TCF*, 153), c'est-à-dire à «un temps mort» (153). De fait, dans le souvenir, «[i]l n'y a plus de temps» (137), puisque passé et présent s'y mêlent indifféremment: «Je suis là. J'étais là. Je me souviens.» (11) Par-delà cette dualité, le temps épouse alors une unicité qui trouve une de ses traductions dans le dédoublement, issu de la réflexion, des personnages. En effet, si, par exemple, une adolescente regarde, dans le «miroir qui lui renvoie son propre reflet pâli, [...] [s]a toison ovale offerte en sacrifice, soyeuse mousse noire fendue par sa déchirure médiane où le soldat ivre écrase une grappe de raisins violets» (164), autrement dit si la jeune fille encore intacte peut voir une autre image, postérieure, d'elle-même, si, en l'espèce, elle peut contempler son propre viol, c'est que, dans la mémoire, ces deux scènes sont données en même temps. En effet, comme le souligne Jung, l'«élasticité du temps dans l'inconscient» est telle que «ce que la conscience perçoit sous forme successive est, dans l'inconscient, coexistence, simultanéité, [...] *synchronicité*[18]». Les décrochages temporels et les incohérences qui en découlent tiennent à ce trait propre au souvenir. Ainsi, *Topologie d'une cité fantôme* est le fruit d'une mémoire qui tente de «reconstitue[r] [...] jour après jour, à travers les redites, les contradictions et les manques» (196), un événement du passé, à l'image du *je* de *La Maison de rendez-vous*, lequel essaie lui aussi de «reconstituer point par point le déroulement de la soirée» (*MRV*, 52) chez Lady Ava et d'en «préciser [...] les

---

18. *Ibid.*, p. 124.

principaux événements» (23). Or, au cours de cette plongée dans le passé, où les compartimentages temporels propres à la conscience n'ont plus cours, les ruptures de la temporalité et les confusions qui en résultent sont d'autant plus nombreuses que l'événement à reconstituer n'est pas unique, mais répétitif.

Des événements répétitifs

Ainsi, le narrateur de *Topologie d'une cité fantôme* fait état d'une «contradiction chronologique» (*TCF*, 42) provoquée par un «texte [qui] paraît faire allusion au désastre lui-même qui anéantit la cité, et [...] [qui devrait donc être] postérieur à celui-ci» (42), ce qui n'est pas le cas, d'où «une énigme que personne n'a encore résolue» (42). Or, il est possible de relever, dans la diégèse, nombre de situations analogues. Par exemple, la jeune fille «écoute les pas de l'assassin dans l'escalier, les pas lents et lourds qui décroissent progressivement de marche en marche, après s'être éloignés jusqu'au bout de l'interminable couloir» (159), puis, plus tard dans le roman, «elle écoute l'assassin qui s'approche» (161). L'anomalie est cette fois élucidée par le texte lui-même, puisqu'il est indiqué que l'assassin monte l'escalier «chaque jour à la même heure» (161).

Dans *Les Gommes*, l'accent est mis pareillement sur le caractère répétitif du meurtre: «[...] [I]*l a lieu* n'importe où, chaque jour [...].» (*G*, 206), «Il y a eu régulièrement, depuis neuf jours, un assassinat par jour [...]» (34), mais «il n'y a là qu'une seule affaire» (62), «Ce soir, à la même heure, un crime identique viendra donner l'écho à ce scandale [...].» (102) En effet, *Les Gommes* ne raconte pas le meurtre de Dupont, mais un meurtre. Le roman décrit un spécimen du meurtre qui, quotidiennement, se répète indéfiniment à l'identique: «Que s'est-il passé dans l'hôtel particulier du professeur Dupont, le soir du vingt-six octobre? Un double, une copie, un simple exemplaire d'un événement dont l'original et la clef sont ailleurs.» (206)

De fait, nombreux sont dans les romans robbe-grillétiens les signes par lesquels se manifeste le caractère itératif des séquences diégétiques. Ainsi, «sans cesse renouvelés» (*STO*, 104), les événements ont lieu «de nouveau» (12, 39, 40, 57, 62, 65, 74, 123, 149, 150, 189 et 237), «à nouveau» (40, 87, 89, 125 et 221), «encore» (*TCF*, 38), «une fois encore» (*STO*, 80, 159 et 195), «encore une fois» (*TCF*, 10, 11, 115, 138, 140, *STO*, 40, voir *TCF*, 199), «une fois de plus» (*STO*, 41, 68, 79, 85, 88, 99, 158, 162 et 197), «derechef» (47, 63, 121 et 153). Ils «revien[nen]t» (*TCF*, 36) «plusieurs fois de suite» (73), «jour après jour» (196 et 198), «nuit après nuit» (73). La «scène s'est déjà produite [...] tant [le narrateur] la retrouve comme une image familière» (*STO*, 16, voir 33). Les policiers «paraissent habitués au déroulement de l'épisode» (16). Une «minuscule vague [est] sans cesse répétée sur elle-même» (10), le narrateur doit «répéter l'expérience à de multiples reprises» (141). «[L]'interrogatoire [...] reprend» (65), «le bruit [...] reprend» (127), «ça recommence» (65). L'«opération [est] mainte fois répétée» (*TCF*, 24), les «outrages [...] [sont] cent fois répétés» (51), le «sacrifice [est] indéfiniment renouvelé» (160). La répétition est d'ailleurs à ce point la règle que toute «histoire vraie» (136) commence par «Il était plusieurs fois» (136).

La fréquence de ces événements est signalée, voire précisée: à «intervalles réguliers, un oiseau [...] recommence sa chanson» (*STO*, 27, voir *PRNY*, 43), «une voix de soprano reprend à intervalle régulier le même court fragment de son grand air» (*STO*, 85), des «sons répétés [...] paraissaient de métronome» (102), le «chuintement

[est] périodique, [...] régulier» (10, voir 156), la jeune prostituée mendiante fait son entrée «chaque jour à la même heure» (13), l'article figure «chaque jour dans la dernière édition du *Globe*» (82), les usines déversent des produits «chaque soir» (34 et *PRNY*, 91), les «représentations ont lieu chaque nuit» (*STO*, 77, voir 78). Les «visites [sont] fréquentes et régulières» (*TCF*, 29), l'irruption des soldats est «périodique» (45), la «ronde [est] quotidienne» (109), les délinquantes «sont rassemblées chaque jour» (63), une jeune vierge est «sacrifiée chaque soir» (167).

Par ailleurs, les événements se renouvellent «toujours» (*STO*, 79) sans changement: malgré «les variantes dues aux circonstances différentes, on ne peut que songer à l'accomplissement répétitif d'un rite» (*TCF*, 110). En effet, «[l]e déroulement se répète avec exactitude, dans les moindres détails, marqué des mêmes arrêts, bifurcations, ruptures brusques et reprises» (73), «ce sont les mêmes décors qui défilent» (70), «les mêmes images» (128), c'est «le même David» (73), «la même histoire» (138), «le même cri» (197), «toujours la même» (196) glace, c'est «la même mise en scène: bras et jambes sont écartelés suivant une posture identique, liés de la même façon; le ventre et le haut des cuisses présentent aux cinq endroits exacts les mêmes plaies» (110). C'est «toujours la même chambre» (*STO*, 88), «la même longue phrase» (27); «le même fascinant phénomène se reprodui[t] identique à chacun de ses pas» (197); «un autre pélican [...] traverse l'image [...] à la même distance que le premier, reproduisant son exact passage en une troublante duplication» (12-13). Le narrateur est assis «à [s]a place habituelle» (199), et tout se passe «comme à l'ordinaire» (13), «comme d'habitude» (*PRNY*, 8 et 76, *TCF*, 138 et 153), «comme de coutume» (*PRNY*, 69), «comme chaque fois» (*STO*, 224, *TCF*, 150 et 152), «comme prévu» (*STO*, 95), «comme chaque soir» (*PRNY*, 166), «comme toujours» (12). À l'instar du narrateur qui «rentre [...] à la maison, nuit après nuit» (96), et de Laura qui vient, «une fois de plus, d'échapper à ses poursuivants» (138 et 144), les personnages font le «geste habituel» (13), sont à leur «place habituelle, toujours dans le même costume et la même posture» (20), présentent leur exposé «sous la forme habituelle» (37), utilisent «les méthodes habituelles» (55); bref, ils agissent «par habitude» (199).

La «présence réitérée» (*TCF*, 110) des mêmes séquences diégétiques est du reste relevée par le narrateur lui-même: la situation est «déjà mentionnée» (191), «déjà répertoriée» (192), l'événement est «déjà [...] connu» (194) car il «a été signalé déjà» (193, voir *STO*, 19, 60 et 116), «déjà rapporté» (*TCF*, 101, voir 52, 186, *STO*, 78-79); il «a été relaté, répété même à plusieurs reprises» (74); il «a été précisé en temps voulu» (*TCF*, 188), «déjà été décri[t] à plusieurs reprises» (152, voir 66, 176, 196, *STO*, 69 et116). Il en a «déjà été question dans le texte à plusieurs reprises» (*TCF*, 113). Cela «vient d'être dit» (52), «a été dit» (24, 54, 66 et 178), «déjà dit, déjà dit» (199, voir 97). La cellule a «déjà [été] inventoriée plusieurs fois en détail» (*STO*, 155), et la crucifixion a été «déjà dite... déjà dite... déjà dite...» (78, voir 72, 111 et 201).

La répétition des séquences explique que le récit imbrique étroitement la narration de la fiction proprement dite et du double de celle-ci, présenté sous la forme de la relation de la représentation d'une pièce de théâtre. Ainsi, le meurtre des *Gommes* est évoqué comme le rôle d'un acteur: «Il le sait par cœur, ce rôle qu'il tient chaque soir; [...] comme chaque soir, la phrase commencée s'achève, dans la forme prescrite, le bras retombe, la jambe termine son geste.» (*G*, 23-24) De même, par exemple, la mort de Manneret, en épousant le jeu périodique de «"L'Assassinat d'Édouard Manneret"» (*MRV*, 84), dévoile son caractère itératif. Du reste, «les familiers de la Villa Bleue» (31) «reconnaissent [...] [la] fin» (74) de la pièce, de la même façon qu'ils «reconnaissent aussitôt la disposition générale du divertissement qui a pour titre: "L'Appât"» (31). Or, l'Américain est un «habitué» (64) de la Villa. Autrement dit, la soirée qui est racontée dans *La Maison de rendez-vous* est davantage une soirée ou, mieux encore, la soirée qui se répète inlassablement dans la Villa. À noter qu'à l'intérieur de cette structure où chaque séquence se renouvelle à l'identique de façon immuable, le futur n'existe plus puisqu'il n'est que la duplication du passé. Ainsi, à l'image de la confusion temporelle de *Dans le labyrinthe* — «Dehors il neige. Dehors il a neigé, il neigeait, dehors il neige.» (*DL*, 14), l'enfant «a conduit le soldat (ou [...] le conduira, par la suite) jusqu'à la caserne» (143) —, tout se passe ici dans un présent atemporel:

> Sir Ralph s'incline de nouveau, sans changer de visage, comme s'il savait depuis toujours que les choses se passeraient ainsi: il attend cette phrase, dont il connaît à l'avance chaque syllabe, chaque hésitation, les moindres inflexions de la voix, et qui tarde un peu trop seulement à se faire entendre. Mais voici que déjà les mots attendus tombent un à un des lèvres de sa partenaire, qui sans doute a respecté les temps prescrits, cependant qu'elle relève enfin les yeux. (*MRV*, 53-54, voir 205)

En fait, *La Maison de rendez-vous* trouve une parfaite mise en abîme dans la musique qui est jouée dans le grand salon de la Villa Bleue: elle «dure depuis un certain temps, ou même depuis le début de la soirée, [et c']est une sorte de rengaine à répétitions cycliques, où l'on reconnaît toujours les mêmes passages à intervalles réguliers» (*MRV*, 64).

Projet pour une révolution à New York fait du théâtre une utilisation analogue (voir *PRNY*, 7, 11 et 109). Les orateurs qui haranguent les militants rassemblés dans la salle de réunion comme autant de «spectateurs» (40) sont présentés comme des «comédiens» (38), comme «trois acteurs» (38) qui «jouent [...] leurs rôles» (40-41). Leur discours comporte «de constantes répétitions» (37) et ressemble à «un dialogue préfabriqué entre trois personnages» (37): «Ils connaissent tous les trois par cœur jusqu'à la moindre virgule, et l'ensemble du scénario se déroule comme une mécanique, sans une hésitation, sans un faux pas de la mémoire ou de la langue, dans une absolue perfection.» (38) Cependant, le théâtre n'est pas le seul support permettant de manifester le caractère itératif des séquences diégétiques. Celui-ci s'exprime également au travers du récit accompagné, voire remplacé par la description d'objets visuels ou par le rapport d'éléments textuels qui représentent un matériau permanent et qui, par conséquent, se prêtent à la redite. Il s'agit par exemple de la couverture d'un livre (voir 87-90, 92 et 112) et du contenu diégétique de celui-ci (voir 91 et 93), qui font écho à plusieurs séquences (voir notamment 78-79, 82 et 192-193). Or, ce livre fait partie des romans policiers que lit Laura, qui contiennent tous «des situations analogues» (93) et que le narrateur connaît «par cœur dans leurs moindres détails» (85). Il en va de même de la «bande magnétique» (63) dont l'écoute s'intègre à la narration (voir 58-60, 63-65 et 156-157) et dont le texte enregistré double le récit (voir notamment 17-18). Or, dans cette cassette, «c'est toujours pareil: les pas, les cris, le verre cassé, et ils disent tout le temps la même chose» (65). Enfin, un rôle analogue est joué par «les exemplaires multiples, identiques, équidistants, d'une affiche géante qui se répète à brefs intervalles» (111), qui «se reproduit à plusieurs dizaines d'exemplaires» (28-29) et «que l'on voit partout, dans le métro et ailleurs» (173), notamment sur «la palissade» (162) du terrain vague. «[L]'immense visage d'une jeune femme aux yeux bandés de noir et à la bouche entrouverte» (111, voir 173) et «la fille qui baigne dans son sang» (159) sont deux illustrations dont les images se retrouvent comme des leitmotive tout au long du roman.

Parallèlement, *Souvenirs du triangle d'or* utilise plusieurs matériaux dont la nature autorise la répétition. Parmi ceux-ci figurent les «représentations [, qui] ont lieu chaque nuit» (*STO*, 77, voir 108), de divers spectacles: un opéra intitulé «"La Toison d'or"» (85, voir 121), dont le «dernier acte [...] porte comme sous-titre "Un Régicide"» (95), un numéro (voir 24 et 128) du «cirque Michelet» (14) donné dans «l'antique amphithéâtre» (128) des «arènes de l'Ancien Monde» (24), une «présentation» (110) de mode. Il s'agit aussi d'illustrations pouvant être regardées à loisir: «affiche» (14, 24 et 128) de cirque, «tableau» (18 et 117), gravure d'un «livre d'images» (162) ou «photographie» (16, 79, 88 et 201, voir 17 et 181). Enfin, une fonction identique est remplie par l'«article du *Globe*» (27, voir 17, 43, 82, 168, 199 et 200) que le narrateur lit «chaque jour» (82), par le «cahier noir» (68, 81 et 87, voir 36, 45, 47, 48-49, 56, 57, 58 et 229) dont le même narrateur «poursui[t]» (87) la lecture, et par le «rapport» (69, 78, 83, 95, 133, 179, 230 et 234) dont l'examen constitue la matière des «interrogatoires» (48 et 155).

Le cycle ininterrompu de l'ouroboros

En fait, si les événements se répètent, c'est qu'ils appartiennent eux-mêmes à un cycle ininterrompu. Ainsi, sur la plantation de *La Jalousie*, le temps se réduit à «la suite prévisible des travaux en cours, qui sont toujours identiques, à peu de chose près» (*J*, 95). De même, le déplacement de A... en ville n'est pas le premier, puisqu'il est précisé que A... «n'a rien demandé, pour cette fois» (91), et que le narrateur fait à ce sujet la remarque suivante: «Le plus étonnant, à la réflexion, est qu'un arrangement semblable ne se soit pas produit déjà, auparavant, un jour ou l'autre.» (92, voir 190-191). Semblablement, chaque nuit est «comme toutes les autres nuits» (146). Le «bruit assourdissant des criquets qui semble durer depuis toujours» (144) «emplit déjà les oreilles, comme s'il n'avait jamais cessé d'être là [...], puisqu'un début quelconque n'a pu être enregistré à aucun moment» (138-139). Or, ce bourdonnement des criquets est «de nouveau» (218) perceptible à la dernière page de *La Jalousie*. L'un des opposés, la «nuit noire» (218), relance ainsi un cycle que la fin *matérielle* du roman ne saurait interrompre.

À noter que, dans ce contexte, les dérapages et les glissements temporels sont générés par le chevauchement de cycles successifs, une séquence pouvant se substituer, à l'intérieur d'un cycle, à une séquence d'un type analogue, mais au contenu différent du fait de son appartenance à un autre cycle. Ainsi, au moment où Franck quitte brusquement A..., un jour, son verre ne contient plus de glaçons, mais, un autre jour, son verre en contient encore. Pour l'inconscient, ces deux séquences, parce qu'elles interviennent au même moment de deux cycles, sont équivalentes et, partant, l'une peut, sans inconvénient, prendre la place de l'autre. C'est cette appartenance d'un événement à un cycle répétitif qui explique les autres décrochages temporels que l'on peut relever dans *La Jalousie*. Il en est ainsi des incohérences touchant la pousse, le mûrissement et la récolte des bananiers (voir *J*, 33, 36, 40, 80, 104, 118 et 183):

> Comme les parcelles sont nombreuses et que l'ensemble est conduit de manière à échelonner la récolte sur les douze mois de l'année, tous les éléments du cycle ont lieu en même temps chaque jour, et les menus incidents périodiques se répètent aussi tous à la fois, ici ou là, quotidiennement. (*J*, 206-207)

Les anomalies qui ponctuent les différentes étapes de la réfection du pont de rondins (voir *J*, 102, 108, 109, 118 et 177) obéissent au même phénomène. Ce n'est pas en effet la première fois que ce pont est remis en état, puisque le narrateur s'interroge ainsi: «Combien de temps s'est-il écoulé depuis la dernière fois qu'il a fallu en réparer le tablier?» (103)

Pareillement, dans *Projet pour une révolution à New York*, si le temps est traité de façon approximative et si cette imprécision traduit ou génère, dans la trame temporelle, des décalages dont l'incohérence est parfois relevée par le narrateur et l'interlocuteur de celui-ci (voir *PRNY*, 78), c'est que la diégèse est constituée d'une agglomération, d'un collage de séquences constitutives d'un cycle, mais qui se répètent en s'intégrant à des cycles différents. C'est ce phénomène que le narrateur exprime lorsqu'il précise qu'«il s'agissait tout à fait d'une autre scène» (166) ou que «c'était un autre jour, un autre médecin et une autre victime» (190). En fait, l'écriture de l'instance narrative de *Projet pour une révolution à New York* est comparable à la lecture de Laura. Celle-ci «relit toujours les mêmes» (84) romans policiers; elle les lit tous «en même temps» (85) et

> mélang[e] ainsi [...] les péripéties policières savamment calculées par l'auteur, modifiant donc sans cesse l'ordonnance de chaque volume, sautant de surcroît cent fois par jour d'un ouvrage à l'autre, ne craignant pas de

revenir à plusieurs reprises sur le même passage pourtant dépourvu de tout intérêt visible, alors qu'elle délaisse au contraire totalement le chapitre essentiel qui contient le nœud d'une enquête, et donne par conséquent sa signification à l'ensemble de l'intrigue (*PRNY*, 85).

Du reste, la structure bouclée du cycle s'applique également à *Projet pour une révolution à New York*, puisque la mention qui figure sur la première page du roman, «Et brusquement l'action reprend, sans prévenir, et c'est de nouveau la même scène qui se déroule, une fois de plus...» (*PRNY*, 7), réapparaît sur la dernière page: «Et brusquement l'action reprend, sans prévenir, et c'est de nouveau la même scène qui se déroule, très vite, toujours identique à elle-même.» (214) À noter également que le roman se termine par une formule particulièrement éloquente: «[...] comme il a déjà été dit.» (214) Placées à la base même de la texture de *Projet pour une révolution à New York*, ces reprises constituent des réitérations qui correspondent à autant de retours au sujet, la reprise signifiant «que l'on reprend une chose dont on avait interrompu le cours [...] [parce] qu'on ne peut pas tout raconter à la fois, et qu'il y a toujours un moment où une histoire bifurque, revient en arrière ou fait un bond en avant, ou se met à proliférer» (157). Ainsi caractérisée, la narration robbe-grillétienne rejoint l'Œuvre alchimique, lequel «oblige à de nombreuses [...] réitérations[19]», se réalise «en multipliant les essais et les tentatives[20]», «ne va pas en ligne droite[21]», mais est constitué de «détours[22]», à l'image du labyrinthe de Salomon, «[f]igure cabalistique qui se trouve en tête de certains

---

19. FULCANELLI, *Les Demeures philosophales*, t. I, p. 275.

20. *Ibid.*, t. II, p. 133.

21. C. G. JUNG, *Psychologie et alchimie*, p. 41.

22. *Ibid.*, p. 8.

manuscrits alchimiques[23]» et qui consiste en «une série de cercles concentriques, interrompus sur certains points, de façon à former un trajet bizarre et inextricable».

C'est ce schéma spatio-temporel qui apparaît au travers des «labyrinthes» (*STO*, 77), des «interminables couloirs [où], dans un dédale de bifurcations et de tournants à l'équerre, [...] l'on se retrouve, après de multiples détours, brusquement ramené au point de départ» (127). Pareillement, le roman reprend dans ses dernières pages (voir 221) les mots présents dans les premières: «C'est le printemps déjà [...].» (27), de même que l'«espace qui s'est encore réduit» (237) à la toute fin du roman renvoie aux «choses [qui] se rétrécissent» (7) de l'incipit. Ainsi, la structure de *Souvenirs du triangle d'or* épouse celle d'un cycle ininterrompu, l'«interminable chemin» (198) suivi par le narrateur faisant écho au trajet que la petite prostituée mendiante effectue «chaque jour» (13) «toujours dans le même sens» (196) ou à la leçon que l'élève «répète [...] dans l'éternité monotone» (98).

Selon les principes alchimiques, la «totalité n'[étant] réalisée que dans l'instant[24]», le Grand Œuvre suppose nécessairement un processus qui n'a pas de fin, et c'est une des raisons pour lesquelles l'*opus* est symbolisé dans de nombreux traités par «un cercle semblable à un dragon qui se mord la queue[25]». Faisant en quelque sorte écho à cette position hermétique, Robbe-Grillet est d'avis que «la liberté ne se conquiert pas une fois pour toutes, elle n'existe que dans le mouvement de sa

---

23. Marcellin BERTHELOT, «Labyrinthe - Alchimie», dans *La Grande Encyclopédie*, t. XXI, Paris, H. Lamirault, 1886, p. 703.

24. C. G. JUNG, *Psychologie et alchimie*, p. 281.

25. *Ibid.*, p. 377.

conquête[26]», et il est frappé par la contradiction «entre l'inexistence de l'instant et le fait que seul l'instant existe[27]». Ce n'est donc pas un hasard s'il a relié à l'ouroboros la structure circulaire des *Gommes*. En circulant inlassablement sur le Boulevard Circulaire et, surtout, en s'inscrivant à l'intérieur d'un cycle aux rythmiques et perpétuelles itérations, le personnage protéiforme des *Gommes* est en effet irrémédiablement engagé dans un processus appelé à perdurer. Certes, à la fin du roman, Daniel Dupont «est bien mort» (*G*, 252), mort à la conscience, terrassé par la montée nocturne de l'inconscient. Plus précisément, c'est sa composante consciente, c'est «Albert Dupont qui est mort» (261), Albert Dupont, «un des plus gros exportateurs de bois de la ville» (75), c'est-à-dire un représentant actif de la conscience. Mais, le lendemain, au réveil, il apparaît qu'«Albert Dupont, assassiné hier soir» (16), est sain et sauf et que Daniel Dupont, atteint seulement d'une «[b]lessure légère au bras» (17), «n'est pas mort du tout» (17) : il s'est réfugié dans la clinique du docteur Juard, représentant lui aussi de la conscience. Tous les éléments sont en place pour que le cycle se poursuive, indéfiniment.

Le «circuit» (*V*, 27) réalisé dans *Le Voyeur* par Mathias est identique. Certes, il représente «une sorte de huit» (247), mais cette forme, loin d'être le résultat de la juxtaposition de deux ouroboroï, correspond en fait à une figure très fréquente en alchimie, celle du caducée d'Hermès. Constitué de deux serpents qui s'enroulent en

---

26. A. ROBBE-GRILLET, «Monde trop plein, conscience vide», dans Raymond GAY-CROSIER et Jacqueline LÉVI-VALENSI, *Albert Camus: œuvre fermée, œuvre ouverte?*, Paris, Gallimard, 1985, p. 226.

27. *Id.*, cité par J.-J. BROCHIER, «Conversation avec Alain Robbe-Grillet», p. 93.

sens inverse, traçant par là le dessin d'un huit, le caducée symbolise en effet l'union des «deux principes contraires[28]» et, partant, il possède la même signification que l'ouroboros, dont la tête «marque la partie fixe, et [l]a queue la partie volatile du composé[29]». Or, si le parcours effectué dans l'île par Mathias est un circuit fermé, la structure de la diégèse épouse, elle aussi, la forme circulaire puisque son début coïncide avec le départ de Mathias du continent et l'arrivée de celui-ci dans l'île et que sa fin intervient quand le voyageur quitte l'île pour «dans trois heures [...] arriv[er] à terre» (255). Sur le plan temporel, le schéma est analogue: après une incursion dans son passé, Mathias revient au présent, c'est-à-dire au point de départ.

La composition du *Voyeur* est donc bien, elle aussi, conforme à la figure circulaire de l'ouroboros. Emprunte-t-elle également à celui-ci la permanence de sa dynamique cyclique? La récurrence annuelle contenue dans «une ancienne légende du pays» (*V*, 221), renforcée par l'existence d'un «monument aux morts» (44), peut le laisser penser: «[...] [U]ne jeune vierge, chaque année au printemps, devait être précipitée du haut de la falaise pour apaiser le dieu des tempêtes et rendre la mer clémente aux voyageurs et aux marins.» (221) Or, «la mort de la petite bergère» (221) a bien lieu au printemps, puisqu'elle intervient au «mois d'avril» (69). La coupure de journal qui rapporte «un fait divers» (76) analogue à la mort de la jeune Jacqueline va dans le même sens. Découpée dans un quotidien de «la veille» (75) et retraçant par conséquent un événement légèrement antérieur, elle peut, certes, être considérée comme une mise en abîme proleptique du crime de Mathias,

---

28. J. van LENNEP, *Art & alchimie*, p. 19.

29. FULCANELLI, *Les Demeures philosophales*, t. II, p. 88.

mais elle peut tout aussi bien être le signe qu'un tel meurtre a déjà eu lieu et qu'il se reproduit de façon périodique, ce que semble suggérer la remarque selon laquelle «les rédacteurs utilisaient les mêmes termes à chaque occasion similaire, sans chercher à fournir le moindre renseignement réel sur un cas particulier dont on pouvait supposer qu'ils ignoraient tout eux-mêmes» (76). Ainsi, bien que Mathias affirme qu'il n'est «jamais revenu dans l'île natale» (98), il est difficile de ne pas imaginer qu'il renouvelle en réalité périodiquement son séjour dans l'île, car sinon, comment peut-on expliquer, par exemple, qu'il ait été reconnu, «vingt-cinq ou trente années» (9) plus tard, par Jean Robin, ou qu'il ait «déjà constaté en de multiples occasions» (228) le mauvais fonctionnement du commutateur de la chambre qu'il vient de louer dans l'île? Du reste, la possibilité pour Mathias d'avoir déjà parcouru l'île est d'autant plus plausible qu'avant de vendre des montres en qualité de voyageur de commerce, celui-ci exerçait, en tant qu'«électricien ambulant» (95), une profession où les déplacements sont très fréquents.

De même, les différentes séquences de *Topologie d'une cité fantôme* appartiennent toutes à un même cycle répétitif. C'est la raison pour laquelle le dernier paragraphe du roman s'ouvre par «de nouveau» (*TCF*, 201) alors que le premier se termine déjà par «de nouveau» (9). Là encore, la structure de *Topologie d'une cité fantôme* épouse celle de l'ouroboros, dont la queue est même clairement suggérée par la «C[oda]» (197) du roman — coda signifiant queue en italien — et dont la forme circulaire symbolise la voie «cyclique[30]» sur laquelle l'alchimiste chemine.

---

30. C. G. JUNG, *Psychologie et alchimie*, p. 41.

Semblablement, *Un régicide* suggère très clairement un mouvement cyclique en perpétuel recommencement. L'amorce de l'incipit — «Une fois de plus, c'est, au bord de la mer, à la tombée du jour, une étendue de sable fin coupée de rochers et de trous, qu'il faut traverser, avec de l'eau parfois jusqu'à la taille.» (*R*, 11) — met d'emblée l'accent sur l'itération du processus. Au surplus, une formule analogue revient à la fin du roman: «Puis c'est au bord de la mer, une fois de plus, à la tombée du jour...» (226) De fait, Boris se rend alors compte que la «révolution de septembre n'avait été qu'une apparence» (212) et qu'en réalité, «il n'y avait rien de changé» (213). Entre les premières et les dernières lignes du récit, un cycle s'est seulement déroulé. L'article indéfini du titre se justifie pleinement: *Un régicide* présente un régicide qui s'inscrit lui-même dans un cycle qui, une fois bouclé, est appelé à redémarrer. Dès le départ, le narrateur sait d'ailleurs qu'il termine un combat qu'il a déjà livré et dont l'issue n'est rien moins que définitive:

> Le parcours, fixé à l'avance semble-t-il, s'achève, cette fois encore, par quelque chose qui ressemble à une victoire, mais tellement provisoire, fragile, incertaine, qu'on chercherait en vain le signe qui la marque, si bien qu'aucune joie ne vient me reposer de mes travaux. (*R*, 12)

C'est pourquoi il arrive à la conviction que son épreuve, ressemblant étrangement à celle de Sisyphe[31], indéfiniment écartelé entre ces opposés que sont la base et le sommet de la montagne, est appelée à se répéter sans cesse:

---

31. Dans *Le Mythe de Sisyphe*, Camus est conscient de la condition duelle de l'homme: «Il n'y a pas de soleil sans ombre, et il faut connaître la nuit.» Du reste, il propose pour son œuvre une structuration qui, étrange coïncidence, est identique à la structure ternaire de l'alchimie (Éros y jouant le rôle d'interface entre les deux

> Peut-être ce voyage n'est-il pas terminé, peut-être la grève que je viens d'atteindre n'est-elle encore qu'une halte, sur un itinéraire qui n'est pas près de prendre fin; aussi n'était-elle pas éclairée du poteau blanc de l'arrivée, et je vais devoir passer de nouveau à travers les tourbillons et l'écume. J'ai encore des tonnes de sable à remuer [...]...» (*R*, 12)

Une façon d'échapper au cycle consisterait à abandonner l'un des opposés, en l'espèce la conscience, pour se plonger tout entier dans l'inconscient: «Ou bien, peut-être, aurait-il fallu se laisser submerger par les vagues, emporter comme un noyé hors de cette chambre [...].» (*R*, 13) C'est ce qu'ont fait les «compagnons de route» (110) de l'instance narrative au cours d'un de ces voyages: ils

> ont glissé doucement, sans bruit, sans regret, sans y penser même, par-dessus bord.

> Dans la demi-somnolence, on abandonne un bras qu'on laisse mollement flotter dans l'eau tiède, lente, offerte; gagné par cette langueur peu à peu, le corps passe insensiblement de l'air respirable au liquide de mort. (*R*, 110-111)

---

opposés): «Je voulais d'abord exprimer la négation. Sous trois formes. Romanesque: ce fut *L'Étranger.* Dramatique: *Caligula, Le Malentendu.* Idéologique: *Le Mythe de Sisyphe.* Je prévoyais le positif sous trois formes encore. Romanesque: *La Peste.* Dramatique: *L'État de siège et Les Justes.* Idéologique: *L'Homme révolté.* J'entrevoyais déjà une troisième couche autour du thème de l'amour.» Albert Camus, *Le Mythe de Sisyphe*, Paris, Gallimard, coll. «Folio», [1942] 1985, p. 167 et 8. À noter que Robbe-Grillet n'a jamais caché une certaine identité de vue avec l'auteur de *L'Étranger* : «[...] [J]e les [Sartre et Camus] ressentais comme étant non pas à proprement parler le père à détruire mais comme étant déjà moi; tout écrivain perçoit une chaîne d'antécédents qui est déjà lui [...].» A. ROBBE-GRILLET, «Monde trop plein, conscience vide», dans R. GAY-CROSIER et J. Lévi-Valensi, *op. cit.*, p. 215.

Reste que l'abandon dans l'inconscient conduit à la mort, et c'est pourquoi Boris résiste : il a choisi «de ne pas se laisser prendre» (*R*, 34) par «l'intense lumière qui vient de cet autre monde, [...] [par le] froid qui le gagnait soudain, [...] [par] l'abîme qui rapidement l'aspirait.» (33) Cependant, «tel était, provisoirement, son choix» (34). De fait, à terme, il semble bien difficile de pouvoir l'emporter sur les forces de l'inconscient, dont la poussée, petit à petit, lamine les ressources de la conscience :

> La citadelle où je vis retranché, que depuis longtemps la mer sape et menace, chancelle déjà sous chacun de mes pas hésitants ; tandis qu'au sommet du donjon, dont l'eau maintenant atteint les créneaux en apparence intacts, j'accomplirai lentement ma dernière ronde, je sentirai soudain se disloquer les pierres au milieu des vagues. Ce ne sera pas un écroulement spectaculaire ; [...] je serai mort, et il ne flottera même pas, à la surface, un petit morceau de bois pour en témoigner. (*R*, 224)

C'est précisément pour éviter la mort que les alchimistes cherchent à participer des deux opposés en un cycle ininterrompu qui trouve sa parfaite illustration dans l'image hermétique de l'ouroboros, lequel figure en effet «l'ensemble des cycles de la manifestation universelle[32]». Or, de façon analogue, dans *Un régicide*, l'unité n'est pas atteinte de façon définitive car, loin d'être statique, c'est dans le mouvement alternatif du cycle qu'elle trouve sa dynamique, qui la porte successivement à être, puis à disparaître : «[...] [L]e calme ne demeurait pas longtemps dans ce reposant absolu.» (*R*, 28) C'est ce même mouvement qui se traduit au travers du «voyage» (12) dans lequel le *je* est irrémédiablement entraîné. Voyage initiatique dont les difficultés et l'importance de l'enjeu ne peuvent que faire songer à la recherche de la Pierre philosophale, à l'*Ars Magna*,

---

32. R. Guénon, *Le Symbolisme de la croix*, p. 131.

laquelle mène à l'absolu au travers de complications auxquelles seuls quelques rares adeptes échappent à la faveur de techniques confiées sous le sceau du « *secret*[33] » :

> Il était utopique maintenant de croire que quelques-uns suivaient encore un chemin difficile, choisi pierre à pierre au milieu des décombres. Si un homme cependant, un seul homme, arrivait à poursuivre un trajet de flammes par-dessus les sables mouvants où le sol manque à chaque pas, il sauverait, jour après jour, sa vie, et tirerait du même coup, derrière soi, la longue théorie des autres hommes. Mais ce n'est qu'un feu follet qui danse sur les tourbières, peuplées de métaphores et de mirages... À moins qu'un petit nombre n'ait gagné déjà la terre ferme, chacun de son côté, par des voies incommunicables. (*R*, 29)

Or, n'est-ce pas également ce mouvement qui s'imprime non seulement entre le début et la fin d'*Un régicide*, mais aussi entre la première phrase de ce premier roman et les derniers mots de *Djinn*, dernier roman, lesquels renvoient le héros « à la case de départ » (*D*, 146), l'ensemble de l'œuvre romanesque de Robbe-Grillet apparaissant alors comme une vaste allégorie du Grand Œuvre?

---

33. R. ALLEAU, *op. cit.*, p. 31.

DEUXIÈME PARTIE

Les opposés sous l'action d'Éros

> «Ce qui est essentiel, c'est la contra-
> diction, la passion ne peut s'établir
> sans deux pôles opposés, comme un
> courant électrique, ou un champ mag-
> nétique. Ce couple en quelque sorte
> irréconciliable. Une lutte à mort [...][1].»

LA PHILOSOPHIE hermétique pose l'existence, à l'origine, d'un «homme primordial, créé [...] mâle et
femelle, c'est-à-dire androgyne[2]». Cependant, cet Adam
réfère moins à «une race préhistorique quelconque[3]»
qu'il ne symbolise «un *état*, [...] une condition spirituelle
des origines, pas tant au sens historique, que dans le
cadre d'une ontologie, d'une doctrine des états multiples
de l'être», cet état pouvant être défini «comme celui d'un
être absolu (non brisé, non "duel"), d'une totalité ou
unité pure et, par cela même, comme un état d'immortalité».

Étant donné que «tout désir comporte un mouvement vers autre chose que soi, vers quelque chose

---

1. A. ROBBE-GRILLET, cité par J.-J. BROCHIER, «Conversation
avec Alain Robbe-Grillet», p. 96.

2. J. EVOLA, *Métaphysique du sexe*, p. 289.

3. *Ibid.*, p. 69.

d'extérieur[4]», c'est sous l'impulsion d'Éros qu'«Adam engendra d'abord Ève comme une image magique (nous pourrions dire: comme une image de fièvre projetée par son désir même) à laquelle il fournit ensuite une substance terrestre[5]». Éros devient ainsi l'artisan de «la séparation [...] mise en rapport avec la chute[6]». C'est à cause de lui que l'unité se fragmente pour faire place à deux opposés disjoints.

Or, l'alchimiste vise à transformer Éros, ce «poison[,] en remède ou "nectar", [employant ainsi] aux fins de la libération [l]es mêmes forces qui ont conduit ou qui peuvent conduire à la chute et à la perdition[7]». En effet, l'androgyne une fois divisé, Éros nourrit, toujours en tant que désir de l'autre, «l'impulsion de reconstituer l'unité primordiale[8]». C'est pourquoi, compris dans son acception hermétique, c'est-à-dire comme «l'état directement déterminé par la polarité des sexes, de même que la présence d'un pôle positif et d'un pôle négatif détermine le phénomène magnétique[9]», Éros est considéré par les alchimistes comme le «maître éternel de l'Œuvre[10]». C'est donc lui cet «intermédiaire entre la nature de dieu et la nature de mortel [...] [qui] va combler la distance entre l'un et l'autre[11]». Agent désigné «sous l'épithète d'*aimant* ou d'*attractif*[12]» ou sous le nom de «*Magnésie*», il correspond au «sel [...][,] troisième acteur sans lequel

---

4. *Ibid.*, p. 171.

5. *Ibid.*, p. 291.

6. *Ibid.*, p. 70.

7. *Ibid.*, p. 315.

8. *Ibid.*, p. 68.

9. *Ibid.*, p. 40.

10. FULCANELLI, *Les Demeures philosophales*, t. II, p. 160.

11. J. EVOLA, *Métaphysique du sexe*, p. 73.

12. FULCANELLI, *Les Demeures philosophales*, t. II, p. 145.

rien ne se produirait sur la scène du Grand Œuvre[13]», puisque c'est l'agent salin qui «permet de réaliser la conjonction [...] entre l'un et l'autre des antagonistes[14]».

Si le sel alchimique possède cette vertu réunificatrice, c'est qu'à l'instar du sel chimique, formé d'un acide et d'une base, et de l'Éros mythologique, fruit également des deux opposés en tant que fils de «Poros et de Penia [...], Poros exprim[ant] l'abondance [...] et Penia la pauvreté[15]», lui-même «participe à la fois du principe mercuriel par son humidité froide et volatile (air), et du principe sulfureux par sa sécheresse ignée et fixe (feu)[16]». C'est pourquoi, figuré par la «salamandre, hiéroglyphe du *feu secret* des sages[17]», le Sel est un «médiateur igné[18]» qu'il ne faut pas confondre avec l'élément feu, lequel constitue un des symboles du Soufre, c'est-à-dire de l'opposé masculin.

Or, s'il est vrai que le texte robbe-grillétien est marqué par la présence «à chaque instant d[e] couples de contraires irréconciliables[19]», il reste que ces opposés ne se font pas face de manière statique, mais qu'ils sont engagés dans un processus dynamique, fait d'attraction et de répulsion. En outre, dans tous les romans, c'est Éros qui œuvre au sein de ce processus, ainsi que le souligne par exemple le narrateur de *Djinn*: «La lutte des sexes [...]

---

13. E. CANSELIET, *L'Alchimie expliquée sur ses textes classiques*, p. 159.

14. FULCANELLI, *Les Demeures philosophales*, t. II, p. 82.

15. J. EVOLA, *Métaphysique du sexe*, p. 88.

16. FULCANELLI, *Les Demeures philosophales*, t. II, p. 82.

17. *Id., Les Demeures philosophales*, t. I, p. 172.

18. *Ibid.*, t. II, p. 63.

19. A. ROBBE-GRILLET, cité par Jeanyves Guérin, «Rétrospection. Entretien avec Alain Robbe-Grillet», *Esprit*, n° 101, mai 1985, p. 116.

est le moteur de l'histoire.» (*D*, 19) À noter que ce narrateur possède un prénom évoquant l'unité hermétique, puisque Simon signifie en langue cabalistique «X-μόνος, *le seul rayon*[20]», et qu'il est doté de patronymes, Le/cœur (voir *D*, 7), Koer/shimen (voir 8), Kör/simos (voir 8) et Le/ cœur/ovich (voir 46), renfermant tous, littéralement ou phonétiquement, le lexème cœur, comme si Éros constituait l'agent conduisant à l'unité, personnifiée par l'«androgyne» (13 et 133).

De fait, de même que, dans l'*opus* alchimique, c'est grâce à l'action d'Éros que les opposés se métamorphosent en suivant trois phases principales, manifestées par l'Œuvre au Noir, puis par l'Œuvre au Blanc et, enfin, par l'Œuvre au Rouge, de même l'ensemble des romans robbe-grillétiens est ponctué par ces trois stades qui doivent pareillement leur succession aux effets du désir: «L'amour, ça fait faire de grandes choses.» (*D*, 49, voir 61)

---

20. FULCANELLI, *Les Demeures philosophales*, t. I, p. 250.

CHAPITRE PREMIER

L'Œuvre au Noir

> «[...] aspiré bientôt à mon corps
> défendant au sein d'un univers liquide,
> inconnu, mouvant, irrationnel, qui va
> m'engloutir, et dont le visage ineffable
> est à la fois celui de la mort et celui du
> désir [...][1]. »

DANS L'ALCHIMIE, dont la «dénomination principale
[...] est *Ars Regia*, c'est-à-dire *Art Royal*[2]», l'unité
primordiale est notamment présentée sous les traits du
«roi[3]». Au cours de la phase initiale de l'*opus*, l'Œuvre au
Noir, appelé également «*mortificatio, putrefactio,
nigredo*[4]», le «premier effet de l'"union occulte[5]"» des
opposés provoquée par le désir au sein de l'androgyne
primordial aboutit à l'éclatement de celui-ci: le «Roi [...]
meurt». L'union érotique du principe masculin et du
principe féminin implique en effet l'individualisation
préalable des opposés, lesquels étaient confondus dans
l'état idéal, «l'essence de la totalité humaine[6]», que Jung

---

1. A. ROBBE-GRILLET, *Le Miroir qui revient*, p. 37.

2. J. EVOLA, *La Tradition hermétique*, p. 3.

3. C. G. JUNG, *Psychologie et alchimie*, p. 390.

4. M. ELIADE, *op. cit.*, p. 129.

5. J. EVOLA, *Métaphysique du sexe*, p. 351.

6. C. G. JUNG, *Psychologie et alchimie*, p. 25.

appelle le «soi». La mort du roi «laisse apparaître une coloration bleu foncé ou noire, affectée au *Corbeau*, hiéroglyphe du *caput mortuum* de l'Œuvre. Tel est le signe et la première manifestation de la dissolution, de la séparation des éléments[7]». En effet, la figure unitaire du roi est fragmentée du fait que sa composante consciente, sulfureuse, s'individualise en la double personne du mari/père et du fils, et que sa partie inconsciente, mercurielle, s'incarne indifféremment dans l'épouse ou dans la fille, selon qu'intervient l'un des deux éléments de l'unité primordiale ou le fruit de l'union disjonctive.

S'ouvre alors une deuxième étape de l'Œuvre au Noir, au cours de laquelle le Soufre et le Mercure disjoints, «de nature et de tendances contraires, de complexion opposée[8]», luttent «sous l'influence du feu[9]» d'Éros jusqu'à «la mort d'un des antagonistes[10]» : c'est «le mercure [...] [qui] meurt à la fin du premier stade de l'Œuvre[11]», «inaugur[ant] par le noir, sceau de sa mortification, la série chromatique du spectre philosophal». À l'issue du combat, le principe féminin a dû, avant de mourir, s'unir à son opposé, et c'est au cours de cette union que l'inconscient est fécondé par la conscience : «[...] [L]a matrice mercurielle [...] reçoit la *teinture* ou semence du soufre, représentant le mâle [...][12].»

Ce sont ces deux *unions* successives et les métamorphoses qui en résultent qui apparaissent principalement dans les trois premiers romans de Robbe-Grillet,

---

7. FULCANELLI, *Le Mystère des cathédrales*, p. 198.

8. *Id.*, *Les Demeures philosophales*, t. II, p. 103.

9. *Ibid.*, t. I, p. 294.

10. *Ibid.*, t. II, p. 103.

11. *Ibid.*, t. I, p. 293.

12. *Ibid.*, p. 202.

Un régicide — paru en 1978, ce roman doit être considéré comme le premier puisqu'il est «[a]chevé en 1949» (*R*, 7) —, *Les Gommes* et *Le Voyeur*, bien que des épisodes de l'Œuvre au Noir interviennent également de façon incidente dans d'autres romans pourtant majoritairement consacrés aux phases ultérieures.

Les figures de l'unité primordiale

Si donc, juste avant le commencement de la première étape de l'Œuvre au Noir, règne un état de parfaite unité, il est possible de reconnaître l'androgyne primordial qui symbolise celle-ci sous les traits du «roi» (*R*, 32) d'*Un régicide*, roi appelé également le «souverain» (52), le «monarque» (76), le «prince» (80), tous vocables dont les étymons — super-, monos, princeps — suggèrent la transcendance ou l'unité. D'ailleurs, «depuis la mort de sa femme» (102), ce roi vit seul, «dans la solitude» (80), manifestant lui-même les qualités normalement inhérentes à l'opposé, lequel n'a plus, désormais, d'existence propre, de support autonome, mais se trouve incorporé au sein d'une seule et unique entité: auprès de son fils, il «remplac[e] de son mieux la tendresse maternelle absente» (102). Le roi, qui est en même temps la reine puisqu'il joue le rôle de la mère, réunit donc en une seule personne les attributs tant masculins que féminins, symbolisant par là à la fois le point de départ et le but ultime de l'œuvre alchimique, souvent représentés sous la forme d'un roi dont l'unique couronne est posée sur deux têtes, l'une masculine, l'autre féminine, ces deux têtes étant étroitement imbriquées[13]. En outre, la photographie du roi que Boris acquiert fait très largement appel au violet ou aux teintes violacées: «C'était du

____

13. Voir, par exemple, la dixième gravure du traité d'alchimie intitulé le *Rosarium Philosophorum*, reproduite dans C. G. JUNG, *Psychologie du transfert*, p. 178.

papier glacé très ordinaire, orné de couleurs désastreuses dans les mauves et les rouges vineux ; le visage lui-même avait une curieuse teinte lilas, la barbe était lie de vin.» (97-98) Or, dans la symbolique alchimique, «la couleur violette est celle que revêt l'Androgyne[14]», «matière mixte[15]» née de l'union des opposés.

Toujours dans *Un régicide*, l'unité est également représentée par «Malus» (*R*, 100) ou «le Solitaire» (68) qui, comme son nom l'indique, vit seul, sans femme, et chez lequel cohabitent les deux opposés constitutifs de l'unité. En effet, le Solitaire réunit le soleil et l'astre lunaire : «"Je suis celui que le lever du jour annonce, celui que l'on attend le soir avant de s'endormir [...]."» (91-92) ; il contient le feu et l'eau : «"[...] [J]e suis l'étoile qui guide dans la nuit le voyageur perdu ; je suis le mouvement des vagues."» (92) ; il rassemble la vie et la mort : «"Je suis dans le sang des brebis qu'on égorge [...]."» (92) ; il combine l'effet et la cause : «"[...] [J]e suis la chair de la pomme et le tronc du pommier."» (92) À noter la présence, dans ces déclinaisons d'identité, de mots qui, directement ou par métonymie, renvoient à des référents de nature religieuse, tous symboles de la dualité (c'est le cas de l'arbre de la science du bien et du mal et de son fruit[16]), ou de l'unité (c'est le cas de Jésus, l'agneau[17] immolé, et de Dieu lui-même, le «Je Suis[18]» du Iahvé

---

14. Séverin BATFROI, *Alchimie et révélation chrétienne*, Paris, Guy Trédaniel - Éditions de La Maisnie, 1976, p. 38.

15. FULCANELLI, *Les Demeures philosophales*, t. I, p. 165.

16. Voir «Genèse», II, 9 et III, 3, dans *La Bible. Ancien Testament*, t. I, Paris, Gallimard, coll. «Bibliothèque de la Pléiade», 1956, p. 7 et 9.

17. Voir «Évangile selon Jean», I, 29, dans *La Bible. Nouveau Testament*, p. 273.

18. Voir «Exode», III, 14, dans *La Bible. Ancien Testament*, t. I, p. 182.

biblique). Certes, si le Solitaire et le roi étaient tous deux dotés d'une réalité bien distincte, cette dualité pourrait compromettre leur statut de représentation de l'unité. Mais il n'en est rien, puisque ces deux personnages, finalement, n'en font qu'un. En effet, par exemple, les yeux du roi, «prunelles [qui] se mirent à briller d'un éclat insupportable» (103), se confondent avec ceux du Solitaire: «[...] [S]es yeux étaient clairs dans la nuit comme ceux des rapaces [...].» (105) En fait, il n'existe qu'une unité, mais cette unité épouse des formes différentes — celle du roi et celle du Solitaire — en fonction des sous-espaces, capitale ou île, dans lesquels elle s'inscrit.

Pareillement, l'unité se manifeste, dans *Les Gommes*, au travers de l'«existence très solitaire» (*G*, 73) de Daniel Dupont. Certes, celui-ci «a été marié» (74), mais pendant «deux années» (181) seulement et, même au cours de cette période, cet «ermite» (74) «ne quittait guère son cabinet de travail [...], il n'en sortait que pour aller faire ses cours [...]; aussitôt rentré il remontait s'y enfermer» (183); comme un «moine» (183) qui n'est «pas fait pour le mariage» (182), il «était seul et n'en souffrait pas» (182). Par ailleurs, Dupont est détenteur de la «croix de guerre» (30). Or, dans la philosophie hermétique, la croix symbolise «la réalisation de l'"Homme Universel[19]"», c'est-à-dire de «l'ensemble "Adam-Ève"», l'entité androgyne précédant la chute. Dupont est également «chevalier du Mérite» (30). Là encore, l'indication n'est certainement pas innocente, puisque «la *chevalerie* ou cabalerie médiévale [...] [véhicule un] lourd bagage de vérités ésotériques[20]» et qu'un certain nombre

---

19. R. GUÉNON, *Le Symbolisme de la croix*, p. 25 et 27.

20. E. CANSELIET, *L'Alchimie expliquée sur ses textes classiques*, p. 101.

d'alchimistes, Eugène Canseliet en tête, se donnent volontiers le titre de chevalier[21]; dans les *Romanesques*, Robbe-Grillet rapproche d'ailleurs à de multiples reprises le comte de Corinthe, «dressé sur son cheval blanc[22]», des chevaliers mythiques du Moyen Âge[23].

Symbole de l'unité, Dupont l'est encore par son nom: le pont est «la voie qui unit les deux rives[24]», ces deux rives étant autant les deux moitiés de la ville des *Gommes* que, sur le plan hermétique, «le ciel et la terre, qui étaient unis au commencement[25]». Par ailleurs, Dupont demeure sans cesse dans un état d'équilibre émotionnel défini par la «sérénité» (G,181), échappant ainsi aux états affectifs opposés, extrêmes: «Il n'était pas triste... Il n'était pas gai [...].» (181) Son âge, «cinquante-deux ans» (30), constitue enfin un signe qui va dans le même sens. En effet, ce nombre, celui des semaines d'une année, représente déjà à ce titre la totalité, mais additionné «théosophiquement[26]», il donne sept, lequel, après la même opération, aboutit à l'unité[27].

En outre, plusieurs indices de l'unité figurent dans le «petit hôtel particulier» (*G*, 18) que Daniel Dupont habite. Cette villa est notamment située à «l'angle» (18)

---

21. Canseliet se désigne par exemple comme «Frère Chevalier d'Héliopolis» dans les commentaires qu'il donne au texte de [ALTUS], *L'Alchimie et son livre muet* [*Mutus Liber*], Paris, Jean-Jacques Pauvert, 1967, p. 80.

22. A. ROBBE-GRILLET, *Le Miroir qui revient*, p. 20.

23. Voir *id.*, *Les Derniers Jours de Corinthe*, p. 146-147.

24. R. GUÉNON, *Symboles de la science sacrée*, p.363.

25. *Ibid.*, p. 362.

26. Christiama NIMOSUS, *Étude sur des nombres occultes*, Paris, Guy Trédaniel, 1985, p. 378.

27. «*Sept* est une unité parce que l'addition théosophique des sept nombres soit: 1 + 2 + 3 + 4 + 5 + 6 + 7 = 28 et 28 c'est 2 + 8 = 10, c'est-à-dire : 1+ 0 = 1.» Camille CREUSOT, *La Face cachée des nombres*, Paris, Dervy-Livres, [1977] 1987, p. 224.

du Boulevard Circulaire et de la rue des Arpenteurs, en plein «carrefour» (131): c'est dire que le symbole unitaire de la croix est à nouveau convoqué. Au surplus, cette position médiane s'ordonne par rapport à deux opposés: l'aspect courbe, galbé, onduleux et, par conséquent, féminin, du Boulevard Circulaire d'une part et, d'autre part, le caractère métrique, comptable, rationnel, et donc masculin, de la rue des Arpenteurs. Autre point: dans cette maison, le «dallage du vestibule est noir et blanc» (243). Or, ce damier est le «symbole maçonnique du "pavé mosaïque[28]"», lequel constitue «un exact équivalent du symbole extrême-oriental du *yin-yang*» où «la juxtaposition du blanc et du noir représente naturellement la lumière et les ténèbres, le jour et la nuit, et, par suite, toutes les paires d'opposés». Enfin, le vestibule une fois franchi, on accède au «seul étage» (18) par un escalier qui «se compose de vingt et une marches de bois, plus, tout en bas, une marche de pierre blanche [...] dont l'extrémité libre, arrondie, porte une colonne [...] terminée en guise de pomme par une tête de fou» (24). Doté de vingt-deux marches, cet escalier renvoie, selon l'indication fournie par Robbe-Grillet lui-même, aux vingt-deux lames majeures du tarot, comprenant vingt et une lames numérotées auxquelles s'ajoute une carte qui, dépourvue de numéro, est appelée le Mat. Or, cette carte est aussi «intitulée le Fou ou l'Alchimiste[29]», et le nombre vingt-deux, lui, «selon la Kabbale, représent[e] l'Univers[30]» et marque un terme qui, en même temps, constitue un retour à l'unité[31]. Par conséquent, en gravissant

---

28. R. GUÉNON, *Symboles de la science sacrée*, p. 285.

29. FULCANELLI, *Les Demeures philosophales*, t. I, p. 307.

30. J. CHEVALIER et A. GHERBRANT, *op. cit.*, p. 924.

31. «22 c'est 2 + 2 = 4. Ce quatre [...] nous ramène à *l'Unité*, à Dieu (1 + 2 + 3 + 4 = 10 = 1 + 0 = 1).» C. CREUSOT, *op. cit.*, p. 368.

les vingt-deux marches de son escalier, Daniel Dupont arrive sur un «palier» (24) qui figure en fait l'idéal du Grand Œuvre.

Une autre personnification de l'unité est visible dans *La Maison de rendez-vous*, un roman où l'Œuvre au Noir n'occupe pourtant pas la première place. En effet, Édouard Manneret est présenté comme un «fou» (*MRV*, 32 et 161, voir 126) possédant une «canne» (161, 178 et 201). Or, dans l'iconographie alchimique, le fou est doté d'une marotte, laquelle «ne diffère pas du *caducée*[32]» d'Hermès. De plus, il est facile d'identifier Manneret comme le «roi» (32) d'*Un régicide*, celui-ci ayant «une barbiche poivre et sel» (*R*, 77, voir 79) et celui-là une «barbiche grise» (*MRV*, 170). Par ailleurs, le nom de Manneret est accolé par le narrateur à celui d'un sculpteur, «R. Jonestone» (185 et 57), autrement dit la *pierre jaune*, c'est-à-dire la Pierre philosophale, dont l'or «est jaune ou jaune rougeâtre[33]». À noter qu'un étymon proche de la pierre, *Berg*, la montagne, peut être repéré dans le patronyme d'Éva «Bergmann» (92, 96 et 185), ce qui signifie que Lady Ava, par son prénom, s'identifie au Mercure, Ève étant un symbole alchimique du principe féminin[34], et que, par son nom, elle se présente comme l'épouse (voir 208) de l'*homme de la montagne*, du *mineur* qui extrait la Pierre philosophale «du sein de la Terre[35], en d'autres termes comme l'épouse morte (voir *R*, 102) du roi d'*Un régicide*, la «pauvre mère [...][, qui n'est plus] de ce monde» (*MRV*, 116) de Johnson et, partant, l'épouse décédée du père (voir 115) de celui-ci, Manneret.

---

32. FULCANELLI, *Les Demeures philosophales*, t. I, p. 307.

33. C. G. JUNG, *Psychologie et alchimie*, p. 249.

34. Voir FULCANELLI, *Les Demeures philosophales*, t. I, p. 221.

35. M. ELIADE, *op. cit.*, p. 34.

Au demeurant, celui-ci rassemble bien les deux opposés en lui ou autour de sa personne. En effet, parce qu'il habite «de ce côté-ci de la baie» (*MRV*, 109), c'est-à-dire «sur la terre ferme» (91), qu'il «veille en général la nuit entière» (113, voir 161), qu'il «écrit» (66 et 70) et qu'il est «médecin, chimiste» (167), il représente la conscience. Mais il accueille tout autant l'inconscient, puisqu'il est «perdu dans des pensées obscures» (115), que c'est un «féticheur» (167), un «vieux drogué» (116, voir 114 et 175) disposant, en tant que «milliardaire» (169, voir 167), d'énormément d'*argent*, c'est-à-dire d'énergie féminine, ce métal symbolisant en alchimie le principe passif[36]. En outre, il demeure dans une «maison climatisée» (171, voir 113 et 117), mais il a le «regard fiévreux» (115, voir 73). Bref, en tant qu'«agent double» (202), il est tout à fait comparable à Janus *bifrons*, que les tenants de l'hermétisme considèrent comme le symbole de l'unité en sa qualité de «Maître des deux voies[37]». Celles-ci trouvent d'ailleurs chez Manneret leur synthèse dans un «état de demi-conscience» (114).

Manneret, en tant que figure de l'unité, réapparaît dans *Projet pour une révolution à New York* en la personne d'«Emmanuel Goldstücker» (*PRNY*, 151). De fait, ce personnage est lui aussi un «banquier» (192) «milliardaire» (57 et 131) et «puissant» (131), un «vieil oncle fou» (209), un «vieux débile» (152). D'ailleurs, Goldstücker est nommément rapproché d'«Édouard Manneret» (66) par le narrateur. En outre, le prénom du personnage, Emmanuel, vient «de l'hébreu "imm-el", ce qui veut dire Dieu avec nous[38]» et, du reste, «[d]ans un

---

36. Voir J. EVOLA, *La Tradition hermétique*, p. 47.

37. R. GUÉNON, *Symboles de la science sacrée*, p. 229.

38. Jean-Marc de FOVILLE, *Les Prénoms de vos enfants*, Paris, Hachette, 1993, p. 256.

certain nombre de liturgies, Jésus est appelé l'Emmanuel». Son nom, Goldstücker, qui peut se traduire de l'allemand par *éclat d'or*, est également tout indiqué pour symboliser l'unité, puisque «la transmutation des "métaux" en "or[39]"» constitue le but des recherches alchimiques. Par ailleurs, de même que Manneret possède un «fils» (*MRV*, 114 et 10, voir 116), Johnson, *le fils de Jean*, le fils du «roi Jean» (R, 148), de même «le vieux Goldstücker» (*PRNY*, 190) peut avoir un fils en la personne de Ben Saïd, puisque ce nom, signifiant en arabe «fils[40]» du «bienheureux, [...] [de] l'élu[41]» du paradis, n'est pas sans évoquer le statut divin de l'Adepte.

Éros, facteur de disjonction

Cependant, l'unité n'est pas appelée à perdurer. Bien au contraire, avec l'amorce de la *nigredo*, phase de l'Œuvre qui est marquée par le «meurtre du roi[42]» et dont le «corbeau est un symbole[43]», l'unité éclate. Pareillement, chez Robbe-Grillet, le régicide a lieu au moment même où «les corbeaux [...] se mettent soudain à croasser tous ensemble» (*STO*, 94-95, voir 2 et 93).

Pour la pensée hermétique, c'est Éros qui est responsable de la chute, de la perte de l'unité primordiale: «[...] [L]a cause de la mort est l'amour [...][44].», lit-on chez

---

39. R. ALLEAU, *op. cit.*, p. 34.

40. A.-L. de PREMARE, *Dictionnaire arabe-français*, Paris, L'Harmattan, 1993, t. I, p. 310.

41. *Ibid.*, t. VI, p. 100.

42. C. G. JUNG, *Psychologie et alchimie*, p. 431.

43. *Ibid.*, p. 301.

44. HERMÈS TRISMÉGISTE, *Corpus hermeticum*, texte établi par A. D. Nock et traduit par A.-J. Festugière, Paris, Les Belles Lettres, 1945, t. I, 18, p. 13.

Hermès Trismégiste. Or, le «*Régicide*» (*R*, 58) est appelé Red. Si la couleur rouge qui se profile derrière ce patronyme représente traditionnellement l'«image [...] d'Éros libre et triomphant[45]», celui-ci peut logiquement apparaître comme le responsable de la disjonction de l'unité. Au début du roman, Red est mort. Or, son cadavre est trouvé, non dans la pleine conscience du centre de la capitale, mais «en banlieue» (56) et, qui plus est, dans un «terrain vague» (56) où, malgré l'indication portée «sur une pancarte rouge — Attention ! Grands travaux —» (38), règne l'inactivité: « [...] [L]'ouvrage était interrompu depuis très longtemps[...].» (39) C'est donc dans un environnement appartenant à celui de la conscience, mais où celle-ci est fortement altérée, que Red meurt, c'est-à-dire meurt à la conscience, pour passer dans le monde inconscient. D'ailleurs, c'est là, dans l'île, qu'il est maintenant question de Red, dans des termes qui ne sont pas sans évoquer la nature ignée de l'Éros alchimique: «"Son corps avait la couleur vivante de la flamme."» (59-60)

À partir du moment où Red est arrivé dans l'inconscient, c'est dans l'île que, désormais, l'ardeur d'Éros imprime peu à peu sa marque: «Insensiblement, l'hiver s'efface.» (*R*, 85) De plus, arrivent les insectes porteurs de «fièvres» (91) et «d'étranges maladies de langueur qui [...] retiennent au lit, quelquefois, pendant toute la saison d'été» (90). «L'été revient [...].» (117) «Il fait chaud [...].» (134) Les sirènes, matérialisation, sous l'effet du désir, du principe «féminin de l'inconscient[46]», apparaissent. Le Solitaire, en tant que symbole de l'unité, devine le danger encouru du fait de ces «démons de l'été, [...] terrifiants poissons humains descendus des mers chaudes» (142). C'est pourquoi «il paraît soucieux, mal en point, comme

---

45. J. Chevalier et A. Gherbrant, *op. cit.*, p. 832.

46. C. G. Jung, *Psychologie et alchimie*, p. 73.

si la belle saison ne lui réussissait pas» (141). De fait, le narrateur, assimilé alors à Boris (voir 151), multiplie, à l'instar des autres hommes qui vivent «avec les sirènes» (153), ses rencontres avec Aimone, l'une d'entre elles, et s'unit à elle: «Dissous dans la tiédeur liquide nous nous aimons, à demi noyés tous les deux...» (149) Or, conformément à la première étape de l'Œuvre au Noir, cette union des principes masculin et féminin consomme en réalité leur irrémédiable division, faisant du même coup s'évanouir, dans l'île, le support inconscient de l'unité: «Malus avait disparu [...].» (153)

La «violence» (*R*, 116) de la tempête, où il est possible de déceler la manifestation de la nature ouranienne de l'Éros alchimique, est telle que la tourmente émerge à la surface de la conscience, c'est-à-dire dans la capitale, envahie par l'inconscient: «Les fronts soucieux se lèvent, attendant le retour du soleil, il fait nuit depuis un temps beaucoup trop long.» (108), «les signaux lumineux sont bloqués sur le rouge» (108), «le flot s'écoule, emportant tout à la dérive» (108). L'être humain se retrouve privé de sa conscience: «Un rat [...] n'a plus d'yeux pour voir sa tête sectionnée qui le regarde à quelques mètres, étonnée du corps qui l'a si longtemps soutenue.» (108). Il attend avec anxiété l'arrivée d'Éros, l'arrivée «des étalons déments» (224), «des chevaux, quatre chevaux rouges» (113). L'envahissement de la conscience par Éros provoque le dédoublement, dans la capitale, de la mort du Solitaire par la mort de l'autre figure de l'unité, par la mort du «roi» (173). C'est Boris, dont l'étudiant Red constitue l'un des avatars — celui-ci étant installé sur le «siège» (208) de bureau de celui-là —, qui commet le régicide. Or, Boris et sa victime ne forment qu'un individu: «Boris frappe, puis retire l'arme vivement et reste stupéfié comme si lui-même venait de recevoir le choc...» (127, voir 162-163). C'est pourquoi il est compréhensible que le meurtre soit présenté comme une «sorte de suicide» (147): «Tout se passait comme si lui-même [le roi] arrêtait l'ascenseur à la plate-forme obscure pour s'enfoncer la lame dans le cœur et la tendre ensuite, rouge de son sang, à Boris son seul ami, son unique parent, en gage d'affection.» (147) En fait, Boris/Red personnifie une des composantes du roi qui se trouve associée à la cause de l'éclatement de l'unité.

Or, comme dans *Un régicide*, c'est Éros qui apparaît, dans *Les Gommes*, comme l'instrument de la disjonction des opposés et, partant, comme le responsable de la rupture de l'unité. De fait, aussi longtemps que Dupont, pourtant marié, c'est-à-dire d'essence duelle, n'est pas préoccupé par son épouse, c'est-à-dire tant qu'il garde à celle-ci une existence intrinsèque, l'unité est préservée. Mais, dès lors que Dupont extériorise, sous l'effet du désir, sa composante féminine, figurée par Evelyne, sa femme, l'unité est aussitôt battue en brèche. Ainsi, quand, avec «une expression presque grivoise, qui a quelque chose de vulgaire, de satisfait, d'un peu répugnant [...], Dupont tourne à gauche vers la chambre à coucher, dont il pousse la porte, sans prendre la peine de frapper...» (*G*, 188), pour y rejoindre sa «trop charnelle épouse» (187), alors, «[d]eux coups de revolver claquent. Dupont s'écroule, sans un cri, sur la moquette du couloir» (188).

C'en est fini de l'unité, dont la destruction est illustrée par le «paysage romantique représentant une nuit d'orage: un éclair illumine les ruines d'une tour; à son pied on distingue deux hommes couchés, endormis malgré le vacarme; ou bien foudroyés? Peut-être tombés du haut de la tour.» (*G*, 24) Placé «[a]u-dessus de la seizième marche» (24) de l'escalier de la villa de Dupont, ce tableau renvoie, ainsi que Robbe-Grillet l'a lui-même confirmé[47], à la seizième lame du tarot, la Maison-Dieu, la tour «décapit[ée][48]», laquelle, illustrant «l'homme prétendant parvenir jusqu'à la divinité par les seuls moyens d'une intellectualité rationalisante[49]», dépeint parfaitement Dupont réduit à sa seule composante consciente. De plus, dans ce tableau, l'un des deux personnages foudroyés «porte des habits royaux, sa couronne d'or brille dans l'herbe à côté de lui» (243). Ainsi caractérisé, Daniel Dupont prend bien la relève des deux personnages qui, dans *Un régicide*, symbolisent déjà l'unité perdue.

Là encore, le meurtrier, l'«adolescent [qui] a surgi du cabinet de travail» (*G*, 188), est un parent de la victime, son «fils» (203). Mais l'assassin est tout autant Garinati (voir 104), ou Wallas, ce «Maurice» (205) qui «appuie sur la gâchette» (252), ou Dupont lui-même. En effet, Garinati, un homme «de petite taille» (20), «aux vêtements minables» (257) et «à la mine souffreteuse» (258), ressemble fort à l'étudiant «vêtu avec beaucoup de simplicité, petit, un peu chétif» (200), qui est présenté comme le fils de Dupont. Cependant, ce même Garinati est un double de Wallas puisque les deux personnages prennent les mêmes attitudes, l'un étant «appuyé contre la légère balustrade en fer qui sert de garde-fou» (20) et l'autre «adoss[é] au garde-fou» (45). Par ailleurs, Wallas est reconnu, à la fois par l'ivrogne (voir 116) et par l'employée des postes (voir 167), comme étant l'assassin,

---

47. «La seizième marche correspond à l'arcane seize, la tour abolie, dont on peut reconnaître la description.» A. Robbe-Grillet, cité par C. Bonnefoy, «Alain ROBBE-GRILLET: "Les procédés sont faits pour être détruits."», p. 20.

48. O. WIRTH, *Le Tarot des imagiers du Moyen Âge*, Paris, Tchou, 1966, p. 212.

49. Edmond DELCAMP, *Le Tarot initiatique. Étude symbolique et ésotérique*, Paris, Le Courrier du Livre, 1972, p. 323.

le «grand type en imperméable» (119) qui s'appelle «André VS» (167). Or, celui-ci est «coiffé d'un feutre clair dont le bord rabattu masque le haut du visage» (120) et l'un de ses verres de lunettes est «plus foncé» (194), alors que Daniel Dupont «porte un chapeau de feutre à larges bords qui dissimule entièrement le front» (247) et «une paire de lunettes médicales, dont un des verres est très foncé et l'autre beaucoup plus clair» (247). Le tueur et sa victime se confondent donc. D'ailleurs, André VS s'appelle également «Albert VS» (193), à l'instar de Daniel Dupont qui, assassiné, devient lui aussi «Albert Dupont» (16 et 258).

De même, c'est pour avoir consommé la «chair des femmes» (*MRV*, 11) qu'Édouard Manneret perd la vie. En effet, «atteint de vampirisme et de nécrophilie» (167), celui-ci «particip[e]» (168) à l'un des «festins rituels» (168) au cours desquels le corps de Kito est «servi» (167): dans «un restaurant réputé» (167 et 200) d'Aberdeen, il mange ainsi «la prisonnière» (43), «la captive» (45) «qui se tord sous l'effet d'on ne sait quelle extase, ou quelle douleur» (75), comme les poissons «tout vifs, tordant leur corps brillant prisonnier des mailles» (201). Absorbant le principe féminin, dont le poisson est un des symboles alchimiques, puisque celui-ci «caractérise le principe humide et froid de l'Œuvre[50]», Manneret meurt à la conscience et, tout à la fois, perd son unité en basculant dans la polarité saturnienne, qui est celle du plomb, du Mercure, de l'inconscient. Aussi est-il normal que Manneret, déjà qualifié de fou, soit également traité de «Vieux» (70). En effet, ces deux traits le rapprochent de «*Saturne* ([...], *le vieillard, le fou*[51])», le «vieillard fabuleux

---

50. FULCANELLI, *Les Demeures philosophales*, t. II, p. 148.

51. *Ibid.*, p. 29.

[qui] dévore sa progéniture[52]». Pour peu que l'on se rappelle que l'alchimiste, «le Philosophe [...][, est] celui qui sait faire le verre[53]», l'une des morts de Manneret, provoquée cette fois par l'éclat d'un «verre» (171) brisé, traduit bien la cassure que vient de subir l'unité, le verre cassé correspondant à la ruine de l'Œuvre, d'où l'«effroi, [...] [l']horreur» (65), «de la panique, ou comme du désespoir» (82), manifestés chaque fois qu'un verre se brise (voir 65 et 81).

Par ailleurs, possédant à l'instar de Daniel Dupont un «œil égrillard» (*MRV*, 116), Manneret est également tué par un «policier» (173) qui, comme Wallas, appartient à l'univers de la conscience. Une autre version montre Manneret assassiné par Johnson, son fils, lequel lui réclame de «l'argent» (115) comme le fils de Dupont qui cherche à «obtenir [de son père] d'importants subsides» (*G*, 201). En fait, Johnson et Wallas, en tant que fils, représentent, comme Boris/Red à l'égard du roi, la partie consciente qui, sous l'action du désir, s'est détachée de Manneret-Dupont, figure fragmentée d'une unité défunte. À preuve le «poisson ovale, avec ses trois nageoires, sa queue triangulaire et son gros œil rond» (*MRV*, 176) dessiné par le meurtrier de Manneret, puisque ce «*poisson* mystique[54]», une «*sole* (lat. *sol, solis*, le soleil[55])», est le symbole alchimique du principe masculin, le «soufre, l'enfant nouvellement né, le *petit roi*[56]».

---

52. *Ibid.*, p. 190.

53. E. CANSELIET, commentaires dans [ALTUS], *op. cit.*, p. 106.

54. FULCANELLI, *Les Demeures philosophales*, t. I, p. 198.

55. *Id., Le Mystère des cathédrales*, p. 191. Dans l'esprit de Fulcanelli, la mention figurant entre parenthèses ne donne pas l'étymologie du mot sole, mais vise à en indiquer la signification symbolique conformément au principe phonétique de la langue des alchimistes.

56. *Id., Les Demeures philosophales*, t. II, p. 28.

Le règne de la dualité

L'Œuvre, désormais, est de la responsabilité du fils. C'est pourquoi Johnson se trouve dans l'obligation de se «marier» (*MRV*, 115), de se joindre à son opposé afin de reconstituer l'unité détruite, symbolisée par le «vieux roi [...] Boris» (161), lequel réapparaît du reste dans *Projet pour une révolution à New York* en gardant le même statut fantomatique. En effet, au «tapage» (*MRV*, 208, voir 161) et aux «bruits de canne» (209) qui viennent de «là-haut» (209) répondent les «coups» (*PRNY*, 44, 120 et 209) frappés «à l'étage au-dessus» (45) par le même «vieux roi Boris» (209). Celui-ci «cherch[e] à communiquer un message» (209, voir 121) comme son prédécesseur «appelle à l'aide» (*MRV*, 209), engagé qu'il est maintenant dans un «voyage» (76) «lointain» (83) et «nécessaire» (176). Aussi, comme Mathias, l'Américain a-t-il «des dons certains pour le commerce» (166), pour le«commerce» (83) qui s'exerce dans «une des chambres du deuxième étage» (83) d'une *maison de rendez-vous*, où il compte parmi les «initiés» (99). Cherchant à disposer d'«une préparation appartenant pour moitié à la science des plantes et pour moitié à la magie, dont il avait découvert la recette dans une édition récente d'un livre religieux de l'époque Tchéou» (166), Johnson compte utiliser ce «breuvage» (167) pour des «expériences d'envoûtement sur lesquelles il fond[e] sa richesse future» (165). Muni d'une telle ambition, ne ressemble-t-il pas à un alchimiste qui, ayant lu par exemple l'édition parue en 1956, aux Éditions de Minuit, des *Douze Clefs de la philosophie*, traité datant de 1624, viserait à obtenir la Pierre philosophale, laquelle «assure à l'heureux possesseur de ce trésor le triple apanage du savoir, de la fortune et de la santé[57]»? De l'alchimiste, Johnson possède en

---

57. *Id.*, *Le Mystère des cathédrales*, p. 125.

tout cas l'une des qualités requises, à savoir «la Patience[58]», puisqu'il affirme dans sa chambre de «l'hôtel Victoria» (91): «J'attendrai aussi longtemps qu'il sera nécessaire... Et un jour...» (56)

Dans *Les Gommes*, l'unité éclatée fait place à ses deux opposés constitutifs: Evelyne, l'élément féminin, inconscient, et Wallas, ce policier symbolisant tout naturellement l'élément masculin, conscient et rationnel. C'est pourquoi il n'est pas étonnant de retrouver ce couple d'opposés, «Wallas et sa mère» (*G*, 238), séjournant dans la ville à la recherche de «son père» (239), c'est-à-dire à la poursuite de l'unité perdue. Celle-ci ne pourrait se reconstituer que par la réunion de la mère et du fils. Certes, la situation n'est pas sans rappeler celle de Jocaste, et les commentateurs[59] ont relevé à juste titre dans *Les Gommes* de nombreuses allusions au mythe d'Œdipe. Mais peut-être ont-ils eu tort, faute d'avoir percé à jour la symbolique du lien de *parenté* qui unit Wallas, son père et sa mère, de réduire ce mythe au simple complexe popularisé par Freud et de négliger ainsi le travail de réécriture que souligne Robbe-Grillet lui-même: «[...] [L]e mythe [est] pour moi rétrogradé en position de matériau, et [...] je le parl[e] autrement sans me soucier de son sens[60].» Aussi est-il sans doute possible de voir bien plutôt dans l'inceste virtuel des *Gommes* l'archétype qui, selon Jung, «dérive

---

58. E. CANSELIET, préface à R. ALLEAU, *op. cit.*, p. 11.

59. Voir B. MORRISSETTE, *Les Romans de Robbe-Grillet*, p. 53-54.

60. A. ROBBE-GRILLET, intervention dans la Discussion qui suit la Communication de Michael Spencer, «Avatars du mythe chez Robbe-Grillet et Butor: étude comparative de *Projet pour une révolution à New-York* et *Mobile*», dans J. RICARDOU, *Robbe-Grillet: analyse, théorie. Colloque de Cerisy*, t. I «Roman/ Cinéma», p. 92-93.

logiquement du type originel de l'hermaphrodite[61]», ce *hiérosgamos* incestueux, très présent dans les textes alchimiques, figurant «la relation double, consciente et inconsciente, de l'adepte[62]» et de «l'épouse (*sponsa*) naturelle, à la fois mère, sœur, fille et femme[63]».

Chez Wallas, la quête de l'unité idéale est symbolisée par la recherche d'une gomme, «objet fictif» (*G*, 133) qui se présente «sous la forme d'un cube» (132). En effet, cette structure géométrique, obtenue en traçant «la croix symbolique à trois dimensions[64]», figure la réalisation de «la totalisation même de l'être», c'est-à-dire l'atteinte de l'unité. De plus, ce cube «jaunâtre» (132) fait songer à l'or philosophique, c'est-à-dire à la Pierre philosophale. Cette gomme tant recherchée correspond par conséquent au *dessein* de Wallas de retrouver son père, de rejoindre l'unité: c'est «une gomme [...] pour le dessin» (65), une gomme que doit certainement utiliser l'«"artiste" qui est en train de dessiner "d'après nature"» (131) le pavillon de la rue des Arpenteurs, symbole, on l'a vu, de l'unité, à l'instar de l'alchimiste, de l'Artiste, à qui il incombe de rechercher la «Vérité [...] dans la Nature[65]».

En toute logique, cette gomme tant convoitée conduit Wallas chez Evelyne, l'élément féminin dont l'adjonction pourrait permettre le rétablissement de l'unité et, à cette fin, elle suscite chez l'Agent spécial le

---

61. C. G. JUNG, *Les Racines de la conscience. Études sur l'archétype*, p. 81.

62. *Id., Psychologie du transfert*, p. 85-86.

63. *Ibid.*, p. 91.

64. R. GUÉNON, *Le Symbolisme de la croix*, p. 122.

65. E. CANSELIET, «L'Alchimie aujourd'hui», *Magazine littéraire*, n° 98, mars 1975, p. 26.

désir, la gomme jouant alors, entre les opposés, le rôle de médiateur qui est précisément la fonction de ce que Marie la Juive décrit, dans un traité relatif au mariage alchimique, comme «la *"gomme d'Arabie"* [...], *nom secret de la substance transformante du fait de ses propriétés adhésives*[66]». Ainsi, diviseur de l'unité, Éros se mue, conformément à la pensée alchimique, en potentiel réunificateur. D'emblée, il annonce la couleur: la Papeterie Victor Hugo est signalée par «une pancarte rouge» (*G*, 130 et 178). Wallas regarde les «lèvres charnues légèrement entrouvertes» (66) de la vendeuse, une «très jeune fille» (65) qui se révèle finalement être presque «une femme» (66). Une autre fois, il est accueilli d'une façon à ce point équivoque que la boutique prend des allures de *maison de rendez-vous*: «Déjà la commerçante l'interroge d'un regard aimablement professionnel: "Monsieur désire?"» (132). Du reste, cette femme au visage «un peu provocant» (178) réagit aux propos de Wallas comme à «une plaisanterie galante» (178); c'est une «jeune femme avenante» (185), au «petit rire de gorge... chaud et provocant...» (186).

Cependant, la gomme reste introuvable, l'inceste salvateur, qui eût permis la *conjunctio oppositorum*, n'est pas commis. Éros, en effet, ne colore pas en rouge cette Pierre philosophale que pourrait être «le seul bibelot» (*G*, 26) du cabinet de travail de Dupont, «une pierre cubique» (39), un «cube de pierre vitrifiée» (244) et «pesant comme l'or» (26): dans ce «bloc luisant de lave grise» (26), le feu du désir ne brûle plus. Loin de représenter la phase finale du processus alchimique, ce cube réfère ainsi bien plutôt au «Loup gris[67]», c'est-à-dire à

---

66. C. G. JUNG, *Psychologie et alchimie*, p. 210.

67. Frère Basile VALENTIN de l'ordre de Saint-Benoît, *Les Douze Clefs de la philosophie*, Paris, Les Éditions de Minuit, 1956, p. 103.

l'antimoine, l'une des appellations de la matière première du Grand Œuvre[68], et renvoie par conséquent au
tout début de l'*opus*, à l'Œuvre au Noir.

De façon analogue, dans *Un régicide*, depuis la mort
du roi, l'opposition entre les deux principes ne fait que
s'affirmer: Aimone, dit l'instance narrative, «sait bien
que je ne pourrais pas vivre sans air et je me prends à
maudire cette eau qui nous sépare» (*R*, 149). En suscitant
et en nourrissant le désir de l'autre, Éros a posé en fait
l'existence d'un autre et, partant, il a entraîné la mort de
l'unité. C'est la raison pour laquelle «certaines divinités
antiques [...] sont à la fois divinités de l'Amour et de la
Mort[69]». Pareillement, Red est présenté comme «un
jeune homme jouant avec un grand chien noir» (42),
lequel peut être identifié à Thanatos. En outre, l'excès de
chaleur aboutit finalement à tuer dans l'île toute trace de
vie:

> [...] [L]es dunes surchauffées reprenaient leur aspect de
> végétation morte. À l'intérieur de l'île, après la luxuriance
> du premier soleil, les belles couleurs viraient rapidement
> au gris jaunâtre: c'était à peu de chose près, quoique plus
> poussiéreuse, la teinte de l'hiver. (*R*, 151-152)

Les feux d'Éros une fois éteints, le froid est donc de
retour: «Il pleut depuis deux jours seulement et c'est
comme s'il n'avait jamais cessé de pleuvoir. Une à une,
avec les belles journées, sont parties les sirènes; mais qui
d'entre nous les regrette, maintenant que le soleil a cessé
de briller?» (*R*, 185) Alors, le symbole de l'unité peut
apparaître à nouveau: «[...] [L]a petite voix [du roi] parlait
toujours dans sa barbiche...» (178)

Cependant, si le monarque est vivant, il s'en faut de
beaucoup qu'il ne soit parfaitement restauré: il est

---

68. Voir R. ALLEAU, *op. cit.*, p. 119.

69. J. EVOLA, *La Tradition hermétique*, p. 157.

«malade» (*R*, 193), et l'assaut de l'inconscient a été tel que, le jour de «la reconsécration de la cathédrale de Retz» (193-194), c'est-à-dire au moment où la conscience raisonnable, représentée par le parti de l'Église, tend à reprendre le dessus, il pleut dans la basilique: «[...] [I]l y tombait presque autant d'eau qu'au dehors [...].» (196) En effet, désormais, le «roi Jean» (148) règne, mais il ne gouverne pas: le parti favorable au roi, c'est-à-dire le parti de l'harmonie unitaire, parti de la perfection immuable, lequel, en bonne logique, propose «l'édification de vastes maisons de repos» (39), rassemble moins de 5 % des votants. C'est dire que le roi ne constitue que l'image immatérielle de l'unité idéale; il n'a pas d'existence réelle: il n'est «qu'une abstraction, même pas un symbole, en aucune façon un être humain» (76). Aussi, «discret et favorable au plus fort» (65), a-t-il pour fonction principale, après avoir tenté en vain de «constitu[er] son ministère» (119), de céder le pouvoir au «parti le plus fort» (119).

Ce parti est celui de l'Église, qui, en tant que «mouvement ouvrier» (*R*, 19), représente la figure du principe actif. Disposant d'un organe de presse qui s'appelle «l'Action» (30), l'Église met effectivement en avant les «exigences supérieures de l'action» (66), souhaitant que les citoyens «sortent de leurs songes et se décident à organiser l'État, au lieu de vivre dans le chaos» (67). Elle apparaît donc également comme le «parti de l'ordre» (65), parti de la conscience éveillée et dirigée par la raison. Résolument hostile aux «rêveurs» (68) et préconisant au contraire le «réveil de la vigilance publique» (64), elle a pour plan «de faire prendre à la population conscience» (64) de la nécessité d'«une mobilisation progressive des esprits» (65).

Un autre parti, celui des «Unionistes» (*R*, 31), vise à instituer la communication entre les partisans de l'Église et les «Démocrates» (31) qui, eux, correspondent au principe passif. Il veut tout naturellement «établir un réseau de routes nouvelles» (39) «qui sillonneraient en tous sens le pays» (148). Néanmoins, après la scission de l'unité incarnée dans la personne du roi et devant «le rôle effacé qu'on [...] laissait jouer [à celui-ci] dans l'État» (80), les opposés, Église et Démocrates, s'affrontent désormais sous la forme de partis politiques autour desquels se nouent les «dissensions gouvernementales» (31) et entre lesquels «aucune entente ne parvenait à se faire» (39): mus par de «contradictoires exigences» (50), ces partis «se séparaient radicalement» (39).

Les vestiges de l'unité

Après *Un régicide*, où l'unité devient inaccessible, le roi assassiné emportant «dans la tombe une vérité que plus personne ne pourrait connaître» (*R*, 103), et après *Les Gommes*, où la figure de l'unité primordiale est de nouveau morte à la conscience, nul personnage du *Voyeur* ne semble, si ce n'est incarner, du moins seulement suggérer cette unité, hormis l'individu qui est nommé sur la seconde affiche de cinéma: «"Monsieur X. sur le double circuit"» (*V*, 167). En effet, d'après la pensée alchimique, le signe X épousant la forme de la croix de Saint-André, la lettre majuscule X est «la marque de l'*illumination*[70]» et le chiffre romain X «le nombre complet de l'Œuvre». Reste que cette unité idéale semble bien éloignée de la matérialisation, le titre du film apparaissant «comme sans rapport avec quoi que ce soit d'humain» (167) et Mathias n'en devant pas assister à la projection, puisque les «représentations n'avaient lieu

---

70. FULCANELLI, *Les Demeures philosophales*, t. I, p. 244.

que le samedi soir, ou le dimanche» (168), et que le voyageur «comptait partir le vendredi après-midi» (168). Néanmoins, le double circuit évoqué sur l'affiche ressemble fort au «chemin parcouru [par Mathias] à travers l'île: une sorte de huit» (247). Ce signe, on l'a vu, est un symbole de la réunion des opposés constitutifs de l'unité. Or, cette figure est omniprésente dans *Le Voyeur*.

De fait, elle se manifeste d'abord à travers la «fine cordelette de chanvre, en parfait état, soigneusement roulée en forme de huit» (*V*, 10) que Mathias ramasse sur le pont du bateau. Si cette ficelle apparaît au voyageur «comme un objet qu'il aurait lui-même perdu très long-temps auparavant» (10), c'est qu'elle symbolise bien l'unité fondamentale de Mathias, unité perdue, unité qui ne peut et ne doit être recouvrée que par Mathias seul, le caractère strictement individuel de cette recherche se manifestant dans le fait que jouer à la ficelle constitue un jeu qui n'est pratiqué qu'en solitaire: «[...] Mathias n'éprouvait le besoin d'aucune compagnie pour jouer avec lui à ce jeu-là [...].» (31) À ce jeu, la partie consciente de l'individu, laquelle représente également le parti de la raison, vise à infuser de l'ordre dans la partie opposée, inconsciente, véritable matière première en quête de structuration. Dans ces conditions, il est compréhensible que cette occupation ne soit pas «du tout un jeu pour petite fille» (29), c'est-à-dire pour l'inconscient passif, mais soit l'apanage des «garçons» (29), représentants de la conscience active. D'ailleurs, ainsi que le montre justement Alain Goulet[71], ce n'est pas un hasard si fille et fi(ce)lle entretiennent d'étroits rapports d'identité: de même que la ficelle a besoin d'une initiative extrinsèque pour acquérir une forme, de même la fille ne devient

____

71. Voir A. GOULET, *Le Parcours mœbien de l'écriture: Le Voyeur*, p. 38.

femme que sous l'action du mâle, la femme, selon la tradition hermétique, se définissant comme «matière recevant une forme qui lui est extérieure[72]». Cependant, si la conscience veut avoir quelque chance de se rapprocher de son opposé pour pouvoir agir sur lui, elle doit laisser pour un temps son intellectualité afin d'atteindre des états plus ou moins altérés, et c'est la raison pour laquelle Mathias enfant ne pouvait s'adonner à son jeu «que lorsqu'il avait fini tous ses devoirs et appris ses leçons» (30).

Le huit de l'unité est également perceptible dans le repère gravé sur la pierre du quai: «C'était un huit couché: deux cercles égaux, [...] tangents par le côté.» (*V*, 17) Le processus de réalisation de ce signe confirme sa symbolique unitaire puisque l'origine des deux circonférences, à l'image de la «Création représent[ant] l'éclatement de l'Unité primordiale et la séparation des deux principes polaires[73]», tiendrait au ballottement d'une seule boucle: «Les deux ronds, de part et d'autre, pouvaient avoir été creusés à la longue, dans la pierre, par un anneau tenu vertical contre la muraille, au moyen du piton, et ballant librement de droite et de gauche dans les remous de la marée basse.» (17) «[P]lacé si bas qu'il devait demeurer presque tout le temps sous l'eau» (17), ce huit peut néanmoins s'exonder lorsque le niveau de la mer est suffisamment bas. Là encore, il correspond bien à la figure de l'unité, fondamentalement rejetée dans les profondeurs de l'inconscient, mais qui peut parfois émerger à la surface de la conscience.

Du reste, tout au long du *Voyeur*, ce huit sort effectivement de l'eau pour gagner des plans plus proches de la

---

72. J. EVOLA, *Métaphysique du sexe*, p. 210.

73. M. ELIADE, *Méphistophélès et l'androgyne*, Paris, Gallimard, coll. «Idées», [1962] 1981, p. 170.

conscience. Ainsi, il rejoint l'air, où deux mouettes «dessinaient des huit entrecroisés» (*V*, 208, voir 204). La cigarette que fume Mathias produit un dessin analogue: «La fumée, rejetée en arrondissant la bouche, dessina par-dessus le bar un grand cercle, qui se tordit lentement dans l'air calme, tendant à former deux boucles égales.» (178) «La lumière», selon Jung, «se ré[férant] toujours à la conscience[74]», il est assez naturel de voir le huit de l'unité apparaître également dans la collerette de la lampe à pétrole de Jean Robin: cette collerette «est constituée par deux séries superposées de cercles égaux accolés entre eux — d'anneaux, plus exactement, puisqu'ils sont évidés — chaque anneau de la rangée supérieure se situant au-dessus d'un anneau de la rangée inférieure» (226). Par ailleurs, le même Jean Robin reproduit un signe identique en gesticulant: «Les différents articles d'une des grosses pinces décrivirent ainsi au-dessus de la table des trajectoires où abondaient les cercles, les spirales, les boucles, les huit [...].» (139-140) Mais le huit est aussi présent dans «les cercles de feu demeurés sur la rétine» (227) des yeux de Mathias, comme il l'est dans le regard de Julien Marek — «deux cercles parfaits et immobiles, situés côte à côte» (214) —, ou dans les deux trous que Mathias exécute dans une coupure de journal à l'aide d'une cigarette allumée:

> Avec le même soin et la même lenteur, à une distance calculée de ce premier trou, Mathias en perce ensuite un second, identique. Il ne demeure entre eux qu'un mince isthme noirci, large d'à peine un millimètre au point de tangence des deux cercles. (*V*, 236)

Enfin, il arrive que le huit se rapproche de la terre. Ainsi, il est possible de le retrouver, outre dans les deux

---

74. C. G. JUNG, *Psychologie et alchimie*, p. 244.

roues de la «bicyclette» (*V*, 79) de Mathias, sur la porte des Leduc: «À hauteur du visage, il y avait deux nœuds arrondis, peints côte à côte, qui ressemblaient à deux gros yeux — ou plus exactement à une paire de lunettes.» (36) Mais le même signe figure aussi sur la porte de l'appartement de Robin, le cafetier: Mathias ne parvient pas à «distinguer si la peinture de la porte imitait les veines du bois, ou bien des lunettes, des yeux, des anneaux, ou les spires en forme de huit d'une ficelle roulée» (66). Il est enfin reconnaissable dans la frise qui décore la mairie, «deux sinusoïdes inverses et emmêlées (c'est-à-dire décalées d'une demi-période sur le même axe horizontal)» (50), dans les «deux assiettes blanches l'une à côté de l'autre — se touchant —» (223) posées sur la table du marin Robin, ainsi que dans les menottes dont Mathias suppute l'existence sur l'île et «la longueur de la chaînette reliant les deux anneaux» (228).

Affrontement et union érotique

À noter que le huit, symbole de l'unité, est souvent associé à des images connotant la sexualité, c'est-à-dire la réunion des principes masculin et féminin, laquelle fait l'objet de la seconde étape de l'Œuvre au Noir. En effet, dans le huit que dessine le circuit effectué sur l'île par Mathias, «le bourg n'occupe pas tout à fait le centre, mais un point situé sur le côté d'une des deux boucles — celle du nord-ouest» (*V*, 247), dont le sommet est occupé par «la pointe des Chevaux» (247). L'extrémité de l'autre boucle coïncidant donc avec le sud-est, le centre du huit se trouve placé sur «la côte sud-ouest» (87), là où Violette garde ses moutons. En d'autres termes, c'est au centre du huit que Mathias et l'enfant se rejoignent, que s'effectue donc la jonction des opposés, ce qui est conforme à la tradition alchimique, le centre possédant les «qualités du *lapis*[75]», c'est-à-dire de la Pierre philosophale. Le huit de l'unité est également lié à l'érotisme lorsque, mettant à jour son agenda, Mathias se contente, en face de la période du mardi comprise «entre onze heures du matin et une heure de l'après-midi» (227), soit au moment de sa rencontre avec Violette, «de raffermir, avec la pointe de son crayon, la boucle mal formée d'un chiffre huit» (227). Enfin, la figure de l'unité comme dualité unifiée par Éros transparaît au travers du huit formé par l'empreinte de deux anneaux soudés au moyen d'une «excroissance rougeâtre» (17 et 21), cette image faisant inévitablement penser au liquide «rouge» (*D*, 28) qui stagne entre les pavés disjoints de *Djinn*, la seule différence consistant dans le fait que, dans *Le Voyeur*, Éros est représenté par une substance solide plongée dans l'eau tandis que, dans le dernier roman de Robbe-Grillet, il l'est par un élément aqueux inséré au milieu de fragments terrestres: dans *Djinn*, qui a trait à la phase finale de l'Œuvre, le désir amoureux est tiré de l'inconscient pour apparaître sur le plan conscient, alors que, dans *Le Voyeur*, c'est-à-dire à l'étape initiale de l'Œuvre au Noir, il est un attribut de la conscience plus ou moins immergé dans l'inconscient.

Ainsi, dans *Le Voyeur*, le rouge est relié à Éros comme il l'est déjà dans *Un régicide* et dans *Les Gommes*. En dehors de l'excroissance réunissant les deux anneaux, il est en effet possible de retrouver cette couleur dans de nombreux motifs, qui se rapportent tous à la sexualité. Par exemple, les «draperies rouges» (*V*, 45) du lit figurant sur la première affiche de cinéma, comme les «draperies d'un rouge sombre» (68) de la chambre du cafetier, évoquent une scène à contenu érotique dont il résulte une union des opposés figurée par le «carrelage noir et blanc» (80 et 67) des deux pièces. Il en va de même de

---

75. *Ibid.*, p. 131.

plusieurs objets dont la forme renvoie au sexe masculin : des couteaux — qui rappellent les ongles, à la «forme exagérément pointue» (11), de Mathias — emballés dans un carton portant «un encadrement rouge» (55), un poisson «long comme un poignard» (70), «une anguille rouge, ou un barbet» (177), «la pointe rouge» (236) d'une cigarette, la pince écrasée d'un crabe et d'où «un peu de liquide gicla, qui atteignit la jeune fille» (138).

À la couleur rouge se trouvent très logiquement associés, en conformité avec la nature ignée de l'Éros alchimique, le feu, mais aussi la chaleur : «Une sorte de chaleur arrivait de la chambre [du cafetier], comme si un foyer quelconque y brûlait encore, à cette saison — invisible [...].» (*V*, 68) C'est pourquoi, de même que le soleil constitue pour les alchimistes «l'unique agent des métamorphoses successives de la matière originelle, sujet et fondement du Magistère[76]», la première des trois parties du *Voyeur*, laquelle enregistre, chez Mathias, la montée en puissance d'Éros, se passe tout entière en plein soleil : «Le soleil du matin, légèrement voilé comme à l'ordinaire» (14), a bientôt «achevé de dissiper la brume matinale» (45) et fait place au «grand soleil» (54); Mathias ne cède pas à l'envie de «se chauffer au soleil» (69) et, quelques instants seulement avant de s'engager dans le chemin qui conduit à Jacqueline, «[l]e soleil et la chaleur devenaient [...] excessifs» (86). Mais, lorsque le désir de Mathias est assouvi, le beau temps est révolu : «Le bord supérieur d'un nuage venait de masquer le soleil [...]. D'autres nuages, peu compacts et de faible taille, étaient apparus çà et là, arrivant du sud-ouest» (91), c'est-à-dire du point de rencontre. Alors, «[l]e temps se couvrait progressivement» (103), «[l]'air devenait plus frais» (103); bientôt, «il n'y avait plus de soleil; le ciel était

---

76. FULCANELLI, *Les Demeures philosophales*, t. II, p. 198.

uniformément couvert» (164), «[l]e soleil n'avait pas reparu» (177), et «il pleut» (232), «[i]l tombe une petite pluie, fine, continue» (234).

C'est donc sous l'impulsion d'Éros que Mathias, représentant de la conscience, est mis en relation avec son opposé. En effet, si, comme l'affirme Jung, «[l]'inconscient d'un homme est [...] féminin et est personnifié par l'anima[77]», nombreux sont les indices qui font de Jacqueline/Violette la personnification de l'inconscient, de l'anima de Mathias. De fait, l'inconscient représente l'«aspect inférieur et par suite caché de la personnalité, la faiblesse qui accompagne toute force, la nuit qui succède au jour, le mal au bien[78]». Or, Jacqueline et les différents avatars issus de la protéisation du personnage sont bien caractérisés par l'infériorité et la faiblesse. Ainsi, la serveuse du café «À l'Espérance» se «pench[e]» (*V*, 58) devant «son maître» (57 et 77), «offrant sa nuque courbée» (58); elle a «un visage peureux et des manières mal assurées de chien battu» (56), des «formes un peu frêles [...][, un] air vulnérable» (56) et «la peau fragile» (57). De même, «[p]etite et mince» (152), la femme de Jean Robin baisse «la tête, offrant sa nuque» (152). C'est cette même fragilité qui est mise en relief par le moelleux du sexe féminin, moelleux opposé à la rigidité de l'organe masculin, ainsi qu'il apparaît au travers de cette représentation de l'accouplement qui se masque dans l'illustration figurant sur une boîte de couteaux:

> Le dessin en représentait un arbre au tronc svelte et rectiligne, terminé par deux branches en i grec qui portaient une petite touffe de feuillage — dépassant à peine les

---

77. C. G. JUNG, *Psychologie et alchimie*, p. 197.

78. *Id.*, *Psychologie du transfert*, p. 78.

deux branches sur les côtés, mais retombant jusqu'au creux de la fourche. (*V*, 55)

À noter que l'image de la fourche est à plusieurs reprises explicitée par les jambes «écartées» (*V*, 22, 83 et 245) de la fillette du bateau et de Violette.

Autre caractéristique commune à l'inconscient et à Jacqueline: la propension au mal. «[P]erverse» et «méchante» (*V*, 85), la jeune fille donne «beaucoup de mal à sa mère» (32). Alors que, selon la tradition hermétique, la femme, en tant que représentante de l'inconscient, peut être «rapportée à *Lucifer*[79]» et associée «à l'élément "démoniaque[80]"», Jacqueline «a le démon au corps» (83 et 170), elle est une «créature d'enfer» (146), un «vrai démon» (32, 111 et 188), à l'instar de lady Caroline, qualifiée de «Belzébeth» (*STO*,154). Du reste, c'est «vers le trou du Diable» (*V*, 119) que sa sœur la recherche. En outre, alors que le principe féminin, du fait de sa relation avec l'inconscient, est relié à «un genre déterminé de magie, de charme et de fascination [...], aux procédés de sorcellerie[81]», Jacqueline est dotée d'un «pouvoir magique» (85) et, jadis, elle aurait été «brûlée comme sorcière» (85). Enfin, tandis que «[l]a tendancialité démoniaque féminine se manifeste dans le fait de capter et d'absorber le principe de la virilité[82]», Jacqueline est qualifiée de «petit vampire» (146).

Placée en face de l'indiscipline de l'inconscient — Jacqueline fait preuve de «désobéissance» (*V*, 84) —, la conscience ne peut que succomber à ce que Jung appelle la tentation de «domestiquer[83]» les «impulsions ani-

---

79. J. EVOLA, *Métaphysique du sexe*, p. 72.

80. *Ibid.*, p. 193.

81. *Ibid.*, p. 171.

82. *Ibid.*, p. 194.

83. C. G. JUNG, *Psychologie et alchimie*, p. 66.

males de l'inconscient[84]» en rappelant celui-ci à l'ordre: Jacqueline «aurait eu besoin d'une correction sévère» (85), elle mériterait le «fouet» (59 et 141), des «claques» (59). D'où le «bruit de gifle» (21, 75 et 78) qui, émis par les vagues, complète le geste ébauché par l'homme de la chambre de laquelle provient une plainte de femme: «Debout près du lit, légèrement penchée au-dessus, une silhouette masculine levait un bras vers le plafond.» (28) Le même souci de contenir les débordements de l'inconscient et de le contraindre à subir les assauts de la conscience s'exprime par l'obligation, explicite ou simplement suggérée, faite à l'élément féminin de plier ses bras derrière son dos: l'enfant qui se tient debout sur le pont du vapeur a «les deux mains ramenées derrière le dos, au creux de la taille» (22), et «l'air liée au pilier de fer» (75); l'homme de la première affiche de cinéma «immobilis[e] d'une seule main les deux poignets [d'une jeune femme] derrière le dos» (45); la serveuse du café met «ses mains derrière le dos, sous prétexte de renouer les cordons défaits de son tablier» (59) et, femme du cafetier, elle exécute l'ordre lancé par son mari de telle sorte que «ses petites mains, obéissantes, remontent le long de ses cuisses, passent derrière les hanches et s'immobilisent à la fin dans le dos, un peu au-dessous du creux de la taille — poignets croisés — comme captives» (78); Violette a «les bras ramenés en arrière» (83) comme si elle avait été «attachée à l'arbre» (83); il en va de même de la jeune vierge de la légende: «[...] [O]n lui lie les mains derrière le dos [...].» (221); enfin, immobilisée par la cordelette de Mathias, Jacqueline se tient «bien sage désormais, les mains cachées derrière le dos» (246).

À partir du moment où Éros a pour fonction de rapprocher deux opposés, il est normal qu'il emprunte, pour

---

84. *Ibid.*, p. 192.

aboutir à ses fins, des formes appropriées à la nature antagoniste des contraires. C'est pourquoi le lit de la chambre du cafetier présente «un aspect de lutte» (*V*, 68), le principe actif, celui de la conscience figurée par l'homme, attaquant le principe passif, celui de l'inconscient, représenté par la femme et, mieux encore, par la «vierge[85]». Dans ce combat, l'homme, à la «stature colossale» (45), le «géant» (78), est le «bourreau» (45) qu'affronte une «proie [...] tellement menue qu'elle [...] paraît presque disproportionnée» (78), une jeune fille aux cils «de poupée» (56 et 78), à l'«allure lente et fragile de poupée articulée» (64), qui a vocation à devenir, sous le choc de la conscience, une «poupée salie et désarticulée» (46), «un mannequin de son rejeté au rivage» (175). «La poupée», remarque Jung, «est un objet d'enfant et c'est, par conséquent, une image remarquable pour exprimer le caractère de non-moi de l'anima [...][86].» Pas étonnant, dans ces conditions, qu'elle constitue le motif du tissu de la mallette de Mathias, tissu tout parsemé de minuscules «poupées» (23 et 72), et qu'après le meurtre de Jacqueline, elle ne remplisse plus une niche, observée dans la façade de la ferme des Marek, «où l'on aurait pu loger une statuette de la Vierge, un bouquet de mariage sous son globe, ou quelque poupée fétiche» (192).

Le rapport de force qui s'instaure ainsi entre les opposés au cours de la deuxième étape de l'Œuvre au Noir se clôt finalement par une union qui prend la forme d'un viol. En effet, même si celui-ci n'est pas explicitement mentionné, plusieurs signes en autorisent la supposition, le prénom de Violette, bien évidemment, et aussi, par exemple, le sort réservé à un crabe par Jean

---

85. *Ibid.*, p. 124.
86. *Ibid.*, p. 139-140.

Robin: «[...] [A]vec la grande lame de son couteau il transperça le ventre» (*V*, 137-138), là «où la carapace blanchâtre dessinait une sorte d'i grec» (144).

Mort et chute dans l'inconscient

«Quoique l'homme et la femme s'unissent», souligne Jung, «ils n'en représentent pas moins des contraires inconciliables qui dégénèrent en hostilité mortelle lorsqu'ils sont activés[87].» De fait, l'affrontement des deux opposés débouche inévitablement sur la mort. Déjà annoncée, à titre proleptique, par les «spires [...] serrées à l'étranglement» (*V*, 10) de la cordelette recueillie par Mathias et, sur la première affiche de cinéma, par le geste de l'homme qui «serrait à la gorge» (45) sa victime, la mort, une fois l'union consommée, frappe Jacqueline, «poussée» (177) dans la mer. Si Éros conduit en fin de compte Mathias à tuer l'enfant, c'est qu'en s'unissant à son *anima*, le voyageur s'est heurté à l'infini de son inconscient et que, devant son vertige, il a pris le parti de restituer cet inconscient à son véritable milieu, c'est-à-dire à la mer, «symbole de l'inconscient collectif[88]». Ce faisant, il agit dans le droit fil de la tradition hermétique, selon laquelle Éros génère chez l'homme «une cruauté et une férocité qui est la contrepartie de la sensation transcendantale [...] de l'impossibilité de la substance féminine élémentaire d'être comblée. On veut "tuer" la femme occulte [...][89].»

C'est pourquoi la jeune vierge de la légende est «dévor[ée] vivante [...] sous l'œil du sacrificateur» (*V*, 221), c'est-à-dire en pleine conscience, par «un monstre gigantesque au corps de serpent» (221), le ser-

---

87. *Ibid.*, p. 198.

88. *Ibid.*, p. 69.

89. J. Evola, *Métaphysique du sexe*, p. 225.

pent constituant, dans l'hermétisme, le symbole «du principe élémentaire cosmique du désir[90]». «Jailli de l'écume» (221), ce «dragon» (221) provient de l'inconscient. C'est donc bien cet animal, figure d'Éros, qui représente l'objet de «la crainte» (40) ressentie par la mère de Jacqueline: ce «quelque chose qui venait de la mer» (40). C'est également lui qu'attendent la statue de femme du «monument aux morts» (44), puisque celle-ci «scrutait l'horizon, vers le large» (44), et l'enfant qui, plantée sur le pont du bateau, «regardait toujours dans [l]a direction [de Mathias] [...] quelque chose au-delà, [...] la mer» (11). De façon analogue, la jeune Jacqueline est la douloureuse victime de cette conscience amoureuse qu'est Mathias, ce «voyageur de *commerce*[91]» (38) qui, arrivé par mer, agit comme l'alchimiste «supplici[ant] [...] le Mercure[92]», c'est-à-dire le principe féminin, de manière que cette «"torture" am[ène] [...] la "mort[93]"».

Ainsi, le viol et la mort de Violette/Jacqueline correspondent parfaitement à l'union sexuelle subie par le Mercure et à la mort de celui-ci à la fin de l'Œuvre au Noir. Du reste, celui-ci intervient au cours des «mois printaniers indiquant le début du travail[94]» alchimique, c'est-à-dire au même moment que la mort de Jacqueline, survenue au «mois d'avril» (V,69). En outre, se définissant comme «la réduction des substances à la materia prima, à la *massa confusa*[95]», l'Œuvre au Noir s'identifie

---

90. *Ibid.*, p. 183.

91. C'est moi qui souligne.

92. C. G. JUNG, *Les Racines de la conscience. Études sur l'archétype*, p. 435.

93. M. ELIADE, *Forgerons et alchimistes*, p. 129.

94. FULCANELLI, *Le Mystère des cathédrales*, p. 137.

95. M. ELIADE, *Forgerons et alchimistes*, p. 130.

à un «retou[r] *ad originem*[96]» auquel correspond également le retour de Mathias dans son île natale.

Dans *Le Voyeur*, cette *nigredo* apparaît directement dans la «robe noire» (*V*, 56 et 171, voir 122 et 135) que portent Violette et l'ensemble des autres personnages féminins qui ne sont qu'une manifestation particulière de l'enfant, et aussi dans la bouée, «d'une belle couleur noire» (255), qui flotte dans la mer en suivant «le mouvement des vagues» (255) comme le cadavre de la jeune fille flotte lui-même en fonction du «va-et-vient des vagues» (175). Mais, cette séquence de l'Œuvre au Noir est également reprise dans plusieurs autres romans. Ainsi, Violette peut être identifiée dans le «corps transpercé du mannequin [...] trouvé sur la plage» (*TCF*, 184), «flottant dans le jusant» (172), et dont les «vêtements épars et [l]es fines chaussures de soirée» (193) sont jetés dans l'«océan» (193, voir 191), ou dans la «baigneuse» (191) engloutie de *Topologie d'une cité fantôme*. Ces victimes doublent pareillement Vanessa, la sœur de David, la composante féminine que cet androgyne, mû par des «désirs incestueux puis fratricides» (185), individualise, fragmentant du même coup son unité natale: Vanessa est «déflorée» (186) comme l'est Laura par son «frère» (*PRNY*, 25), le narrateur de *Projet pour une révolution à New York*, et «noyée» (*TCF*, 185) comme l'est Jacqueline (voir *V*, 175) dans *Le Voyeur*. Du reste, Vanessa porte une «perruque aile de corbeau» (*TCF*, 192) qui la rattache effectivement à l'Œuvre au Noir. Tout aussi semblable à la «bergère violée par l'orage» (128) du *Voyeur*, Vanessa-Déana est également le double de Danaé-Diana, la future mère de David, «vierge violentée [qui] se précipite» (52) dans la mer ou qu'on y «jette» (187).

---

96. *Ibid.*, p. 133.

Concluant la phase où le principe féminin, qui s'est imprudemment engagé sur le terrain de la conscience, y rencontre le principe masculin, cet épisode de l'Œuvre au Noir correspond aussi, dans *Souvenirs du triangle d'or*, à celui où Angélica, «la jeune vierge» (*STO*, 73) qui «n'a pas encore mordu» (73) dans la pomme qu'elle tient au creux de sa main, est une «baigneuse» (70) qui, «vers midi» (44), sort de la «mer ensoleillée» (46) pour jouer au ballon sur la plage, «terrain de chasse privilégié» (44) de la conscience. L'«étudiante» (45), à qui il arrive de se pré-nommer du reste «Vanessa» (227), subit, pendant une «tornade» (70 et 229), un «ouragan» (70 et 71), un «coup de vent» (71) «trop chaud» (229), deux assauts érotiques menés par le narrateur pour le compte de la conscience, laquelle utilise, pour l'un, «une cigarette» (52) au «bout incandescent» (53) et, pour l'autre, une «seringue toute prête pour l'injection dans son étui à ouverture automatique» (61). Ces deux outils symbolisent le sexe masculin en lutte contre le sexe féminin, lui-même figuré par la robe «fend[ue] selon son axe, d'un long trait de scalpel» (59), le narrateur «écart[ant] [...] les deux lèvres de cette déchirure frangée que [l]a lame vient d'ouvrir» (59). Le corps d'Angélica est ensuite déposé, avant d'être «jet[é] à l'eau» (64), dans une «usine abandonnée» (64, voir 17), où il devient celui d'une «ouvrière» (133 et179), dont la peau est maculée «de nombreux et minuscules points rose vif [...], qui sembleraient être des piqûres d'aiguilles» (21).

C'est donc dans l'eau de l'inconscient, et dans cet autre symbole de celui-ci que sont la maison et la cellule, que se trouve désormais Angélica, laquelle prend alors au surplus les traits de Temple, la «petite vendeuse» (*STO*, 100) de «roses couleur chair» (95). Celles-ci sont «répandues, pêle-mêle» (105), à la suite des «violences»

(106), du «geste brutal, de [...] l'attentat» (105-106) commis à l'encontre de la jeune fille par l'un de ses «clients, autoritaires ou difficiles» (105). Ce client «cruel» (106), ce «criminel» (87, voir 44), n'est autre que le narrateur contaminé par sa relation avec le principe féminin. Déjà, après s'être frottés à leur opposé, Mathias et le soldat de *Dans le labyrinthe* ont les mains maculées de «cambouis» (*V*, 82, 99, 159, *DL*, 35 et 66, voir *V*, 101,158, *DL*, 146), vérifiant l'observation de Fulcanelli, selon laquelle le mercure, de couleur noire, «tache les doigts lorsqu'on le touche[97]». Cette fois, l'homme est piqué par une seringue «cachée dans le cuissard d'une des bottes» (*STO*, 65) de la jeune fille et se «retrouve ainsi enfermé [lui]-même dans la prison aux poupées de porcelaine martyrisées» (115). Là, il double le docteur Morgan et l'inspecteur Franck V. Francis, eux aussi confinés dans la cellule en compagnie d'Angélica, et dont l'appartenance commune à la conscience lumineuse transforme progressivement la jeune fille violée de l'Œuvre au Noir en l'épouse de l'Œuvre au Blanc.

De la même manière, la vierge violée de *Topologie d'une cité fantôme* constitue une «victime inachevée [qui] nage trop bien pour pouvoir trouver la mort d'une telle manière» (*TCF*, 52). En effet, l'eau de l'inconscient est en parfaite harmonie avec les femmes, «ces trop faibles guerrières, qui doivent le plus souvent vaincre la force par la ruse [...] [en se jetant] à la mer, élément où la supériorité incomparable de leurs évolutions [...] leur ren[d] [...] l'avantage» (50). C'est la raison pour laquelle, «retrouv[ant] le quai tranquille et ses dalles polies» (52), Danaé devient «Diane la solitaire» (54), Diane, symbole

---

97. FULCANELLI, *Les Demeures philosophales*, t. II, p. 98.

du «mercure[98]», mais aussi «emblème spagyrique de l'argent et [...] sceau de la couleur blanche[99]».

Nés, au début de l'Œuvre au Noir, de l'éclatement de l'unité survenu sous la pression du désir, les deux opposés se sont donc combattus puis, toujours sous l'effet d'Éros, unis, à la suite de quoi le principe féminin, tué par la conscience, rejoint l'inconscient. C'est là que le Mercure subit une nouvelle métamorphose qui le conduit à la phase suivante, celle de l'Œuvre au Blanc.

---

98. *Ibid.*, t. I, p. 223.

99. *Ibid.*, t. II, p. 23.

CHAPITRE II

L'Œuvre au Blanc

> « Les femmes sont des objets, mais
> ce sont des objets divinisés et
> régnants. C'est à ce jeu ambigu, pas-
> sionnel, dangereux, qu'elles jouent
> avec les hommes[1]. »

À L'ISSUE de l'Œuvre au Noir, le Mercure mortifié,
c'est-à-dire le principe féminin tué par la conscience masculine, est comparé à «une onde obscure[2]»
qui doit désormais «être lavée et blanchie». C'est la conscience active qui se charge de cette tâche: «l'esprit
enfermé [...] [va] travailler à l'épuration puis à la réfection
de la substance modifiée et clarifiée avec l'aide du feu[3]»
de façon à obtenir «la *pierre astrale*, blanche, pesante,
brillante comme pur argent[4]», symbole de l'Œuvre au
Blanc.

Purifié par son opposé, le Mercure acquiert, à la suite
de ce contact avec le Soufre, une «qualité mixte[5]» qui en

---

1. A. ROBBE-GRILLET, cité par Michel Capdenac, «Alain Robbe-
Grillet: le jeu de l'aventure, du mythe et de l'amour», *Les Lettres
françaises*, 26 janvier 1967, p. 18.

2. FULCANELLI, *Les Demeures philosophales*, t. I, p. 193.

3. *Ibid.*, t. II, p. 84.

4. *Ibid.*, t. I, p. 192.

5. *Ibid.*, p. 296.

fait une préfiguration de l'unité à reconstituer. Toutefois, celle-ci n'étant pas encore parfaitement réalisée, l'harmonie est loin de régner entre les opposés. En effet, le Mercure tire profit des attributs sulfureux dont il vient d'être doté pour affirmer sa supériorité sur son contraire, de telle sorte que «la Femme a le dessus sur l'Homme et le réduit à sa nature[6]». C'est pourquoi, au cours de cette «phase appelée régime de la Femme, des Eaux ou de la Lune, ou *albedo*», et qui apparaît chez Robbe-Grillet principalement dans les trois romans suivants, *La Jalousie, Dans le labyrinthe* et *La Maison de rendez-vous* — même si, là encore, certaines séquences de l'Œuvre au Blanc sont présentes dans des romans ultérieurs —, «l'homme [se] dissou[t] dans le principe qui lui est opposé». Cette dissolution de l'élément masculin se manifeste sous la forme de la mort du mari/père, parcelle consciente de l'unité brisée au cours de la *nigredo*.

C'est également pendant l'*albedo* que le Mercure, fécondé au moment de l'union sexuelle qui lui a été imposée au cours de l'Œuvre au Noir, accouche de l'œuf philosophique dont la «coque [...] renferme le *rebis* philosophal[7]», c'est-à-dire le composé androgyne dont l'éclosion a lieu durant l'épisode final du Grand Œuvre.

À noter que, tout au long de l'*opus*, le passage d'une phase à l'autre s'effectue selon le rythme de «la nature, [...] [laquelle] ne fait rien brutalement[8]». Le processus, lent, se développe en fonction de la «progression des mutations internes», et c'est la raison pour laquelle l'Œuvre au Blanc plonge ses racines dans l'Œuvre au Noir. Or, pareillement, chez Robbe-Grillet, c'est au cours

---

6. J. EVOLA, *Métaphysique du sexe*, p. 197.

7. FULCANELLI, *Le Mystère des cathédrales*, p. 184.

8. *Ibid.*, p. 108.

des séquences correspondant à la *nigredo* que se réalisent peu à peu les métamorphoses conduisant à l'*albedo*.

Le pouvoir transmutant de la conscience

La matière première, affirment les alchimistes, «*naît la nuit*, a besoin de la nuit pour se développer et ne se peut travailler que la nuit[9]», autrement dit dans un état d'inconscience. Or, le «petit théâtre» (*MRV*, 31) de *La Maison de rendez-vous* peut être considéré comme un environnement représentatif de l'inconscient, puisqu'on y parvient en descendant un «escalier» (139) «étroit et raide» (41) où «la vue se perd dans l'ombre au bout d'une dizaine de marches» (41). De plus, lorsqu'a lieu la représentation des pièces, «[l]es spectateurs sont dans le noir» (41, voir 132). C'est donc dans ce décor de la *nigredo* qu'à l'occasion du «jeu de déshabillage à la mode du Seu-Tchouan» (99), la puissance transformatrice du regard intervient en tant que conscience pour qu'à l'Œuvre au Noir puisse succéder l'Œuvre au Blanc.

L'actrice y est Kito, «une jeune Japonaise» (*MRV*, 99). C'est «une très jeune fille» (40), une «adolescente» (41), vêtue d'une «large jupe noire» (41). Ainsi dépeinte, Kito n'est pas sans évoquer Violette, la «jeune fille» (*V*, 83) aux «formes naissantes» (83) du *Voyeur*, «menue dans sa robe noire de petite paysanne» (171). D'ailleurs, c'est la même «très jeune fille [...] aux seins naissants» (*MRV*, 27) qui figure dans le groupe sculpté du nom de «"L'Appât"» (28 et 31): le chasseur, appuyé «sur le guidon d'une bicyclette» (28), rappelle bien évidemment Mathias. À noter également que Lady Ava, qui «s'appelle [...] [en réalité] Jacqueline» (186), peut également apparaître comme une incarnation de la jeune victime du *Voyeur*, puisque Jacqueline et Violette ne forment qu'une seule

----

9. *Ibid.*, p. 171.

personne: celle-là «ressembl[e] [...] beaucoup» (*V*, 83) à celle-ci, et toutes deux portent une «mince robe de cotonnade noire» (122). Au demeurant, alors que Jacqueline passe pour être «perverse» (85), Lady Ava est traitée de «salope» (*MRV*, 135). De plus, celle-ci arrête sur le narrateur, qu'elle «découvre avec horreur» (187), «des yeux réprobateurs» (187), comme si elle se trouvait de nouveau en face de son ancien bourreau.

La «cérémonie» (*MRV*, 99) consiste à «déshabiller entièrement la prisonnière» (43): graduellement, les «projecteurs [...] éclairent [...] de nouvelles surfaces livrées au regard» (44), tandis que «la lumière [...] s'élargit pour faire admirer [...] [la jeune fille] dans son ensemble, soit de face, soit de dos, suivant le côté qu'elle présente à ce moment-là au public» (45). Une fois que l'actrice «est entièrement nue» (49), «la lumière [s'étant] concentr[ée]» (49) sur chaque partie de son corps, la métamorphose est réalisée: de noire, la jeune fille est devenue blanche, elle a pris la couleur de l'héroïne, «poudre blanche, fine et brillante» (103). Ce n'est donc pas un hasard si, de l'officine de l'intermédiaire, Kim ressort indifféremment avec une «enveloppe [...] bourrée» (39) de drogue ou avec une «jeune Japonaise» (160, voir 40) et si Johnson se livre à la fois au «trafic de [...] drogues» (19) et au «trafic de mineures» (96). En fait, le «petit théâtre privé» (41) où se joue ce «divertissement» (50) constitue bien le «petit laboratoire à héroïne» (83) où s'effectue le passage de l'Œuvre au Noir à l'Œuvre au Blanc. De plus, de même que, dans l'*opus* alchimique, sans la «lumière céleste diffuse dans les ténèbres du corps, [...] rien ne se peut faire[10]», ici aussi, l'agent transformateur n'est pas autre chose que la lumière, laquelle enlève la jeune fille à l'inconscient pour la faire accéder à

---

10. *Id.*, *Les Demeures philosophales*, t. I, p. 174.

la conscience, à l'instar du «soleil [qui], chauffant la chaussée de plus belle, fait monter de l'asphalte noir et luisant [...] une épaisse vapeur blanche» (149).

Ainsi, en devenant héroïne de l'Œuvre au Blanc, Kito est morte à la condition qui était auparavant la sienne lorsqu'elle était entièrement identifiée à l'inconscient et qui, partant, explique notamment pourquoi elle était alors en proie à une «terreur irréfléchie» (*MRV*, 44). Si sa transmutation implique sa mort, il est naturel que son déshabillage s'effectue par l'intermédiaire d'un «grand chien» (41), d'un «chien noir» (38), qui, à la manière du «grand chien noir» (*R*, 42) d'*Un régicide*, joue le rôle de Thanatos, c'est-à-dire de la face destructrice d'Éros. D'ailleurs, Kito meurt effectivement à cause d'un «produit» (*MRV*, 167) qui, élaboré par un «médecin» (136 et 167), procure au bénéficiaire un «empire absolu» (167) sur la victime. Autrement dit, ce produit symbolise l'influence exercée par la conscience sur son opposé, de telle sorte que le principe masculin, figuré par l'image phallique d'une «gigantesque aiguille à piqûres, de la taille d'une épée, transper[çant] le cadavre de part en part, pénétrant par le sein pour ressortir par derrière au-dessous de la taille» (80), est tout à fait conforme à ce qui est formulé à propos de la drogue: «"La drogue est un compagnon qui vous trompe", "La drogue est un tyran qui vous réduit en esclavage", "La drogue est un poison qui vous tuera"» (80). Effectivement, le corps de Kito, «inanimé, entièrement nu, est couché [...] sur le sol où [...] la robe noire gît» (80), dans la posture des personnages du groupe sculpté intitulé «"Le Poison"» (135). À noter qu'il n'est pas rare que la semence masculine soit assimilée à «un poison à l'action progressive ou foudroyante» (*PRNY*, 89): le rat crache une «haleine empoisonnée» (145) qui donne «la peste, le choléra»

(145), l'araignée, «venimeuse» (193), dispose de «crocs à venin» (197, voir 202), la scutigère est une espèce «venimeuse» (*J*, 128) dont la «piqûre [...] [est] mortelle» (128). Bref, Éros dote le principe masculin d'un venin qui peut s'apparenter à celui qu'un poète alchimiste entend infuser dans la chair féminine[11] et qui permet à la conscience de transmuter un certain état de la femme en lui donnant la mort. Du reste, après l'amour, Laura «sembl[e] morte» (*PRNY*, 19). C'est la raison pour laquelle le sexe viril est également suggéré par «le canon» (97) d'une «mitraillette» (82), et sa décharge évoquée par «une rafale de mitraillette» (68) à la suite de laquelle Laura «reste étendue sur le dos, de tout son long, bras et jambes écartés en croix» (69).

«De même que le jour, dans la *Genèse*, succède à la nuit, la lumière succède à l'obscurité[12]» dans l'Œuvre alchimique. Pareillement, Kito, morte au terme de l'Œuvre au Noir, renaît avec l'Œuvre au Blanc: elle est «cédée [...] à un Américain, un certain Ralph Johnson qui cultive le pavot blanc» (*MRV*, 160), mais qui «ne l'a utilisée que très peu pour ses plaisirs personnels» (165), préférant pour cet usage Lauren. En effet, celle-ci n'est personne d'autre que Kito métamorphosée par l'*albedo*. Comme Kito, Lauren est vêtue d'une «jupe très bouffante» (26 et 30, voir 52 et 82), mais, d'un personnage à l'autre, la couleur a changé: le vêtement n'est plus noir, mais «en mousseline blanche» (30), de même que la «chevelure noire» (50) a fait place à une chevelure «blonde» (130). De plus, la robe de Lauren a un «corsage largement décolleté, laissant les épaules découvertes et

---

11. Voir à ce sujet Christian MILAT, «Baudelaire, ou la dualité de l'Artiste à la poursuite de l'unité primordiale», *Revue d'histoire littéraire de la France*, n° 4, juillet-août 1997, p. 584.

12. FULCANELLI, *Le Mystère des cathédrales*, p. 109.

la naissance de la gorge» (30), dont la «chair polie luit d'un éclat doux, sous la lumière des lustres» (12, voir 47). Lauren est donc bien «l'héroïne» (56 et 84) qui s'offre au regard: elle «exécute un tour sur elle-même, d'un mouvement souple de danseuse, mais assez lentement pour qu'on ait le temps de la voir sous toutes ses faces» (62-63). Il lui arrive même de se montrer, sur l'album de photographies, «vêtue seulement d'une guêpière de dentelle noire et d'une paire de bas en résille» (139, voir 162), derniers vestiges de Kito, avec laquelle Lauren partage du reste le «corps légèrement déhanché» (139 et 50) et les «bras relevés» (139, voir 44 et 50).

Un processus de transmutation analogue est repris dans *Souvenirs du triangle d'or*. À l'intérieur de la cellule où «seul est illuminé, par plusieurs faisceaux de projecteurs tombant des cintres, l'emplacement où se tient l'accusée» (*STO*, 174), le regard de la conscience est utilisé sur Angélica-Temple comme il l'est dans *La Maison de rendez-vous*. En effet, médecin et infirmière «lui inspectent les narines, l'intérieur de la bouche, le revers des paupières» (172); le policier «lève [...] les yeux sur sa prisonnière» (174), «la dévisage avec curiosité» (175), la «regarde» (177), la «considère» (178), lui «jette un coup d'œil» (178), porte «ses regards» (179) vers elle et «prolonge son inspection» (175); «on lui arrache brutalement les lambeaux du maillot déchiré qui protégeaient encore tant bien que mal ses grâces les plus intimes» (182); les gardiens la «voi[ent] s'accroupir» (183) dans les toilettes. Alors que la phase de l'Œuvre au Blanc est comparée par les alchimistes aux «Petits Mystères[13]» de la Grèce antique, Angélica est engagée dans le processus de production des «petites déesses mineures» (76). Elle subit ainsi les «humiliations et cruautés» (76) réservées

---

13. J. EVOLA, *Métaphysique du sexe*, p. 197.

aux adolescentes qui ont perdu leur «virginité» (75) et qui, sans ces «cérémonies spéciales d'expiation» (76), sont livrées «à la conserverie» (76) pour être vendues «sous l'étiquette de "saumon aux aromates"» (76): grâce à son «interrogatoire à humiliations» (203), Angélica n'est que «sous conditionnement provisoire» (181). Pareillement, Temple, «nue» (100), est éclairée «par la lumière provenant de la salle d'examen, d'audition, de surveillance, d'exposition, ou d'interrogatoire» (102), où sont présentés «des costumes de noces (amples robes de mariée, blanches, vaporeuses, translucides, voiles de tulle immaculés [...])» (110). Elle dont la toison «était brune, très brune» (109), possède désormais des «boucles blondes [...] aux ondulations souples de blé mûr» (109).

Angélica, elle, «en proie aux fantômes de la drogue» (*STO*, 184), va bientôt aussi épouser la couleur de l'héroïne. De fait, lorsqu'elle quitte l'inconscient, son corps est découvert «au pied de la falaise [...], [...] flottant entre deux eaux» (34), près d'une «délicate chaussure en crocodile bleu» (36) et d'un «ballon de plage en caout-chouc rose, crevé» (37). Mais ce même «soulier [...] d'un beau bleu d'océan» (28), accompagné cette fois d'un «trognon de pomme» (120), est également trouvé dans une «grille en fonte» (29 et 90, voir 120) près de la maison, ce qui constitue une preuve supplémentaire que l'inconscient est symbolisé aussi bien par l'obscurité de la cellule que par l'eau de la mer. Angélica et son «bronzage» (60) ont maintenant fait place à un «corps lisse et blanc exposé en pleine lumière, poli comme du marbre» (35): sur le visage, une «pâleur nouvelle» (231) s'est substituée aux «couleurs dorées dues naguère au grand soleil» (231). La jeune femme s'identifie alors à sa «sœur jumelle» (226), Marie-Ange Salomé, dont la «peau laiteuse demeur[e] rebelle à tout bronzage» (226) et qui personnifie donc parfaitement l'héroïne de l'Œuvre au Blanc.

La pierre qui tombe et la mère

C'est au cours de l'Œuvre au Noir que s'effectue l'«[inseminatio]» (*TCF*, 178) dont le fruit est délivré au moment de l'Œuvre au Blanc. Cette fécondation est le résultat du viol que, pendant la *nigredo*, le principe féminin subit de la part de la conscience masculine. Elle prend aussi la forme d'une opération au cours de laquelle le docteur Morgan «introduit, avec douceur, un ovule programmé dans le sexe de la patiente» (*STO*, 202). Mais elle est provoquée également par une «insémination» (*PRNY*, 10) réalisée avec «un cathéter» (10) contenant du «sperme» (190). Ce sperme n'est pas sans rappeler le «sperme des philosophes [...][, qui vient] féconder[14]» la fiancée vierge de l'*opus* alchimique puisque cette «matière blanchâtre, gluante» (179), «visqueuse, opaline» (185), semblable à une «tache de salive épaisse, blanchâtre» (111), et que le narrateur identifie à «de la colle» (179), est identique à «la gomme blanche[15]» de l'alchimiste Marie la Prophétesse, substance à laquelle on «attribue les qualités de la gomme d'Arabie et de la glu» et qu'on «qualifie de *viscosa* et d'*unctuosa*[16]». À noter que le sperme est également suggéré par des liquides dont l'origine est toujours reliée à la conscience: l'encre d'un «stylographe» (12), d'un «stylo en or à plume rentrante» (148), ou le «sérum de vérité» (92, voir 190) d'une «seringue à injection» (148,

---

14. Nicolas MELCHIOR SZEBENI, «Melchior Cibinensis», cité par C. G. JUNG, *Psychologie et alchimie*, p.509.

15. C. G. JUNG, *Psychologie et alchimie*, p. 509.

16. *Ibid.*, p. 234.

voir 114) au «corps cylindrique [...] terminé par une fine aiguille creuse» (89).

Du reste, dès sa conception, le futur fils est déjà présent, dans *Souvenirs du triangle d'or*, à l'intérieur de la cellule en la personne de «l'homme au crâne chauve» (*STO*, 106). En effet, celui-ci, le narrateur à qui on a «ras[é] les cheveux [...] [depuis] déjà plusieurs jours» (41-42), est «le *regius filius* (fils du roi[17])» alchimique, lequel «perd la totalité de sa chevelure pendant l'incubation, c'est-à-dire pendant son séjour dans le ventre[18]» de l'inconscient. Dans le cas de Jonas, l'inconscient comme matrice est figuré par une baleine où le principe masculin reste «enfermé dans la substance mère[19]» pendant «*trois jours philosophiques*». Au cours de ce «voyage sur la mer de nuit[20]», l'alchimiste traverse «une période d'"obscuration", correspondant à l'intervalle entre deux états[21]», entre deux phases du Grand Œuvre. Or, c'est «trois jours plus tard» (34) qu'Angélica et, avec elle, l'enfant quittent l'inconscient, inaugurant du même coup la phase de l'Œuvre au Blanc.

Si donc le fils en puissance est représenté par l'homme à la «tête sans cheveux» (*STO*, 162), il est fondé que celle-ci soit comparée à «un œuf» (162). Dans la phase de l'Œuvre au Noir, ce «nouvel œuf» (*TCF*, 192) est présenté comme un caillou «d'une teinte foncée de basalte» (115), comme une «pierre noire, d'origine apparemment volcanique, marquée de deux petites dépressions formant comme [...] un [...] V» (*STO*, 87, voir 125).

---

17. *Ibid.*, p. 433.

18. *Id.*, *Les Racines de la conscience. Études sur l'archétype*, p. 244.

19. FULCANELLI, *Les Demeures philosophales*, t. I, p. 209.

20. C. G. JUNG, *Psychologie et alchimie*, p. 427 et 429.

21. R. GUÉNON, *Symboles de la science sacrée*, p. 152.

Ce V constitue un signe symbolisant la bipolarité et évoque en même temps le viol de la jeune fille, figurée par la «rose [...] jet[ée] dans le fleuve» (87), viol avec lequel coïncide l'apparition de cette pierre. Enfermé dans sa cellule comme dans le ventre de sa mère, le narrateur réfléchit «au seul moyen raisonnable de [s]'en sortir» (116). Ce moyen consiste bien évidemment à naître, c'est-à-dire à traverser la porte de la maison, autrement dit le sexe de la femme, représenté par le centre d'une «cible à neuf cercles» (132). Pour ce faire, le fils s'identifie à une «boîte de bière» (132), dont la nature ovoïde est suggérée par «une série d'ovales concentriques» (129) imprimés sur sa paroi et dont la bipolarité transparaît au travers de la masculinité du «métal doré» (131) et de la féminité de la «poudre blanche» (129) qui y était contenue. Rapportée aux neuf cercles de la cible, la boîte correspond au «neuvième degré, c'est-à-dire [au] plus éloigné du centre» (132), neuf représentant la durée de la conception, les «neuf mois» (225) depuis lesquels Marie-Ange Salomé est fiancée à lord Corynth et qui sont évoqués par les «neuf diamants noirs» (234) incrustés dans le pubis de la jeune femme. Au terme du compte à rebours, «Neuf... Huit... Sept...» (150), le narrateur, «[a]vec toute la vigueur dont [il est] encore capable, [...] lance la boîte de bière contre le panneau blindé — juste en son centre —» (150) de la porte de sa cellule, laquelle se confond avec la porte, frappée par un «objet métallique» (151), de «la cabine de bain» (151) de lady Caroline: la femme de l'Œuvre au Blanc a l'impression que son corps a été «visé avec soin en son centre et atteint de plein fouet par un tir de précision» (151).

C'est l'expulsion de cet œuf contenant le «fils des philosophes[22]» qui est pareillement représentée dans la

---

22. C. G. JUNG, *Psychologie et alchimie*, p. 388.

«cellule génératrice» (*TCF*, 43 et 51) ou «salle [...] de reproduction» (63) de *Topologie d'une cité fantôme*. La «pierre [...] projetée par le cratère» (40) volcanique et qui, à ce titre, correspond à l'œuf contenu dans «les cratères sacrés de toutes les religions, représent[ant] l'organe féminin de la génération[23]», devient un «caillou blanc» (36) au cours de l'«accouchement» (59), nécessitant «une opération césarienne» (59, voir 73 et 177) et pratiqué à l'aide d'un «objet allongé» (23), d'une jeune femme placée «sur le dos» (22) «sur une sorte de table chirurgicale» (65), les «jambes [...] ouvertes» (23, voir 66): l'«opération» (37) terminée, «le corps libéré se détend» (37).

Cette séquence génératrice a naturellement sa place à l'intérieur de l'Œuvre au Blanc, ou régime de la Femme. C'est pourquoi les parois de la cellule sont «du même blanc uniforme» (*TCF*, 17), la table d'accouchement est «laquée en blanc» (22, voir 66). Par ailleurs, l'opération est réalisée en présence de nombreuses femmes, parmi lesquelles une matrone, grande femme «majestueuse, [...] habillée d'une sorte de toge blanche à la mode antique» (22, voir 67). Cette femme trouve son double dans la «figure de tarots représentant une femme majestueuse, vêtue à la romaine, qui tend une verge, ou un sceptre, ou tout autre objet mince et long sans qualification discernable» (24-25). Or, cet «arcane majeur» (27) est celui de l'Impératrice, «personnification de la fécondité universelle[24]» renvoyant à la femme qui, dans la Bible, «est enceinte, [...] crie dans les douleurs en tourment d'enfanter[25]».

---

23. FULCANELLI, *Les Demeures philosophales*, t. I, p. 205.

24. C. CREUSOT, *op. cit.*, p. 120.

25. «Apocalypse de Jean», XII, 2, dans *La Bible - Nouveau Testament*, p. 886.

Régime de la Femme et autoérotisme

Possédant des «cheveux aile de corbeau» (*TCF*, 67) — héritage de l'Œuvre au Noir — et «coiffée d'un haut chignon» (22), cette matrone fait songer à A..., laquelle rassemble les «boucles noires» (*J*, 10 et 15) de ses cheveux en «chignon» (45 et 52). Du reste, A... constitue bien elle aussi une héroïne de l'Œuvre au Blanc. En effet, contrairement aux personnages féminins du *Voyeur*, tous habillés de noir, elle est vêtue «d'un déshabillé» (42 et 186) ou d'une robe de «soie blanche» (134).

À noter que les différentes étapes qui, progressivement, permettent de passer d'une phase alchimique à l'autre sont particulièrement perceptibles dans *La Jalousie*. Notamment, la phase intermédiaire entre l'Œuvre au Noir et l'Œuvre au Blanc, marquée par le «gris[26]», apparaît à plusieurs reprises. Ainsi, dans la chambre de A..., «la cloison de bois est peinte en gris clair» (*J*, 158). Sur ce mur est fixé «le calendrier des postes» (155), lequel évoque les couleurs des deux phases suivantes: «Au-dessus encore court horizontalement une marge blanche de trois millimètres, puis une bordure rouge plus étroite de moitié.» (158) Du reste, toujours dans la chambre à coucher, il y a une «coiffeuse en acajou verni» (68) — c'est-à-dire en un bois rougeâtre — «et marbre blanc» (68), tandis que l'«envers du miroir est une plaque de bois plus grossier, rougeâtre également, [...] qui porte une inscription à la craie» (68), une inscription de couleur blanche par conséquent. De façon analogue, les «deux couleurs grises» (28) de la balustrade sont provoquées par «la peinture grise qui subsiste, pâlie par l'âge, et le bois devenu gris sous l'action de l'humidité» (39 et 182). «En plein jour» (28), l'une de ces

---

26. S. HUTIN, *L'Alchimie*, p. 90.

deux couleurs, celle de la peinture, semble «plus claire» (28) et se rapproche donc du blanc. De plus, cette peinture commence «à s'écailler» (39), laissant apparaître «de petites surfaces d'un brun rougeâtre» (39 et 182).

Cela étant, c'est le stade de l'Œuvre au Blanc qui est plus particulièrement abordé dans *La Jalousie*. Du reste, alors que, comme le rappelle Jung, la «rosée qui tombe est le signe précurseur [...] [du] passage au blanc [...][,] comparé au lever du soleil[27]», c'est dans «l'air presque frais qui suit le lever du jour» (*J*, 78 et 176) que «le sol scintille d[']innombrables toiles chargées de rosée» (79 et 176). Par ailleurs, l'Œuvre au Blanc représente un «premier état[28]» de la Pierre philosophale, lequel correspond parfaitement à l'annonce proleptique qu'en fait la troisième affiche de cinéma du *Voyeur*, laquelle a trait à un film qui sera projeté quand Mathias aura quitté l'île. En effet, l'affiche est constituée «d'un papier entièrement blanc» (*V*, 250) où est tracée «une lettre O de grande taille» (250). Cette lettre renvoie au cercle, par lequel «[l]'unité est représentée[29]». Mais, dépourvu de «[c]entre[30]», ce cercle est semblable à l'«anneau, symbole du manque, de l'ouverture et de la féminité[31]» selon Robbe-Grillet, et représente donc une unité réalisée autour du seul principe féminin, ce qui est précisément la caractéristique de l'Œuvre au Blanc.

A... rassemble effectivement en elle-même assez d'éléments appartenant aux deux opposés pour faire d'elle la préfiguration de l'unité idéale telle que celle-ci

---

27. C. G. JUNG, *Psychologie du transfert*, p. 139.

28. G. MONOD-HERZEN, *L'Alchimie et son code symbolique*, Monaco, Éditions du Rocher, 1978, p. 247.

29. C. G. JUNG, *Psychologie et alchimie*, p. 163.

30. R. GUÉNON, *Symboles de la science sacrée*, p. 63.

31. A. ROBBE-GRILLET, *Angélique ou l'Enchantement*, p. 21.

apparaît au stade avancé, mais encore inachevé, de l'*albedo*. En effet, A... «ne souffr[e] pas de la chaleur» (*J*, 10), mais elle «ne craint pas le froid non plus» (10). Elle se porte «très bien» (10) sous «le climat tropical» (26), lequel marie de façon alchimique ces contraires que sont l'eau et la chaleur. Elle a une «voix nette, mesurée» (16), «précise et mesurée» (140), mais elle trouve «belle» (195) la voix «volubile et chantante» (16) des indigènes, dont elle «écoute le chant» (105) «aux paroles incompré-hensibles» (99) et dont elle se fait comprendre «sans aucun mal» (51). Il lui arrive de «se tai[re]» (78), de ne pas ouvrir «la bouche pour parler» (141), de rester «muette» (70), les «lèvres closes» (200), mais, parfois, elle a «envie de parler» (94), «discut[e], à bâtons rompus» (98), ou «fredonne un air de danse» (29 et 207). À cette ambiva-lence comportementale s'ajoute une dichotomie phy-sique qui se manifeste dans la taille de A..., «coupée verticalement, dans l'axe du dos, par l'étroite fermeture métallique de la robe» (135). Distinctement détachés, les deux opposés n'en sont pas moins réunis — «Les genoux sont disjoints, [...] les chevilles croisées.» (133) —, voire équilibrés:

> Les deux bras tendus s'écartent d'une distance égale de part et d'autre des deux hanches. Les mains tiennent toutes les deux la barre de bois d'une façon identique. Comme A... fait porter l'exacte moitié de son poids sur chacun des hauts talons de ses chaussures, la symétrie de tout son corps est parfaite.» (*J*, 135-136)

Cette même division est apparente dans la chevelure de A..., séparée en deux «moitié[s]» (J,64) par «une raie médiane» (65): à droite, les cheveux s'offrent «à la brosse» (64) tandis qu'à gauche, «l'autre moitié de la che-velure noire pend librement jusqu'à la taille, en ondula-tions souples» (65). Noire, cette chevelure, «[p]areille à [la] nuit» (173), figure l'inconscient. «[D]éfaite» (64 et

167, voir 116), soumise à d'«improbables circon-volutions» (56), elle symbolise les désordres de l'incons-cient livré à lui-même: «Elle s'allonge, elle se multiplie, elle pousse des tentacules dans tous les sens, s'enroulant sur soi-même en un écheveau de plus en plus complexe [...].» (174) Mais, «peignée avec soin» (42 et 186), la che-velure de A... est contenue dans «un chignon bas, dont les torsades savantes» (45) témoignent de l'empire exercé par la conscience.

En effet, à partir du moment où la chevelure est asso-ciée à l'inconscient et, par conséquent, à la féminité, à la passivité, au désordre, il est naturel que sa «rem[is]e en ordre» (*J*, 43) évoque, au rebours, la conscience et les attributs qui sont attachés à celle-ci. C'est pourquoi, lorsque A... rétablit «l'ordonnance» (74 et 116) de ses cheveux qui redeviennent ainsi «docile[s]» (174), sa «main» (116), ses «doigts» (43), son «peigne» (120) ou sa «brosse» (64 et 174) jouent le rôle traditionnellement imparti au principe actif, masculin, et s'engagent par là dans un processus à connotation érotique. De fait, «la brosse de soie glisse doucement, de haut en bas, de haut en bas, de haut en bas, guidée maintenant par la seule respiration, qui suffit encore à créer, dans l'obscurité complète, un rythme égal» (174). Les «vibrations sacca-dées [qui] agitent la masse noire» (43) des cheveux sous l'impulsion de la brosse se diffusent peu à peu, générant de «légers tremblements, vite amortis, [qui] la [A...] par-courent d'une épaule vers l'autre» (44), jusqu'à provo-quer une série de frissons dont l'issue ressemble fort à un orgasme: la tête de A... est

> agitée de menus mouvements, imperceptibles en eux-mêmes, mais amplifiés par la masse des cheveux qu'ils parcourent d'une épaule à l'autre, créant des remous luisants, vite amortis, dont l'intensité soudain se ranime en convulsions inattendues, un peu plus bas...

plus bas encore... et un dernier spasme beaucoup plus bas (*J*, 134).

A... se trouve ainsi associée à une pratique autoérotique qui, dans la philosophie hermétique, correspond à «l'idée originelle de l'autofécondation[32]» et constitue l'apanage des entités qui illustrent l'unité primordiale: ainsi en est-il par exemple de «l'ouroboros, le serpent qui se mord la queue, dont on dit aussi qu'il s'engendre [...] lui-même[33]».

Cet autoérotisme est également illustré dans l'acte d'écriture. Cette fois, c'est le stylo, dont A... «ôte le capuchon» (*J*, 15), qui représente le sexe masculin, et c'est la «feuille de papier bleu pâle» (15), du bleu qui, selon la tradition hermétique, symbolise l'inconscient, c'est la feuille «vierge» (15), qui joue le rôle, passif, de la femme. Or, la connotation érotique associée à l'écriture est tout à fait conforme à la pensée alchimique, laquelle donne au Mercure, au principe féminin, le nom de «*liber*, le livre[34]», parce que cette matière première a une texture «formée de feuillets superposés comme les pages d'un livre[35]», cette matière devant être travaillée à l'aide d'une «*pointe de fer*[36]».

La domination exercée par le principe féminin

Les «jambages» (*J*, 131) des lettres écrites sur cette feuille de papier et l'«encre brune» (129) de l'écriture étant mis en rapport avec les «fragments» (130) du corps du mille-pattes écrasé et avec la «tache» (51) qui résulte de cet écrasement, il est permis de donner à l'animal lui-

---

32. C. G. JUNG, *Psychologie du transfert*, p. 77.

33. *Ibid.*, p. 105.

34. FULCANELLI, *Les Demeures philosophales*, t. I, p. 327.

35. *Ibid.*, p. 208.

36. *Ibid.*, p. 328.

même une dimension érotique. Cela est d'autant plus légitime que «le grésillement» (165) du mille-pattes est identifié au «crépitement» (64 et 167) de la brosse ou au bruit «du peigne dans la longue chevelure» (165) de A..., les «pattes» (62) de la scutigère renvoyant aux «dents d'écaille [qui] passent et repassent du haut en bas de l'épaisse masse noire aux reflets roux» (165), de la même couleur que la «bouillie rousse» (129) de l'animal écrasé. Du reste, bien des caractéristiques du mille-pattes montrent que celui-ci est une représentation du sexe masculin. En effet, cette scutigère est «de taille moyenne (longue à peu près comme le doigt)» (61-62). C'est de plus un «petit trait oblique long de dix centimètres» (127). Enfin, la bête est comparée aux «scolopendres» (128), dont le sens ancien de «serpent fabuleux[37]» évoque un symbole phallique bien connu.

Ce type de mille-pattes se rencontre «à la nuit tombée» (*J*, 62), c'est-à-dire quand l'inconscient devient le maître. Ainsi, la scutigère apparaît au moment où A... envisage de partir avec Franck à la ville (voir 61), laquelle est un port, donc le domicile de l'inconscient. Or, pour y aller, A... emprunte la voiture de Franck, la conduite-intérieure «bleue» (57, 74, 115, 203 et 214), de la couleur de l'inconscient. D'ailleurs, c'est à la ville que A... a entendu cet «air de danse, dont les paroles demeurent inintelligibles» (207) et qui, par conséquent, appartient à l'inconscient. De même, il arrive aussi que la bête se manifeste au moment où A... refuse de décrire «la chambre où elle a passé la nuit» (96), au cours de son séjour forcé en ville. Or, comme on l'a vu, la ville se confond avec la chambre à coucher de A..., là où Franck «écrase» (166) un mille-pattes «gigantesque: un des plus gros qui puissent se rencontrer sous ces climats. Ses

---

37. *Le Nouveau Petit Robert*, p. 2054.

antennes allongées, ses pattes immenses étalées autour du corps, il couvre presque la surface d'une assiette ordinaire.» (163) Dans la chambre à coucher où retentit le «cri plus violent d'une bête, aigu et bref» (209), Franck met ainsi fin à son désir, alors que, les autres fois, dans la salle à manger, il tue ce désir avant même que celui-ci n'ait eu le temps de s'exacerber, le refoulant dans l'ignorance de l'inexpérimenté: le cadavre de la scutigère n'est plus qu'un corps convulsé «en point d'interrogation» (56 et 64).

Ce faisant, Franck obéit à l'«aversion» (*J*, 63) de A... pour les scutigères, aversion qui correspond à la réaction dans laquelle, selon la pensée alchimique, «le Mercure [...] redoute l'intégration [...] à la conscience[38]». Dans ce contexte, A... représente

> [l]'anima *inconsciente*[, laquelle] est un être autoéro-
> tique, tout à fait incapable de relation, qui ne cherche
> rien d'autre que la prise de possession totale de l'indi-
> vidu, ce par quoi un homme se trouve féminisé
> d'étrange et pernicieuse manière[39].

En effet, chaque fois que A... aperçoit un mille-pattes, elle «semble respirer un peu plus vite» (*J*, 63), sa bouche «tremble imperceptiblement» (62), sa main «se ferme progressivement sur son couteau» (63) — autre symbole phallique — et, après l'écrasement de la bête, reste «crispée» (97, 113 et 166) sur la toile blanche de la nappe ou du drap. C'est que A... est sensible à la menace *mortelle* que constitue pour son unité le recours à un érotisme faisant appel à un principe masculin extérieur à elle. C'est pourquoi A... répugne aux relations hétérosexuelles, mais, telle la «jeune femme blanche» (194) du roman africain, elle peut parfaitement envisager

---

38. C. G. JUNG, *Psychologie du transfert*, p. 135.
39. *Ibid.*, p. 164.

d'«accorde[r] ses faveurs à un indigène» (194), de «coucher avec des nègres» (194), parce que la couleur des noirs place ceux-ci dans le même camp que les femmes.

En fait, ainsi que l'indique la tradition alchimique, pour laquelle, dans l'Œuvre au Blanc, la femme a le dessus sur l'homme, A... possède effectivement tous les traits d'une «maîtresse de maison» (*J*, 70): c'est elle qui «donne des ordres pour le repas du soir» (16), qui «donne l'ordre» (17) d'enlever un couvert, fournit «les indications» (18) pour la réalisation des fauteuils, qui «dispos[e]» (19) ceux-ci, qui «demande» (22) au boy de déplacer la lampe et «décid[e]» (40 et 211) de faire repeindre la balustrade en jaune. C'est cette autorité qui, au-delà du phénomène de protéisation déjà étudié, différencie A... et Christiane. En effet, celle-ci connaît «des ennuis domestiques qu'elle doit à ses serviteurs trop nombreux et mal dirigés» (17), mais celle-là, au contraire, parvient «sans aucun mal à [se] faire comprendre» (51) de serviteurs auxquels elle adresse de fréquentes directives. Or, cette différence tient à ce que Christiane est tout entière manifestation du seul principe féminin, lequel est passif et soumis, alors que A..., du fait de son accession à l'Œuvre au Blanc, exprime en revanche un état, certes incomplet, mais non négligeable, de l'union des opposés. C'est également la raison pour laquelle Christiane est fatiguée à cause de la «chaleur» (26 et 92), le principe féminin étant traditionnellement associé au froid.

Par son comportement autoritaire, A... se rapproche d'une autre «héroïne» (*STO*, 118) de l'Œuvre au Blanc, «lady G. au sacre de Christian-Charles» (117). En effet, vêtue également d'une «ample et longue robe blanche vaporeuse» (117, voir 124) et, elle aussi, «maîtresse de maison» (185), celle-ci aime «affirm[er] [s]on pouvoir» (152) sur ses semblables. De plus, elle est la «maîtresse» (173) d'Angélica, son «amie» (166), mais elle «refus[e] de s'en remettre [...] [au] pouvoir» (190) du docteur Morgan, qui cherche «à l'hypnotiser» (190) et, allongée «dans la fourrure blanche» (191), elle repousse le médecin qui veut la faire «dormir» (191): «Non! Non! Pas de piqûre, je vous en supplie!» (191) Or, des relations homosexuelles sont également attribuées par «la rumeur publique» (*MRV*, 140) à Lady Ava, à laquelle il arrive d'avoir «besoin de [...] Kim [...] [la] nuit» (105). Du reste, les points communs entre la tenancière de la Villa Bleue et l'héroïne de *La Jalousie* ne sont pas rares: comme A... (voir *J*, 70), Lady Ava est la «maîtresse de maison» (*MRV*, 21, 29, 60 et 74); alors que celle-ci est «parfaitement maîtresse du moindre de ses traits» (59), les «traits» (*J*, 26) de celle-là ne bougent pas et, de même que A... «s'attarde à remettre en ordre» (43) ses cheveux et multiplie «ordre[s]» (17) et «indications» (18), Lady Ava confie: «Tout est en ordre... Une fois encore, j'aurai réglé, autour de moi, la disposition des choses...» (*MRV*, 137)

L'hostilité aux rapports hétérosexuels, doublée d'une «absence totale de sentiments» (*J*, 42), explique que A... se satisfait tout à fait d'un *mari* coupable «de négligence» (193): ne considère-t-elle pas, «insouciant[e]» (87), que «la panne» (84) de Franck «n'est pas un drame» (87)? De fait, Franck joue, bien plutôt que le rôle d'un amant dont il n'est nulle part question dans le roman africain, celui du mari. Du reste, Alain Robbe-Grillet avoue avoir tendu « des fausses clés [...] [dans] la quatrième page de couverture de *La Jalousie*, où l'on disait "le narrateur de ce récit, un mari qui surveille sa femme"[40]». Loin de coïncider, comme pourtant le

---

40. A. ROBBE-GRILLET, intervention dans la Discussion qui suit la Communication d'Olivier-René Veillon, «*Le Jeu avec le feu* critique de *L'Année dernière à Marienbad* — de l'épure aux faseiements de l'idéologique», dans J. RICARDOU, *Robbe-Grillet: analyse, théorie. Colloque de Cerisy*, t. II «Cinéma/ Roman», p. 178.

propose l'ensemble de la critique, avec le trio, ô combien conventionnel, du triangle du théâtre boulevardier — mari, femme et amant —, les trois personnages-clés de *La Jalousie*, Franck, A.../Christiane et l'«enfant» (55), semblent bien plutôt devoir être rapprochés d'un autre trio, celui des *Gommes*: Dupont, sa femme et son fils. Hormis le fait que, d'un roman à l'autre — changement de phase oblige —, la figure, imparfaite dans les deux cas, de l'unité primordiale a changé de sexe, passant de Dupont pour se matérialiser en A..., la répartition des rôles reste la même. En particulier, le fils de Dupont constitue bien la première *incarnation* du narrateur jaloux de *La Jalousie*, lui, cet «adolescent [...] surgi du cabinet de travail» (*G*, 188) qui n'hésite pas à tirer «[d]eux coups de revolver» (188) sur son père alors que celui-ci s'apprête à «pousse[r] la porte» (188) de la chambre à coucher où l'attend sa «trop charnelle épouse» (187). En outre, le narrateur de *La Jalousie*, en tant qu'«observateur» (*J*, 124), en tant que *voyeur*, se manifeste comme le représentant de la conscience, ce que sont déjà le fils des *Gommes* et le double de celui-ci, Wallas. Aussi paraît-il fondé d'attribuer à ce narrateur-enfant la «chambre, beaucoup plus petite, qui contient un lit à une seule personne» (89) et de laisser à Franck la chambre qui, comme il a déjà été montré, lui revient de plein droit: celle du mari, celle où il y a un «grand lit» (143).

En tant que mari, Franck est d'ailleurs le seul, sauf «circonstances [...] exceptionnelles [...] qui dérange-[raient] [...] la bonne marche de la plantation» (*J*, 91), à pouvoir «prendre A... et l'emmener jusqu'au port» (142), c'est-à-dire dans la chambre à coucher de la maison où, effectivement, Franck «revient vers le lit» (166) pour s'allonger au côté de A... sous «la moustiquaire [qui] retombe» (166). Mais Franck, «dont le camion est toujours en panne» (86), dont la voiture «a pu tomber en panne, une fois de plus» (153), Franck qui, de surcroît, n'est «pas un mécanicien bien étonnant» (85), se retrouve, devant A..., à l'instar du mari du roman africain, sans «savoir la prendre» (26) et il se voit par conséquent obligé, avant de «la voir se rendre [...] là dans sa chambre» (193), de «savoir attendre» (193) ... la phase finale du processus alchimique.

La mort du mari/père

Cet échec provisoirement enregistré dans la réalisation du Grand Œuvre transparaît également tout au long de *Dans le labyrinthe*. De fait, entièrement articulé autour de «La défaite de Reichenfels» (*DL*, 26), qui constitue le titre du tableau fixé à un mur de la chambre et à laquelle est mêlé, au cours de la diégèse, l'ensemble des personnages, le roman peut assurément évoquer une étape de l'*opus*. En effet, en allemand, *Reichenfels* signifie *la pierre du royaume*. Le champ, l'enjeu de la bataille de Reichenfels renvoie donc à la Pierre philosophale qui, marquant «l'achèvement de l'œuvre[41]», «ouvr[e] [...] à l'adepte les portes d'un royaume[42]». Quant à la défaite de Reichenfels, elle équivaut dans ce contexte à une phase de l'Œuvre où l'atteinte de l'objectif final est, sinon définitivement mise en échec, du moins momentanément repoussée.

Or, il est clair qu'Éros est placé au cœur de la défaite de Reichenfels. Le lieu où se trouve le tableau, et qui joue la fonction d'un point de convergence vis-à-vis de l'espace entier du roman, constitue tout d'abord un indice important. De fait, il s'agit d'une chambre. Décorée de «lourds rideaux rouges» (*DL*, 23) et

---

41. R. GUÉNON, *Symboles de la science sacrée*, p. 264.
42. R. ALLEAU, *op. cit.*, p. 132.

contenant un «grand lit-divan couvert de la même étoffe rouge et veloutée» (23) à la manière des «draperies rouges» (*V*, 45) du lit de la première affiche de cinéma et des «draperies d'un rouge sombre» (68) de la chambre du cafetier du *Voyeur*, cette chambre, «close» (*DL*, 117 et 125) et «carrée» (189), rappelle également la chambre «close» (*J*, 171) et «carrée» (159) de *La Jalousie*. Cette double référence intratextuelle donne indiscutablement une connotation érotique à la chambre de *Dans le labyrinthe*. D'ailleurs, sur la table de cette chambre figure l'empreinte d'un poignard dont la forme n'est pas sans évoquer la morphologie du sexe masculin, puisqu'il est question d'un

> corps allongé, de la dimension d'un couteau de table, mais plus large, pointu d'un bout et légèrement renflé de l'autre, coupé perpendiculairement par une barre transversale beaucoup plus courte; cette dernière se compose de deux appendices flammés, disposés symétriquement de part et d'autre de l'axe principal, juste à la base de sa partie renflée, c'est-à-dire au tiers environ de la longueur totale. On dirait une fleur, le renflement terminal représentant une longue corolle fermée, en bout de tige, avec deux petites feuilles latérales au-dessous. (*DL*, 13)

En outre, ce poignard est comparé au motif du papier peint dont la chambre est tapissée:

> un fleuron, une espèce de clou de girofle, ou un minuscule flambeau, dont le manche est constitué par ce qui était tout à l'heure la lame d'un poignard, le manche de ce poignard figurant maintenant la flamme, et les deux appendices latéraux en forme de flamme, qui étaient la garde du poignard, représentant cette fois la petite coupe qui empêche les matières brûlantes de couler le long du manche. (*DL*, 19)

L'allusion sexuelle est tout aussi claire lorsque le même motif est identifié à «un gros insecte» (*DL*, 20), lequel renvoie au mille-pattes de *La Jalousie*, ou à une «torche électrique, car l'extrémité de ce qui est censé produire la lumière est nettement arrondie» (20), torche dans laquelle il est possible de reconnaître le symbole hermétique du phallus conçu comme «virilité lumineuse[43]». De plus, ce motif est rattaché au «filament incandescent» (20) d'une ampoule et à l'ombre que celui-ci génère sur le plafond, ombre semblable à celle d'un autre insecte, une «mouche» (14 et 15), «petite ligne noire, très fine, sinueuse, longue d'une dizaine de centimètres ou un peu plus» (187, voir 125).

Or, le symbole phallique véhiculé par le poignard et les divers prolongements de celui-ci à l'intérieur de la chambre est réactivé dans une série d'autres supports, tous reliés à la guerre et, partant, à la défaite de Reichenfels. Il s'agit en premier lieu du «poignard-baïonnette» (*DL*, 90) qui équipe le militaire dont le portrait est accroché à un mur de la pièce principale de l'appartement de la jeune femme. Cette photographie a été prise «au commencement de la guerre» (67), «le matin du départ pour le front» (114). Aussi ce poignard est-il encore placé dans «sa gaine en cuir noir» (90). Inactive, cette arme est analogue à la «canne-parapluie» (199), elle aussi dotée d'un «pommeau» (199) et «protégée par un fourreau de soie noire» (149, voir 182), qui est la propriété du médecin-narrateur, homme déchargé des obligations militaires par son «âge» (198) avancé, mais qui est également transportée par le «gamin» (200), trop jeune, lui, pour être soldat. Symbole donc du sexe au repos, la canne-parapluie est à rapprocher de la «béquille» (84) grâce à laquelle le «faux invalide» (212), bien que «largement en âge d'être mobilisé» (84), peut

---

43. J. EVOLA, *Métaphysique du sexe*, p. 201.

échapper à l'armée. Cette béquille représente donc le substitut stérile du «poignard-baïonnette» (213) qui appartient au simulateur et que la jeune femme, «forcée [par lui] à s'en débarrasser» (215), remet «en même temps que le paquet» (215). À noter que l'enfant porte la canne-parapluie «de la même façon» (210) que le soldat tient son fusil, «horizontalement, par le milieu» (210), au moment où, «sur la terre molle coupée d'ornières et de sillons transversaux» (161 et 210) du champ de bataille, «la bretelle [du fusil] vient de céder» (210), l'arme devenant, dans la déroute, «inutile [...] et gênant[e]» (161).

À ce fusil endommagé, hors d'usage, s'oppose la «mitraillette de couleur noire, dont le canon pointe hors de la carrosserie» (*DL*, 166) du side-car et dont le «crépitement sec et saccadé» (168) fait écho au «bruit saccadé des talons ferrés» (11) sur la neige «vierge» (17). Reste que dans cet environnement «enneigé» (17), c'est-à-dire dans la phase de l'Œuvre au Blanc, également signalée par «la marge blanche» (26) dans laquelle «est calligraphiée» (26) la légende du tableau et par «la petite affiche blanche» (55) annonçant «l'évacuation de la ville par les troupes» (146) et appelant à «la défense passive» (55 et 185), dans cette phase où, selon la doctrine alchimique, le principe féminin l'emporte sur son opposé, «le crépitement sec et saccadé de la mitraillette» (168) rappelle «le crépitement» (*J*, 167) du mille-pattes de *La Jalousie* et, par conséquent, traduit le désir masculin impuissant à s'imposer au principe féminin et dont la force inemployée se retourne contre l'homme jusqu'à l'autodestruction. La nature unipolaire du soldat est du reste suggérée par les initiales de celui-ci, «H. M.» (*DL*, 214). Ces deux lettres étant, comme Robbe-Grillet le précise, «deux lettres qui du point de vue graphique sont les deux plus proches, puisqu'il y a des façons de tracer le M qui le font ressembler tout à fait à un H[44]», le soldat est un «personnage dont le prénom est identique au nom de famille». Ainsi, au lieu d'être formé de deux composantes opposées, le soldat est constitué de deux fractions de même polarité — de polarité masculine puisque la lettre H est, selon la philosophie hermétique, l'«initiale grecque du soleil[45]» —, ce qui produit, ajoute Robbe-Grillet, «un processus d'annulation». Par ailleurs, de même que Franck s'approche «sans bruit» (*J*, 63, voir 97) de la bête pour, soudain, l'écraser avec sa serviette roulée «en boule» (63 et 97) qui «s'abat» (63) d'un coup, de même, c'est quand «le bruit a cessé» (*DL*, 166), après un «total silence» (166), qu'une «rafale» (168) de «balles» (168) claque, blessant à mort le soldat.

Ainsi, Franck refoulant son désir dès la salle à manger en y tuant l'insecte (voir *J*, 62 et 97) est comparable au faux invalide: tous deux ont un comportement qui leur permet de se défiler. Et sans doute faut-il voir dans cette dérobade la raison de la «rancune» (*DL*, 206), de la «haine» (206), de la «honte» (206) que la jeune femme nourrit à l'égard de l'invalide. En revanche, Franck, qui, notons-le, porte «une chemise kaki à [...] [l']allure vaguement militaire» (*J*, 46) et a l'habitude d'acheter du «vieux matériel militaire» (25 et 60), lorsqu'il écrase le mille-pattes dans «la chambre» (166) à coucher, correspond au militaire de la photographie, lequel, présent à «Reichenfels» (*DL*, 114), «ne s'est même pas battu, [...] a été encerclé et désarmé» (114), ou au soldat lui-même,

---

44. A. ROBBE-GRILLET, intervention dans la Discussion qui suit la Communication de Jean-Pierre Vidal, «Le souverain s'avarie. Lecture de l'onomastique R. G. au rusé Ulysse», dans J. RICARDOU, *Robbe-Grillet: analyse, théorie. Colloque de Cerisy*, t. I «Roman/ Cinéma», p. 311.

45. FULCANELLI, *Les Demeures philosophales*, t. II, p. 24.

son double, qui a été lui aussi «à Reichenfels» (174), mais qui fait partie de ceux «qui n'ont pas tenu le coup» (174), qui ne se sont pas «battus» (175). Or, à l'instar de A..., qui considère que «la panne» (*J*, 84) de Franck «n'est pas un drame» (87), la jeune femme, qui est aussi la «femme» (*DL*, 69) du soldat, répond à propos de «la blessure» (194) de celui-ci que «ce n'est rien» (194). Enfin, d'autres «se sont battus» (177), certains même «glorieusement» (178), bien qu'ils aient tous «fini par décrocher» (*DL*, 175). Parmi ceux-ci figure le père de l'enfant. Lui n'a pas «déserté» (164) et, pourvu d'un «casque» (164), il fait penser au personnage «coiffé d'un casque colonial» (*J*, 172) de *La Jalousie*, c'est-à-dire à un état antérieur de Franck, autrement dit au roi d'*Un régicide*, à Daniel Dupont ou à Édouard Manneret, tous trois mari et père d'un «fils» (*R*, 102, *G*, 201 et *MRV*, 114), qui sont morts en tant qu'unité au cours de l'Œuvre au Noir et qui, pendant l'Œuvre au Blanc, meurent en leur qualité de mari/père.

Maintenant que «[c]'est fini, la guerre» (*DL*, 45), que son corps de désir est mort à la conscience, le soldat n'a plus que la ressource de soustraire à l'inconscient, en les déposant dans la boîte, le signe de sa relation conjugale qu'est sa «bague» (214) et l'attribut de sa virilité qu'est le «poignard-baïonnette» (214). Ainsi, lorsqu'il prétend que le paquet contient une «arme secrète» (213) ou «une bombe» (164), l'invalide n'a pas tout à fait tort. En effet, au moment de la fusillade, la motocyclette meurtrière emplit «les alentours de ses explosions» (167), lesquelles ressemblent à l'explosion qui menace le soldat si celui-ci ne lance pas «hors de la tranchée» (119) la «sorte de grenade explosive, de forme allongée, un engin à retardement» (119), qu'il tient à la main. Éros constitue cette énergie qui risque d'aboutir à la désintégration de celui qui se montre incapable de la diriger victorieusement à l'encontre de son opposé. C'est à cause de cette énergie «incandescent[e]» (20) que le soldat a la «gorge sèche» (120), qu'il a «[b]eaucoup de fièvre» (130), que «tout son corps [...] le brûle» (120), et «l'eau froide» (138, voir 205) qu'il boit n'est pas l'élément susceptible d'étancher sa «soif» (120, 193 et 195) et d'éteindre le feu de son désir.

Le soldat connaît ainsi une mort qui ressemble beaucoup à celle que Franck subit dans l'imagination érotique du narrateur:

> Dans sa hâte d'arriver au but, Franck accélère encore l'allure. Les cahots deviennent plus violents. Il continue néanmoins d'accélérer. Il n'a pas vu, dans la nuit, le trou qui coupe la moitié de la piste. La voiture fait un saut, une embardée... Sur cette chaussée défectueuse le conducteur ne peut redresser à temps. La conduite-intérieure bleue va s'écraser, sur le bas côté, contre un arbre au feuillage rigide qui tremble à peine sous le choc, malgré sa violence.
>
> Aussitôt des flammes jaillissent. Toute la brousse en est illuminée, dans le crépitement de l'incendie qui se propage. C'est le bruit que fait le mille-pattes, de nouveau immobile sur le mur, en plein milieu du panneau. (*J*, 166-167).

S'identifiant de cette façon au personnage principal du roman qui finit «mort dans un accident de voiture» (*J*, 216), Franck apparaît aussi comme le double du chauffeur d'une «grosse automobile» (*TCF*, 97) qui, dans *Topologie d'une cité fantôme*, trouve la «mort au volant» (98). À noter que cette scène se rapporte à l'épisode de «Vanadé Victorieuse» (97 et *STO*, 77), c'est-à-dire à l'*albedo*, phase de l'*opus* dominée par la femme.

Or, cette mort peut également être rapprochée de celle de Marchat, «l'ex-fiancé de Lauren» (*MRV*, 120), l'héroïne de l'Œuvre au Blanc de *La Maison de rendez-vous*. Marchat est en effet présenté comme «un gentil garçon, qui n'aurait jamais su quoi [...] faire» (64) de Lauren. D'ailleurs, il ignore le maniement de son arme, en laissant «le canon dirigé vers le sol» (98), et «repouss[e] avec des airs de vertu outragée» (120) les offres de services de la prostituée chinoise qu'il a pourtant «fait monter à côté de lui» (120) dans sa «Mercedes rouge» (128). Au surplus, la mort du jeune homme, qui est trouvé «la tempe fracassée, les yeux exorbités, la bouche ouverte, les cheveux poissés dans une petite flaque de sang déjà coagulée» (128), fait songer à l'écrasement du mille-pattes, dont «les mâchoires s'ouvrent et se ferment à toute vitesse autour de la bouche» (*J*, 129 et 164) et dont le cadavre se présente comme «une bouillie rousse» (129) formant une tache d'«encre brune» (129). De plus, avant même d'en arriver au «suicide» (*MRV*, 161), Marchat, «comme s'il venait d'être frappé d'un coup de pistolet» (26), «s'affaiss[e] [...] sous la violence du choc» (57), voit son existence «réduite en poussière» (58) par la «disgrâce» (58) que Lauren, qui le traite «avec dureté» (56), lui signifie d'une voix «grave» (25), semblable à la voix «grave» (*DL*, 56) de la femme du soldat de *Dans le labyrinthe*.

Le sort de Marchat, notons-le, est analogue à celui de lord Corynth, le «futur époux» (*STO*, 228) de Marie-Ange auquel cette parfaite actrice de l'Œuvre au Blanc, où la femme se refuse au principe masculin, est «fiancée depuis neuf mois» (225). Corynth, «affecté par l'étrange maladie de langueur qui le tient à l'écart du monde depuis quelques mois» (228-229), voit ses «forces [...] décroître» (225) jusqu'à son «[é]vanouissement» (234) au moment où Marie-Ange, vêtue d'un «somptueux costume blanc, translucide et vaporeux» (228, voir 231), se marie à l'église.

La promesse de l'unité

Dans l'univers de l'Œuvre au Blanc, largement contrôlé par l'inconscient, il est normal que les symboles de l'unité idéale ne soient pas incarnés dans un personnage, mais qu'ils soient seulement disséminés dans des objets qui ne font que rappeler celle-ci en tant que but à atteindre au cours de la phase ultérieure. Ainsi, dans *La Maison de rendez-vous*, le fait que l'unité reste encore à accomplir est évoqué dans la porte «mise hors service par trois minces lattes de bois clouées l'une sur l'autre en travers du cadre, pour former une croix à six branches» (*MRV*, 153), croix représentant dans la symbolique alchimique «l'astre à six pointes, hiéroglyphe de l'Œuvre par excellence et de la Pierre Philosophale réalisée[46]». De même, parmi les personnages de *Dans le labyrinthe*, seul l'enfant, dont la polarité consciente est, comme on l'a vu, particulièrement affirmée, et à qui il incombe de poursuivre l'Œuvre, possède une caractéristique où l'unité s'exprime. Reste que ce trait n'est pas visible sur la personne même du garçon, mais se manifeste seulement de façon indirecte et passagère lorsque l'environnement s'y prête. En effet, ce signe est présent dans les traces de pas qui, laissées par l'enfant dans la neige, «montrent avec précision le dessin des semelles» (*DL*, 51): «une croix en relief au milieu d'une dépression circulaire» (51). Or, d'après la tradition hermétique, la croix est considérée comme un symbole de «l'"Androgyne" primordial[47]» et «le *cercle* [...] [comme] symbole de l'accomplissement et de l'être complet[48]». De plus, «un deuxième trou rond, beaucoup moins profond et de très faible diamètre, marqu[e] peut-être encore le centre de la croix» (51).

---

46. FULCANELLI, *Le Mystère des cathédrales*, p. 200.

47. R. GUÉNON, *Le Symbolisme de la croix*, p. 43.

48. C. G. JUNG, *Psychologie du transfert*, p. 66.

Cette précision vient renforcer la symbolique unitaire, puisque, comme le note René Guénon, «le centre de [l]a croix est [...] le lieu où s'unifient tous les contraires, où se résolvent toutes les oppositions[49]». Du reste, le dessin des semelles de l'enfant est tout à fait conforme au schéma figurant dans un traité d'alchimie publié en 1610, le *Tractatus aureus*, et à propos duquel l'auteur anonyme indique que «[l]e cercle du milieu [...] fait la paix entre les ennemis, c'est-à-dire entre les éléments, et [...] [parvient] à réaliser la quadrature du cercle[50]». En outre, au centre de cette croix figure «la pointure indiquée par des chiffres en relief: trente-deux, trente-trois peut-être, ou trente-quatre» (51): la pointure médiane, dont la vraisemblance est soulignée par l'adverbe *peut-être*, correspond à l'âge où le Christ fut crucifié, c'est-à-dire où Jésus s'est métamorphosé en «une *croix de lumière* [...], symbole classique[51]» de l'unité.

D'autres images de l'unité sont visibles dans la chambre du médecin-narrateur, laquelle se confond, comme on l'a montré, avec la chambre de la jeune femme. De fait, cette chambre est meublée d'une table qui est dotée de quatre pieds «en bois tourné, cannelés, devenant à l'extrémité supérieure cylindriques et lisses, s'achevant au sommet en quatre cubes portant une rose sculptée sur deux de leurs faces» (*DL*, 89) ou «se termin[ant] par une boule surmontée d'un cube» (210). Là encore, le symbole de l'unité est patent, puisque le cercle suivi

> par le carré [...] indique la réalisation de ce que les hermétistes désignaient symboliquement comme la

---

49. R. GUÉNON, *Symboles de la science sacrée*, p. 67.

50. [ANONYME], cité par C. G. JUNG, *Psychologie et alchimie*, p. 167.

51. C. G. JUNG, *Les Racines de la conscience. Études sur l'archétype*, p. 310.

"quadrature du cercle": la sphère, qui représente le développement des possibilités par l'expansion du point primordial et central, se transforme en un cube lorsque ce développement est achevé et que l'équilibre final est atteint[52].

De plus, la rose sculptée, présentée également comme «une sorte de fleuron stylisé, avec sa tige droite, portant vers le sommet deux petits arcs symétriques, qui divergent de part et d'autre, comme un V aux branches recourbées» (*DL*, 211), renvoie «à la *rose hermétique*», à la «*fleur de lys*», toutes les deux symboles de la réalisation, par l'alchimiste, de «la pierre philosophale[53]».

Par ailleurs, la similitude de ce dessin avec le motif, à connotation érotique, du «papier peint» (*DL*, 19), est à relier à la présence, sur la table, d'un autre symbole phallique, «la baïonnette» (80). Si cette baïonnette est placée «au milieu» (80) de la table, cette position peut signifier que c'est par l'entremise d'Éros que l'unité est susceptible d'être atteinte, cela en totale conformité avec la pensée hermétique. De plus, la «forte et courte lame à deux tranchants symétriques» (80) de la baïonnette n'est pas sans rapport avec la symbolique hermétique des «armes [...] à double tranchant [...] [évoquant] la dualité des pôles[54]» et la nature duelle du Sel alchimique. Le pouvoir réunificateur attribué à Éros est du reste confirmé par le fait que la baïonnette est placée sur une table couverte d'une «toile cirée à petits carreaux rouges et blancs» (64). En effet, du fait que, selon Jung, «[l]e rouge et le blanc sont des couleurs alchimiques: le rouge

---

52. R. GUÉNON, *Symboles de la science sacrée*, p. 81.

53. FULCANELLI, *Les Demeures philosophales*, t. II, p. 16.

54. R. GUÉNON, *Symboles de la science sacrée*, p. 171.

correspond au soleil et le blanc à la lune[55]», la structure bicolore de la toile cirée réunit les opposés masculin et féminin. En outre, lorsque, sur cette toile cirée, le soldat «mang[e] [...] du pain» (70) et boit du «vin rouge» (65), il effectue la même union, reproduisant «*la conionctio (union) de l'âme et du corps*[56]» qui est traditionnellement accomplie à l'occasion de l'Eucharistie. Ce faisant, le soldat n'est pas sans rappeler le médecin-narrateur: debout au comptoir du café «devant un verre en cône évasé monté sur un pied circulaire» (111), verre qui ressemble donc fort à un calice, il profère des «paroles sacrées [...], ponctuant la phrase par d'autres gestes solennels» (110), ou bien, dans la chambre même, il «lève les bras au ciel en ouvrant les doigts, comme un inspiré qui prêche une nouvelle religion» (202).

Enfin, Éros comme restaurateur de l'unité apparaît également à travers la «fissure» (*DL*, 187, 204 et 211) qui est perceptible sur le plafond de la chambre et dont on a déjà relevé la connotation érotique. En effet, cette fissure est comparée à «un fil d'araignée» (187 et 205). Or, selon Fulcanelli, «*Ariane* est une forme d'*araigne* (araignée), par métathèse de l'*i*[57]» et, par conséquent, le fil d'araignée n'est pas autre chose que le fil d'Ariane, grâce auquel il est possible de sortir du labyrinthe, c'est-à-dire d'aboutir à la Pierre philosophale.

Néanmoins, au cours de l'Œuvre au Blanc, grâce à l'action *photogénique* exercée par le principe masculin de la conscience sur la noirceur du principe féminin de l'inconscient, seule une ébauche de l'unité est réalisée. Alors que l'homme voit sa puissance d'action affaiblie

---

55. C. G. JUNG, *Les Racines de la conscience. Études sur l'archétype*, p. 451.

56. *Id., Psychologie et alchimie*, p. 400.

57. FULCANELLI, *Le Mystère des cathédrales*, p. 63.

par ses contacts avec l'inconscient, la femme, elle, forte d'attributs propres à son opposé, sauvegarde son état et son emprise en se réfugiant dans un autoérotisme qui condamne la force inemployée du désir masculin à se retourner contre son support: le mari meurt, autrement dit rejoint l'inconscient.

Dans ces conditions, c'est au profit du fils qu'Éros joue désormais, dans le *labyrinthe* robbe-grillétien, le rôle déterminant du fil d'Ariane, conduisant le voyageur/ alchimiste jusqu'à la phase finale, celle de l'Œuvre au Rouge.

CHAPITRE III

L'Œuvre au Rouge

> « L'or est toujours maudit, tu
> devrais le savoir. Le mien est du
> métal rouge, celui qui brûle
> l'âme[1] ! »

L'Œuvre au Rouge, ou *rubedo*, marque un revire-ment complet des rapports de force. En effet, la suprématie exercée pendant l'*albedo* par le principe féminin est cassée au cours de la dernière phase du Grand Œuvre, où « le Soufre et le Feu sont de nouveau actifs, le masculin [...] réagit sur la substance qui l'avait dissous, il prend le dessus sur le féminin [...], il lui transmet sa nature[2] ».

Armée de « l'épée, [...] hiéroglyphe du feu qui pénètre[3] », c'est-à-dire pourvue de la puissance d'Éros, la conscience s'attaque donc à l'inconscient, poursuivant et achevant sa lutte amorcée au cours de l'Œuvre au Noir. En dépit des sévices qu'il subit de la part de son opposé, le Mercure « reste soumis au Soufre, car il est le serviteur et l'esclave, lequel, se laissant absorber, disparaît et se

---

1. A. ROBBE-GRILLET, *Les Derniers Jours de Corinthe*, p. 215.

2. J. EVOLA, *Métaphysique du sexe*, p. 352.

3. FULCANELLI, *Les Demeures philosophales*, t. II, p. 15.

confond avec son maître[4] ». Cette assimilation s'effectue à l'occasion du « mariage des deux protagonistes[5] », lequel prend la forme d'un « inceste frère-sœur [...] [ou] mère-fils[6] », le fils, successeur du père, entreprenant de « tuer cette femme[7] » avec laquelle il s'unit.

C'est ainsi que, sous « l'action violente du feu[8] » érotique, l'union des deux opposés aboutit à la reconstitution de l'unité sous la forme d'un brasier où ont simultanément lieu « la destruction de[s] deux corps » et l'éclosion de l'œuf philosophique, lequel a été expulsé au cours de l'Œuvre au Blanc et d'où naît à présent le « *Rebis*, l'androgyne couronné[9] », « héritier de l'énergie vitale et des qualités mixtionnées de ses parents défunts[10] » : « L'enfant naît de leur mort et se nourrit de leurs cadavres[11]. »

Dans les quatre derniers romans de Robbe-Grillet, *Projet pour une révolution à New York*, *Topologie d'une cité fantôme*, *Souvenirs du triangle d'or* et *Djinn*, où l'Œuvre au Rouge est particulièrement développé, les relations érotiques sont donc essentiellement marquées par la volonté du principe masculin de ramener son opposé au trait fondamental qui caractérise celui-ci, à savoir la passivité. D'où généralement une violence dans les rapports entre les contraires qui autorise la confusion entre les « scènes de guerre ou d'accouplement » (*PRNY*, 32).

---

4. *Ibid.*, p. 118.

5. E. CANSELIET, *L'Alchimie expliquée sur ses textes classiques*, p. 185.

6. C. G. JUNG, *Psychologie et alchimie*, p. 525.

7. J. EVOLA, *Métaphysique du sexe*, p. 276.

8. FULCANELLI, *Les Demeures philosophales*, t. II, p. 75.

9. J. EVOLA, *Métaphysique du sexe*, p. 352.

10. FULCANELLI, *Les Demeures philosophales*, t. II, p. 75.

11. *Ibid.*, t. I, p. 292.

La contre-attaque du principe masculin

Au cours de cette lutte où les opposés prennent notamment l'apparence du couple alchimique «or-argent[12]», il n'y a pas de place pour l'affectivité. Une fois de plus, c'est à la fin de l'Œuvre au Blanc que se situent les prodromes de l'Œuvre au Rouge. Ainsi, à l'image de A..., Kim, en sa qualité de femme active de l'Œuvre au Blanc, est dépourvue du «moindre sentiment» (*MRV*, 159). Pareillement, pour Lauren, «il n'[...]a jamais été question» (86) d'aimer Sir Ralph. Ce «surnom» (53) de Johnson peut faire songer au phallus, puisque tel est l'un des sens du mot *ralph* en argot américain[13]. S'il en est ainsi, on comprend pourquoi «Sir Ralph ne vit [...] plus qu'à travers» (105) Loraine-Lauren, pourquoi la jeune femme est pour lui une «princess[e]» (33), pour-quoi elle est en quelque sorte une *reine pour l'or*, la *reine de l'or*, tandis que, vis-à-vis de l'Américain, Lauren-Loraine doit être lue comme la *haine de l'or*, à l'image de l'aversion de A... à l'égard des mille-pattes.

Pour essayer d'échapper à la tentative de prise de pouvoir de la conscience masculine, la femme de l'Œuvre au Blanc utilise un dernier expédient: la prosti-tution. En effet, «en affirm[ant] en chaque occasion son état de prostituée» (*MRV*, 84), Lauren s'identifie non seu-lement au mercure alchimique, c'est-à-dire à la matière première qui, «[à] la fois vile et précieuse, abjecte et recherchée, [...] est la prostituée de l'Œuvre[14]», mais, grâce à «l'argent» (86) qu'elle reçoit comme prix de ses «services» (83), elle régénère sa blancheur, évitant ainsi d'être dominée par l'or. C'est d'ailleurs parce que

---

12. C. G. JUNG, *Psychologie et alchimie*, p. 424.

13. Voir Richard A. SPEARS, *Slang and Euphemism*, New York, Signet, 1991, p. 68.

14. FULCANELLI, *Les Demeures philosophales*, t. II, p. 219.

Johnson ne parvient pas à lui payer «avant le lever du jour» (86) «l'argent qu'elle exige» (105) que Lauren, la femme de l'Œuvre au Blanc, meurt dans «un pyjama de soie dorée» (214), en même temps que Lady Ava, son alter ego et sa «maîtresse» (62), qui est finalement obligée d'admettre que «[l]es choses ne sont jamais définitivement en ordre» (209).

Auparavant, Lauren avait déjà entamé sa métamorphose. En effet, ayant l'esprit «frappé» (*MRV*, 161) par la mort de Marchat, elle «changea complètement de vie et presque de caractère: de sage, studieuse, réservée, qu'elle était auparavant, elle se jeta, par une sorte de passion désespérée en quête du pire, dans les excès les plus dégradants» (162). Autrement dit, Lauren cesse de s'identifier à A..., dont la voix «mesurée» (*J*, 16) et l'écriture «régulière» (103) témoignent de la «sérénité» (86) du personnage, pour se muer en Christiane, dont elle porte d'ailleurs la «robe blanche à large jupe» (115, voir *MRV*, 47). Or, dans le mot Christiane, la présence de *christ* est particulièrement facile à repérer. La tradition alchimique établissant une analogie entre cet étymon et le grec χρυσός l'or[15], Christiane trouve là un rapport supplémentaire avec Lauren-Loraine, dont la première syllabe du prénom évoque phonétiquement l'or.

Ce glissement entre les personnages correspond à un changement de phase au sein du travail alchimique. L'Œuvre au Blanc est progressivement abandonné au profit de la phase suivante, la «*xanthosis*[16]» ou «*citrinitas* (passage au jaune[17])». De nombreux signes attestent cette évolution, qui est déjà annoncée dès *La Jalousie*, la

---

15. Voir *id.*, *Le Mystère des cathédrales*, p. 186.

16. C. G. JUNG, *Psychologie et alchimie*, p. 299.

17. *Ibid.*, p. 303.

balustrade blanchâtre devant être repeinte «en jaune vif» (*J*, 40 et 211). Le fait que *La Maison de rendez-vous* a pour cadre Hong-Kong et met en scène de nombreux Chinois et leurs «visages jaunes» (*MRV*, 157) est certainement le signe le plus évident. Mais d'autres indices sont disponibles, par exemple «les fines chaussures dorées» (38) de Kim, dont «les lanières de cuir doré» (65, voir 15) sont semblables aux «lanières dorées» (13, 82 et 184) des chaussures de Lauren, le «visage doré» (104) de Kim, les «beaux cheveux d'un blond doré» (62) de Lauren. En alchimie, cette phase jaune effectue la «transition jusqu'[à la] *rubedo*». Or, la couleur jaune comme annonciatrice de la phase rouge figure également dans *La Maison de rendez-vous*. De fait, le «canapé» (13) du grand salon de la Villa Bleue, d'abord «jaune» (30), apparaît ensuite «rouge» (62), mais, en fait, le dernier stade du Grand Œuvre n'étant pas encore atteint, le narrateur se ravise et précise que «le canapé jaune [...] [est] plutôt à bandes jaunes et rouges» (63). Pareillement, poursuivi par une voiture de police, Johnson en «aperçoit les feux jaunes ainsi que le phare rouge à éclairs périodiques qui surmonte le toit» (90).

Dans ce contexte de l'Œuvre au Jaune, il est logique que le combat entre les opposés s'exerce au profit de la conscience. De fait, lorsque Lauren «refuse [...] de partir» (*MRV*, 84) à Macao, chez Johnson, autrement dit quand la femme de l'Œuvre au Blanc n'accepte pas de se fondre dans le principe opposé, l'homme cherche à disposer de méthodes «pour faire perdre [à celle-ci] toute volonté de résistance» (130). C'est le but des «philtres magiques qui aliènent la volonté du sujet pour l'abandonner sans défense au pouvoir d'un tiers» (124). Ainsi, alors que la Christiane de *La Jalousie* ne peut pas accéder au statut de la femme de l'Œuvre au Blanc à cause des «drogues»

(*J*, 192) que lui donne son «médecin» (192), Lady Ava, elle, après avoir bu un «médicament à la couleur jaune doré» (*MRV*, 188), perd ce statut en mourant sous l'effet de ce «poison» (208). Seule Kim ou, plutôt, «Lucky» (204), survit à l'étape de la phase jaune: consentant de bonne grâce (voir 124) à absorber des «breuvages truqués» (130), elle porte désormais «un pyjama de nuit de couleur mordorée» (101). Sa survie constitue la preuve d'un succès qui, en même temps, est la marque d'une reddition devant l'opposé, reddition contre laquelle œuvre Lady Ava, puisque le numéro de téléphone de celle-ci (voir 141) est celui de la «Société pour la lutte contre les stupéfiants» (80). C'est pourquoi, lorsque Kim et Lady Ava se font face, il y a «de la haine de part et d'autre, ou de la terreur, ou de l'envie et de la pitié, ou de l'imploration et du mépris» (102).

Dans le même temps, le narrateur s'affirme de plus en plus comme le représentant actif de la conscience, en tant que détenteur de la puissance du regard et de la vertu de l'ordre. Ainsi, il confie par exemple: «Une fille en robe d'été qui offre sa nuque courbée [...], je la vois aussitôt soumise à quelque complaisance, tout de suite excessive.» (*MRV*, 11), «Dans les jardins, j'organise des fêtes.» (12), «[...] [L]es marbres sciés à symétrie bilatérale dessinent sous mes yeux des sexes féminins largement ouverts, écartelés.» (12), «Souvent je m'attarde à contempler quelque jeune femme qui danse, dans un bal.» (12) La danse est d'ailleurs un exercice où les rôles complémentaires de la danseuse et de son cavalier sont clairement définis, attribués et respectés: l'homme «indiqu[e] [...] les mouvements» (12), donne «un ordre presque imperceptible» (13), «un ordre muet» (15), il «dirige [la femme] à distance» (65) en «fix[ant] avec intensité» (65), d'un «regard sévère» (65), les «yeux [...]

déraisonnables» (87) de la danseuse. Celle-ci, le «regard [...] soumis» (47), les «yeux baissés» (12 et 30, voir 47, 38 et 62), «courbée en avant» (13 et 82, voir 184), «attentive» (12), «obéi[t] aussitôt» (13) à l'homme, aux «règles [...] strictes, [...] contraignantes» (15), aux «lois minutieuses du cérémonial» (13).

Encore une fois, c'est Éros qui assure le passage d'une phase à l'autre, puisque les alchimistes affirment que c'est sous «l'influence du feu [...] [que] la blancheur gagne en profondeur, atteint toute la masse et vire, en surface, au jaune-citron[18]». Ainsi, dans l'univers du désir où «la température tropicale» (*MRV*, 91) génère une «chaleur [...] étouffante» (22 et 199), «accablante» (86), qui ne laisse place à «aucune fraîcheur» (23), la relation érotique n'est pas sans être influencée par le rapport de force instauré entre les opposés. L'homme, l'agent de la conscience, utilise l'instrument de celle-ci, le regard, pour ramener la représentante de l'inconscient à la passivité de l'objet observé. Il cherche à la dompter, à la mater, en la *matant*, puisqu'en argot — qui est la langue des «descendants hermétiques des *argo-nautes*[19]» et de «[t]ous les Initiés» —, ce verbe signifie «regarder sans être vu[20]». C'est exactement ce que fait Johnson sur la personne de Lauren: il

> regarde la jeune femme, qui continue de regarder à terre. Il la détaille avec lenteur, de bas en haut, s'attardant davantage sur la naissance de la gorge, les épaules nues, le long cou gracieux qui se courbe un peu de côté, considérant chaque ligne du corps (*MRV*, 53).

Prostituée de la Villa Bleue de *La Maison de rendez-vous*, Lauren réapparaît, dans *Projet pour une révolution*

---

18. FULCANELLI, *Les Demeures philosophales*, t. II, p. 79.

19. *Id., Le Mystère des cathédrales*, p. 56.

20. *Le Nouveau Petit Robert*, p. 1365.

à New York, à travers le couple JR/Laura. JR, prostituée travaillant pour le compte de la «Johnson Limited» (*PRNY*, 100), trouve en effet un de ses doubles dans Laura, tenue «prisonnière» (171, voir 85) dans une maison «dont le crépi est peint en bleu vif» (14, voir 178 et 184). Au delà des similitudes, la modification, d'un roman à l'autre, du prénom de Lauren en Laura, celle que *l'or a*, témoigne de l'atteinte d'une nouvelle étape qui, au sein de l'Œuvre alchimique, se rapproche du but ultime.

La domination exercée sur la femme pour en diminuer autant que faire se peut la composante active se manifeste ainsi par le fréquent usage d'une «grosse corde» (*PRNY*, 88), de «cordelettes» (10 et 192), «de cordes de chanvre» (143, voir 194) ou de «chaînes» (181 et 208), lesquelles permettent aux bras et à la poitrine d'être «emprisonn[és]» (88), aux mains d'être «liées dans le dos» (88) et aux chevilles d'être «attachées» (88, voir 8). Ainsi «ligotée» (87), «immobilis[ée]» (17 et 170), la femme devient une «prisonnière» (9, 88, 92, 142, 150, 171, 181, 194, 192 et 210), une «captive» (94, 150, 170 et 202), une «esclave craintive» (70) qui «ressen[t] son impuissance» (171), «abandonn[e] toute velléité de résistance» (171) et «obéi[t] [...] bien sagement» (171) aux ordres de «son seigneur» (70) et maître. Parfois, pour disposer d'une «chair sans défense» (171), l'homme est également conduit à réduire la femme à elle-même, c'est-à-dire à l'inconscience totale, au moyen d'un «tampon imbibé d'éther» (9) ou d'une «substance narcotique» (89) quelconque.

La défloration et la mort

Rendu «docile» (*PRNY*, 10, 70 et 181) par la drogue ou par les «gifles» (27, voir 171), «deven[u] malléable comme une poupée de chiffon» (19), le corps de la femme est «bien tendu en forme d'X» (208), «les membres écartelés en croix de saint André» (176, voir 33, 69, 88 et 178). «[L]e chiffre romain X [...] [n'étant d'après la tradition hermétique] que la croix autrement disposée[21]», la femme épouse donc la forme du «symbole de l'union des complémentaires[22]», et le centre de la croix, «point où se concilient et se résolvent toutes les oppositions[23]», est alors constitué par le sexe féminin, dont la «symétrie axiale» (193, voir 116) évoque cette bipolarité. Le corps écartelé est également comparé à une «cible à fléchettes» (33). Or, là encore, le «milieu entre les extrêmes représentés par des points opposés de la circonférence, c'est le lieu où les tendances contraires [...] se neutralisent pour ainsi dire et sont en parfait équilibre[24]». Le cercle central de la cible, c'est-à-dire le sexe féminin, possède ainsi un centre qui représente «la seule image qui puisse être donnée de l'Unité primordiale[25]» et qui, lui, est figuré par le sexe masculin, à l'instar du doigt placé dans le «mince anneau» (165) de la mariée ou dans la «grosse bague» (28) de Laura.

Or, nombre d'images analogues existent du sexe masculin. Toutes évoquent la pénétration, laquelle peut être rapportée à la «*penetratio*[26]» alchimique, où «le Mercure est [...] transpercé par l'épée». Ainsi, l'organe viril est perceptible sous le «lourd sabre à lame dégainée» (*TCF*, 48, voir 49), l'«épée à large lame» (201), le «couteau à large lame étincelante» (11, voir 138, 155 et *PRNY*, 128),

---

21. R. GUÉNON, *Le Symbolisme de la croix*, p. 46.

22. *Ibid.*, p. 42.

23. *Ibid.*, p. 49.

24. *Id.*, *Symboles de la science sacrée*, p. 67.

25. *Ibid.*, p. 63.

26. C. G. JUNG, *Les Racines de la conscience. Études sur l'arché-type*, p. 304.

le «grand couteau de boucher» (*TCF*, 60, voir *PRNY*, 41), le «poignard à large lame» (*TCF*, 112, voir 176 et *PRNY*, 12), le «stylet d'or» (*TCF*, 103 et 164, voir 112), les «flèches» (50), les «dards» (50) ou l'«aiguille dressée» (201). La «grosse clef» (160, voir 162), la «tige de métal» (*PRNY*, 86) «enfonc[ée]» (87) «dans le trou de la serrure» (86) et la «petite lampe électrique de poche, de forme cylindrique allongée, dont [le serrurier] approche le bout arrondi, lumineux, de l'orifice mystérieux et récalcitrant» (87), jouent le même rôle. Mais le sexe masculin est également représenté au travers du rat à la forme «oblongue» (140), bête «répugnant[e]» (145), semblable à «la braguette déformée du mince pantalon trop collant» (110) de Marc-Anthony, sur laquelle «Laura fixe le regard, avec une moue de répugnance» (110), une «grosse» (142) «bête velue» (142) qui, de ses «dents acérées» (140), «mor[d]» (143) et «dévor[e] le ventre» (143, voir 145) de sa victime. Enfin, il est aussi figuré, ainsi qu'Alain Robbe-Grillet l'a lui-même indiqué[27], par l'«énorme araignée à pattes velues» (92) et «griffues» (195), analogue à la «scutigère» (202) de *La Jalousie*, «animal au corps de chauve-souris» (195) qui court «en zigzag sur [l]a chair nue par petits élans rapides coupés d'arrêts brusques» (195) et dont les «longs appendices crochus» (196) s'«enfoncent» (196) à la manière de «banderilles» (119).

Conformément à une expression, peut-être lourde de sens, du langage courant, que La Fontaine utilise dans

---

27. «Le sexe féminin n'est pas velu pour moi, c'est l'araignée qui est velue. Cette [...] araignée du *Projet pour une révolution* est [...] mâle. Elle n'est pas du tout femelle [...].» A. ROBBE-GRILLET, intervention dans la Discussion qui suit la Communication de Jean-Pierre VIDAL, *art. cit.*, p. 312.

son conte intitulé «Comment l'esprit vient aux filles[28]», la capitulation de l'inconscient face à la conscience est identifiée à la défloration, dans laquelle la tradition hermétique voit une «transmission [à la femme] d'une influence spirituelle de la part de l'homme[29]»: la «fleur rouge d'hibiscus au-dessus de l'oreille gauche» (*MRV*, 34) de Kim devient «une fleur fanée d'hibiscus, de couleur rouge sang, dont un pétale se trouve pris sous le disque de cristal formant la base du pied» (46, voir 29) d'une coupe à champagne, «un mouchoir de soie blanche [est] taché de sang» (67).

La pénétration de la femme entraîne des déchirures (voir *PRNY*, 181, 184 et 191) ou des mutilations (voir 182, 185, 188 et 213) qui se traduisent par l'écoulement de «filets de sang» (182, voir 49, 99, 142 et 211) se transformant bientôt en «une petite mare» (185), puis en «une mare de sang» (213, voir 80 et 159). C'est ce qui arrive à lady G.: quittant la phase de l'Œuvre au Blanc, elle est «emmen[ée] à un interrogatoire» (*STO*, 191) et se retrouve «enfermée, solitaire, dans [la] cellule» (155). C'est alors qu'habillée d'une «chemisette de jeune mariée» (191), elle devient Nathalie, vêtue pareillement d'une «courte robe de coton» (159) et d'un «slip blanc» (159). La jeune femme est la victime d'une «partie de chasse cynégyne» (235, voir 229) où le chasseur n'est autre que lord Gainsboro, le mari. «[À] demi couché sur [l]es jambes ouvertes» (160) de sa femme, celui-ci «tient le grand couteau qu'il s'apprête à lui enfoncer dans le ventre, l'empalant avec lenteur par sa nature féminine, pour achever la proie vaincue sans l'abîmer davantage,

---

28. Jean de LA FONTAINE, «Comment l'esprit vient aux filles», dans *Contes et nouvelles érotiques*, Paris, Séguier, [1667-1674] 1995, p. 223-226.

29. J. EVOLA, *Métaphysique du sexe*, p. 125.

dans un flot de sang vermeil» (160). L'Œuvre au Rouge, pendant lequel est ainsi «parachev[é] le supplice» (21) commencé au cours de l'Œuvre au Noir, est également suggéré par la «chaussure de femme en fine peau blanche [...] [qui] baigne [...] dans [une] flaque visqueuse de couleur vermillon sombre» (86). «[L]iquide visqueux» (*PRNY*, 125), «rouge vif, épais» (124 et 138), ce sang évoque «la gomme rouge[30]» ou «l'or visqueux[31]» de Marie l'alchimiste, la couleur rouge étant attribuée par les hermétistes «à Dieu le Fils parce qu'il a versé son sang[32]». Or, comparée aux «martyres» (153 et 181, voir 196 et 205) et aux «jeunes saintes» (205), présentée comme une «suppliciée» (142, 185 et 212, voir 95, 98, 102 et 152) étendue sur le grand «autel» (41, 116, 211 et 212) d'une église et comme «l'hostie» (41 et 213) du «sacrifice» (41, 95, 119, 142 et 213), Joan n'est-elle pas assimilée au Christ? Dans ces conditions, le sacrifice de la jeune femme renvoie au «sacrifice du serpent[33]», au «*serpens mercurialis* (serpent mercuriel) crucifié[34]» des traités alchimiques, lequel «caractéris[e] [le Christ] comme une personnification de l'inconscient[35]» et témoigne effectivement d'«une victoire [de la conscience] sur l'inconscient».

Ainsi «torturée» (*PRNY*, 99, voir 152, 181 et 201) comme le Mercure subit, dans l'*opus* alchimique, le «*cruciatus* (supplice, torture[36])», le «martyre spirituel[37]»,

---

30. C. G. JUNG, *Psychologie et alchimie*, p. 509.

31. *Ibid.*, p. 211.

32. *Ibid.*, p. 280.

33. *Id.*, *Les Racines de la conscience. Études sur l'archétype*, p. 446.

34. *Id.*, *Psychologie et alchimie*, p. 505.

35. *Id.*, *Les Racines de la conscience. Études sur l'archétype*, p. 446.

36. *Ibid.*, p. 153.

37. *Ibid.*, p. 437.

c'est-à-dire jusqu'au «*démembrement*[38]» (voir 213), la femme «se tord au paroxysme de la souffrance» (180), poussant un «cri horrible» (194), un «long cri de souffrance et de terreur» (9), de «longs hurlements de douleur» (142, voir 41). Mais, de même que la tradition hermétique met l'accent sur le «rapport constant existant entre la sexualité et la douleur[39]» et explique «l'emploi de la douleur physique comme adjuvant extatique[40]», de même, les suppliciées de *Projet pour une révolution à New York* éprouvent

> une série de spasmes sexuels de plus en plus forts et prolongés, devenant vite extraordinairement douloureux, se terminant au bout de plusieurs heures par la mort du sujet dans les convulsions combinées de la jouissance la plus vive et des plus atroces souffrances (*PRNY*, 202, voir 180),

et il arrive que, dissimulées «sous le déchaînement des accords liturgiques» (*PRNY*, 212), «les hurlements des victimes» (212) «ressemblent à des cris de ferveur mystique» (212).

Dans *Projet pour une révolution à New York*, compte tenu de la protéisation des personnages, cette violence s'exerce en fin de compte entre le narrateur et Laura, c'est-à-dire entre «frère» (*PRNY*, 25) et «sœur» (78 et 83). Le caractère incestueux de ces relations se retrouve dans la pratique hermétique «des *noces chimiques, du mariage mystique du frère et de la sœur*, [...] tous deux de même sang et [...] [de] même origine[41]», l'«inceste symbolis[ant] [pour les alchimistes] l'union de l'être avec lui-même, [...] [puisqu'il représente] le degré d'union des semblables qui suit immédiatement l'idée originelle de

---

38. *Ibid.*, p. 151.

39. J. EVOLA, *Métaphysique du sexe*, p.119.

40. *Ibid.*, p. 120.

41. FULCANELLI, *Les Demeures philosophales*, t. II, p. 110.

l'autofécondation[42]». Dans *Topologie d'une cité fantôme*, l'union implique cette fois l'inceste entre la mère et le fils. De même que l'art alchimique unit celui-ci à la «mère[43]» qui «meurt[44]», David enfant est en effet présenté comme l'éventuel «assassin précoce» (*TCF*, 186) de «sa jeune mère» (186), la jeune femme «qui vient d'être poignardée» (102) étant «vêtue de mousseline rose» (102) à l'instar de Lady H.-G., habillée d'une «robe rose» (60): la victime, qui n'était plus «vierge» (112), «a été violée» (112).

Si l'on se rappelle que, compte tenu du procédé de la protéisation, les différents personnages ne mettent finalement en scène qu'une entité unique, l'érotisme des romans robbe-grillétiens est parfaitement en phase avec l'«acte sacrificiel entrepris en vue de la transmutation alchimique [...][, où] *sacrificateur* et *victime*[45]» ne sont qu'une seule personne, et cet érotisme dote le sado-masochisme au travers duquel il se manifeste fréquemment d'une particularité qui n'est pas exempte de «considérations métaphysiques» (*PRNY*, 181).

La réunification d'une entité unique

Du reste, à ce stade de l'Œuvre où les opposés ont déjà subi et subissent encore d'importantes métamorphoses, non seulement la protéisation des personnages est manifeste, mais le fonctionnement de ce procédé dans le cadre de la succession des phases alchimiques est particulièrement visible. Ainsi, nombreuses sont les situations qui manifestent l'unicité fondamentale des

---

42. C. G. JUNG, *Psychologie du transfert*, p. 77.

43. *Id.*, *Psychologie et alchimie*, p. 525.

44. FULCANELLI, *Les Demeures philosophales*, t. II, p. 161.

45. C. G. JUNG, *Les Racines de la conscience. Études sur l'arché-type*, p. 151.

personnages. De fait, c'est une femme qui est «anesthésiée» (*PRNY*, 10) par un psychanalyste désireux d'entreprendre «l'investigation du passé enfoui de la patiente» (91), mais c'est le narrateur qui se rend chez le docteur Morgan «pour une narco-analyse» (34), c'est-à-dire pour être placé dans un état de demi-sommeil permettant l'investigation de son inconscient. Pareillement, la protéisation des personnages explique les «mœurs particulières» (108, voir 147 et 158) de Ben Saïd. En effet, celui-ci n'est-il pas l'«amoureux» (153), mais en même temps le bourreau (voir 153) d'une femme, Joan, qui s'appelle également «Jean» (210) «Robeson, ou [...] Robertson» (72), autrement dit *fils de Robe* ou de *Robert*, patronymes sous lesquels apparaît, outre le nom de l'auteur, celui du Robin du *Voyeur*, lui-même prénommé «Jean» (*V*, 61) ? En outre, le même phénomène éclaire tout autant l'autoérotisme de Joan. De fait, la jeune femme «se caress[e] contre l'extrémité en pointe de la table à repasser» (*PRNY*, 80), mais, ce faisant, elle ne fait que préluder à l'«intérêt» (98) qu'elle va prendre en compagnie du faux policier. De même, elle «laisse tomber le fer [à repasser] brûlant sur [s]a robe verte» (82), mais cette *robe grillée* «laiss[e] un large trou triangulaire à la place du sexe» (82), préfigurant le «creux de la plaie rouge sombre qui remplace [son] pubis» (213) et qui lui est infligée par son tortionnaire.

C'est également du fait de la protéisation que *Projet pour une révolution à New York* ne met pas en scène des personnages figés dans leur être qui se verraient attribuer des couleurs destinées à les différencier une fois pour toutes, mais un personnage unique à qui il est donné la possibilité de se transmuter, ainsi que le propose «la pancarte[,] qui permet tous les projets» (*PRNY*, 62), d'une boutique d'articles de déguisement: «"Si vous n'êtes pas content de vos cheveux, mettez-en d'autres. Si vous n'aimez pas votre peau, changez-en!"» (52) Ainsi, de même que l'hermétisme voit dans la mascarade «une parodie du "retournement" qui [...] se produit à un certain degré du développement initiatique[46]», de même les diverses métamorphoses de ce personnage unique s'appuient sur un grand usage de «masques» (52), de «perruques» (53), de «gants» (53) et de «faux seins» (53, voir 39). Par exemple, les trois individus de Central Park «ôt[e]nt le[ur]s masques» (61) et enlèvent «comme des gants les mains blanches aux empreintes fausses qui camouflaient leur peau noire» (61), mais l'un d'entre eux, dont le «visage d'emprunt [...] [est] trop bien collé à sa vraie tête» (61), c'est-à-dire dont les deux états de conscience sont en fait parfaitement consubstantiels,

> tire au hasard sur les divers bords ou saillies qui peuvent offrir une prise, et se met à déchirer par lambeaux ses oreilles, son cou, ses tempes, ses paupières, sans même s'apercevoir qu'il est en train d'arracher dans sa hâte des grands morceaux de sa propre chair (*PRNY*, 61).

De même, Sarah peut être identifiée à Laura transformée par le déguisement: «Un masque de mulâtresse, une perruque, la pellicule plastique recouvrant l'ensemble du corps, y compris quelques charmes supplémentaires [...].» (*PRNY*, 201)

Au surplus, la *révolution projetée à New York*, c'est-à-dire dans un port renouvelé en comparaison avec les ports des premiers romans, ne se contente pas de présenter les différentes facettes d'une entité unique, mais ne vise à rien moins qu'à reconstituer l'unité de cette entité. En effet, l'organisation, «qui appartiendrait à l'église manichéiste unifiée» (*PRNY*, 56) et qui recherche la vérité au moyen d'interrogatoires où «chaque

---

46. R. Guénon, *Symboles de la science sacrée*, p. 143.

affirmation finit par être accompagnée de son contraire»
(102), expose au cours d'une «réunion» (16 et 37) où les
discours, remplis «de constantes [...] antithèses» (37),
font l'objet d'une «attention religieuse» (40), les propriétés de «"la couleur rouge", envisagée comme solution radicale à l'irréductible antagonisme entre le noir et
le blanc» (38), cette triade chromatique correspondant
aux «trois couleurs, noir, blanc, rouge [...], [qui sont les]
colorations des trois phases principales de l'Œuvre[47]».
Même dans le documentaire africain ayant un titre, «"Le
Rouge et le Noir"» (80), qui pourrait évoquer la bipolarité, la triade alchimique est présente, puisque le rouge
renvoie au sang qui «coule en abondance à la face
interne des cuisses brunes» (80) des «jeunes filles [...]
empalées sur le sexe du dieu de la fécondité» (79), que le
noir est précisément celui de la peau «des prisonnières
[...] nues» (80), mais que le blanc correspond aux
«masques [...] badigeonnés à la peinture blanche» (80)
des bourreaux. Ainsi, les trois couleurs appartiennent
moins en propre à tel ou tel type racial qu'elles ne servent
à manifester les métamorphoses de protagonistes dont
«la teinte [est] uniforme» (79), de même qu'au cours de
l'*opus* alchimique, les trois couleurs ne sont pas utilisées
pour identifier des matériaux distincts, mais pour
signaler les «trois états successifs d'une même
substance[48]».

Ainsi, loin de servir à individualiser les personnages,
la disparité des couleurs permet au contraire de voir en
ceux-ci une figuration des étapes qui marquent l'évolution d'une même entité. Cependant, les couleurs utilisées peuvent être aussi bien celles qui figurent les phases
que celles qui symbolisent les opposés alchimiques.

---

47. FULCANELLI, *Les Demeures philosophales*, t. I, p. 316.
48. *Ibid.*, p. 279.

Ainsi, dans le cas de ces derniers, le noir et le blanc, correspondant aux ténèbres et à la lumière, renvoient respectivement au principe féminin de l'inconscient et au principe masculin de la conscience. Cependant, à l'intérieur par exemple de l'Œuvre au Blanc, c'est la femme, en tant qu'elle manifeste momentanément la qualité propre à la conscience — à la manière de la lune dont la lumière n'est que le reflet de celle du soleil —, qui est identifiée par cette couleur, le principe masculin étant alors représenté par le rouge, teinte de l'un de ses symboles, l'élément feu. D'autres couleurs, présentes sur la palette de l'Artiste, peuvent également intervenir. Cela est par exemple visible chez JR/Joan qui, avant d'avoir son «corps ensanglanté» (*PRNY*, 211) baignant «dans une mare de sang» (213), est présentée comme un «fauve» (74) et est dotée d'«yeux verts» (74, 97, 176 et 181), «d'une robe de soie verte, très courte et moulante» (57, voir 82), et de «chaussures de cuir vert» (78). Or, les alchimistes conseillent de «dissou[dre] et nourri[r] le vrai lion par le sang du lion vert. Car le sang fixe du lion rouge a été fait du sang non fixe du lion vert, parce qu'ils sont d'une seule nature[49].» Du reste, alors que le lion vert des alchimistes est également appelé «*Émeraude des Philosophes*[50]», la robe de JR est de «couleur d'émeraude» (67). En outre, tandis que le même lion hermétique est aussi désigné par le «*mercureau* [...] ou *petit mercure*, qui est devenu notre *maquereau*, [...] poisson *mystique* [...] [devant] son nom et sa réputation à sa brillante coloration verte[51]», la jeune femme est comparée à «une bête aquatique» (74), à un «poisson des grandes profondeurs» (67).

---

49. Frère Basile Valentin, *op. cit.*, p. 231.

50. Fulcanelli, *Le Mystère des cathédrales*, p. 121.

51. *Id., Les Demeures philosophales*, t. II, p. 248.

Les métamorphoses successives de la même entité expliquent enfin l'accent mis sur l'hybridité des personnages, lesquels sont des «métisse[s]» (*PRNY*, 88, 91, 200 et 208, voir 10), fruit du mélange de noir et de blanc — comme c'est le cas pour la «mulâtresse» (201) —, ou résultat des trois phases de l'Œuvre, «par le métissage des sangs blanc, africain et peau-rouge» (192). Ainsi, ce n'est que lorsque les personnages participent spécifiquement à l'Œuvre au Rouge qu'ils se caractérisent par «le teint cuivré de la peau» (88, voir 192 et 201) et le «sang indien» (88), par des lèvres de «teinte vermeille» (28), une «chevelure rousse» (57, 67 et 97, voir 93 et 178) et une «toison [...] du même roux» (79, voir 176), par une «jupe» (28) ou une «robe rouge» (88 et 190), une «culotte de dentelle rouge vif» (205) ou un «bâillon de soie rouge» (192).

Le supplice du feu

Déjà reliée, comme on l'a vu, au sang du «viol [...] [et de] l'assassinat» (*PRNY*, 153), la couleur rouge conduit le narrateur à entreprendre le dernier des «trois actes métaphoriques» (153) préconisés par les révolutionnaires, à savoir «l'incendie» (153). Cette liaison entre le sang et l'incendie n'est pas sans rappeler la tradition alchimique, selon laquelle le sang «possède une forme chaude et rouge comme le feu[52]». Or, chez Robbe-Grillet, Éros, déjà rattaché à la couleur rouge, est de plus systématiquement associé à la chaleur. En effet, c'est au cours du «[p]rintemps déjà trop chaud» (*TCF*, 127) que, chez les pigeons, «un mâle ébouriffé, gonflé comme par la colère, [...] tourne sur lui-même autour d'une petite femelle immaculée» (127). Pendant «l'été trop lourd» (123), le «plein été» (56), au cours des «après-midi torrides de la

---

52. C. G. JUNG, *Les Racines de la conscience. Études sur l'archétype*, p. 253.

mi-été» (77, voir 86), «la lumière [est] brûlante» (201), la «journée très chaude» (56). «[L]'air brûlant du dehors» (27) introduit dans les chambres une «chaleur excessive» (81, voir 12 et 134), «étouffante» (88, voir 80) : c'est ainsi dans un «studio surchauffé» (*PRNY*, 96) qu'a lieu le «supplice» (98) de Joan. De plus, l'ardeur du sexe masculin, déjà manifestée au travers des «crocs aigus, rougis au feu» (196) de l'araignée, transparaît aussi dans une «cigarette à moitié consumée» (144), dans «le bout incandescent de [...] cigares» (208), dans le «fer [à repasser] brûlant» (82) et dans la clef «brûlante» (*TCF*, 190). Les personnages eux-mêmes ont «la fièvre» (39), la «tête brûlante» (39, voir 130 et 138).

C'est dans ce contexte que «le supplice du feu[53]» (*PRNY*, 181), déjà présent dans *Le Voyeur* à titre proleptique sous la forme du fantasme de Jacqueline «[b]rûlée vive» (*V*, 120), conduit le narrateur à «enflamme[r] le buisson roux» (*PRNY*, 180), «le sexe imbibé d'essence» (179) de Joan. L'épreuve est renouvelée «troi[s] fois» (181), faisant écho aux «*trois répétitions* d'une seule et même technique[54]» où, dans le travail alchimique, la matière, dissoute «*dans son propre sang*[55]», «lutt[e] [...] contre la tyrannie du feu [...]. Alors, le coq, attribut de saint Pierre, [...] *aura chanté trois fois.*» Or, de même que, dans la symbolique alchimique, «[s]aint Pierre [...] fut crucifié *la tête en bas*», c'est gisant «dans une mare de sang» (213) et «la tête en bas» (211, voir *TCF*, 181-182 et 185) que Joan est présentée «pour le dernier acte» (*PRNY*, 211).

---

53. *Ibid.*, p. 153.

54. FULCANELLI, *Le Mystère des cathédrales*, p. 203.

55. *Ibid.*, p. 165.

Par ailleurs, le «grésillement [...] dans les flammes [...] de la chevelure répandue, de la touffe de soie rousse» (*PRNY*, 110), de la jeune femme est associé à celui «du buisson ardent, ou de la toison d'or» (110). Joan s'identifie ainsi à la vierge de l'alchimiste Melchior, laquelle a «été rendue mère par le feu sacré [...] [qu'elle a] porté comme le buisson ardent [...] [au profit d'un] bétail distingué par sa toison[56]». Si, «[d]ans le langage des Adeptes, on appelle *Toison d'or* la matière préparée pour l'Œuvre, ainsi que le résultat final[57]», force est de constater que «dans les rougeoiements de la torche vivante» (180) qu'est Joan, c'est bien l'Œuvre au Rouge qui est atteint: «[L]a troisième opération [...] donne la *Pierre philosophale* [...][58].», c'est-à-dire la «*pierre qui porte le signe du soleil*[59]». De fait, Joan, semblable au Mercure alchimique, a été transmutée jusqu'à rayonner «en un soleil flamboyant, comme une pieuvre écarlate» (213). Comme dans le Grand Œuvre, cette transmutation s'effectue grâce au «feu, c'est-à-dire [à] l'élément de chaleur et de flammes[60]», grâce au feu d'Éros. D'ailleurs, n'est-ce pas le rat, autrement dit le sexe masculin, qui inflige à sa victime «le typhus exanthématique» (145), c'est-à-dire une maladie caractérisée par une «[r]ougeur cutanée[61]»?

L'Œuvre au Rouge est également atteint au cours du mariage de Marie-Ange Salomé, lequel est doublé par la «communion solennelle» (*STO*, 190, voir 209) de

---

56. N. Melchior Szebeni, «Melchior Cibinensis», cité par C. G. Jung, *Psychologie et alchimie*, p.506.

57. Fulcanelli, *Le Mystère des cathédrales*, p. 194-195.

58. *Ibid.*, p. 203.

59. *Id., Les Demeures philosophales*, t. I, p. 177.

60. E. Canseliet, *L'Alchimie expliquée sur ses textes classiques*, p. 148.

61. *Le Nouveau Petit Robert*, p. 849.

Christine. En effet, celle-ci, «à genoux sur un prie-dieu de bois noir [...] dont le siège et l'accoudoir rembourrés sont garnis de velours rouge vif» (190, voir 209), est «entourée par six autres filles qui paraissent nettement plus jeunes qu'elle» (209, voir 190), alors que Marie-Ange est «[s]uivie par les six petites filles qui soutiennent sa longue traîne» (232) et «va s'agenouiller sur le magnifique prie-dieu rouge et noir placé face à l'autel» (232, voir 79). Comme son prénom l'indique, Christine, en tant que représentante du principe féminin, du Mercure, est assimilée au Christ: tandis qu'elle est flanquée de «Violette et Laurette, les deux petites catins crucifiées en guise de prélude» (210), la «suppliciée» (213), qui porte sur «sa tête la couronne [...] [de] roses blanches du sacrifice» (212, voir 108), est clouée «sur la croix d'ébène» (212) «réservée pour le supplice de la vierge» (210). Le principe masculin, lui, est illustré par «l'hostie» (191 et 209), «la chair du dieu» (233), introduite dans «la bouche entrouverte» (209, voir 191 et 233), et par le «cierge» (213) dont «la mèche allumée» (213), à «la rougeur fusiforme» (213), est «enfonc[ée] [...] tout en haut des cuisses» (213) de l'adolescente. Cette opération, faisant écho aux «panneaux circulaires [...] portant chacun sept cercles concentriques tracés à la peinture rouge» (233), est renouvelée sept fois. Or, selon la pensée alchimique, sept, dont «le caractère d'achèvement et de plénitude[62]» tient à ce que «[t]oute création divine est le résultat de la somme des trois principes et des quatre éléments[63]», correspond au «sept opérations[64]» conduisant au terme de l'Œuvre. De fait, «[à] la septième flamme qui la pénètre, le spasme est si violent qu'elle pense expirer...»

---

62. S. BATFROI, *op. cit.*, p. 96.

63. *Ibid.*, p. 95.

64. FULCANELLI, *Le Mystère des cathédrales*, p. 193.

(214). Cette «longue jouissance» (214) est à rapprocher du «plaisir» (207) que Carolina prend sous la «caress[e]» (206) de son père: en elle, un «petit rocher fragile résiste et se durcit, malmené dans les tourbillons et l'écume ; mais il menace d'éclater, si l'on insiste, sous un choc trop violent» (207) ; il explose soudain, procurant à l'adolescente «une extase sans fin» (207). Alors, la «chapelle ardente» (214) est «baignée d'une clarté rougeâtre» (214). Éros «submerge» (207) à tel point Christine que les «flammes gagnent rapidement, de proche en proche, remontant le long du sillon entre les cuisses, jusqu'au pubis qui prend feu à son tour» (215). L'appel christique que la «crucifiée» (214, voir 78) lance alors — « Ne vois-tu pas, père, que je brûle?» (215, voir 190) — laisse «le roi des aulnes» (215) indifférent. C'est que ce père est en fait son propre successeur, c'est-à-dire le fils parricide de l'Œuvre au Noir. Or, ce fils a pour fonction de conduire à la réunification en se faisant le meurtrier de son opposé.

L'unité recouvrée

L'atteinte de l'unité au terme de l'Œuvre au Rouge est tout d'abord matérialisée dans la maison qui est «le lieu du rendez-vous» (*STO*, 96, voir *D*, 10), un «établissement clandestin» (*STO*, 166), un «bordel» (216) dont le nom, «*Triangle d'or*» (166, voir 235), est parfaitement illustré dans l'élément sculpté surmontant la porte: «un fronton triangulaire classique, enfermant à l'intérieur un second triangle placé la pointe en bas» (8). En effet, dans la symbolique alchimique, «le feu étant représenté par l'hiéroglyphe $\triangle$, et l'eau par le même graphique inversé ∇[65]», «l'union des deux triangles du feu et de l'eau, ou du soufre et du mercure assemblés en un seul corps, [...] génère l'astre à six pointes, hiéroglyphe de

---

65. *Id.*, *Les Demeures philosophales*, t. I, p. 266.

l'Œuvre par excellence et de la Pierre Philosophale réalisée[66]». Du reste, de même que le signe de l'eau est obtenu, dans la tradition hermétique, «par la schématisation des lignes du pubis féminin et de la vulve[67]», le texte fait à maintes reprises allusion à la «touffe [...] du triangle sacré» (107, voir 18, 59, 60, 184, *TCF*, 85 et 110), tandis que le graphisme relatif au principe masculin est par exemple suggéré par le «dard du chandelier» (*STO*, 213).

Toujours dans la philosophie hermétique, cette étoile, appelée «sceau de Salomon[68]», peut être associée aux «six[69]» couleurs de l'arc-en-ciel: on place «les trois couleurs fondamentales [le rouge, le jaune et le bleu] aux trois sommets d'un triangle, et les trois couleurs complémentaires [l'orangé, le vert et le violet] à ceux d'un second triangle inverse du premier[70]». Or, ce schéma correspond tout à fait à la «combinaiso[n]» (*STO*, 139) que le narrateur de *Souvenirs du triangle d'or* réalise: aux trois couleurs primaires du triangle masculin, composé de deux couleurs chaudes, la «main [...] rouge» (149) et la «règle jaune» (149), et d'une couleur froide, le «soulier bleu» (149) de femme, se joignent les trois couleurs secondaires du triangle féminin, composé de deux couleurs froides, «le vert cru de la pomme» (149) et le violet du «vio[l]» (149), et d'une couleur chaude, l'«orange» (149), les couleurs froides étant d'ailleurs attribuées à des supports à connotation de passivité (la chaussure et la pomme figurant toutes deux le sexe féminin violé), tandis que les couleurs chaudes suggèrent au contraire

---

66. *Id.*, *Le Mystère des cathédrales*, p. 200.

67. J. Evola, *Métaphysique du sexe*, p. 146.

68. R. Guénon, *Symboles de la science sacrée*, p. 328.

69. *Ibid.*, p. 327.

70. *Ibid.*, p. 328.

l'activité: la main et la règle masculines, mais aussi l'orange que lady Caroline envisage d'utiliser comme «arme défensive» (151).

Un symbole analogue de l'unité est visible dans la «figure tracée» (*STO*, 58) sur une page du livre noir intitulée «Propriétés secrètes du triangle» (58). Ce dessin représente «un cercle [...] qui contient» (58) un «triangle [...] placé la pointe en bas» (58) dans lequel est «contenu» (58) un «second cercle» (58). Là encore, ce triangle, «renversé sur son sommet[71]», symbolise le principe féminin. En revanche, le petit cercle inscrit dans le triangle correspond au principe masculin pénétrant son opposé, tandis que le grand cercle qui circonscrit le couple alchimique figure, lui, l'unité, puisque, dans la symbolique alchimique, celle-ci «est représentée par un cercle[72]».

Une autre manière d'exprimer l'unité hermétique fait appel à la théorie des cinq éléments. En effet, notamment depuis Aristote, il est convenu de penser que la nature se compose de «quatre éléments[73]» qui sont «synthétisés dans la quintessence[74]», ce cinquième élément représentant «le point d'unité des quatre Éléments, celui originaire, supérieur et antérieur à leur différenciation[75]». Or, *Topologie d'une cité fantôme* se compose de cinq espaces (voir *TCF*, 8), le cadavre d'une victime comporte des plaies à «cinq endroits» (110), de même que sur «une page arrachée à un cahier d'école»

---

71. E. CANSELIET, *L'Alchimie expliquée sur ses textes classiques*, p. 218.

72. C. G. JUNG, *Psychologie et alchimie*, p. 163.

73. Jean-Pierre BAYARD, *La Symbolique du feu*, Paris, Payot, 1973, p. 9.

74. C. G. JUNG, *Psychologie et alchimie*, p. 270.

75. J. EVOLA, *La Tradition hermétique*, p. 53.

(107) figurent «quatre lignes en cursive» (108) au-dessous desquelles «il y a un dessin obscène» (108). De plus, de nombreux personnages sont rassemblés en groupes de cinq : c'est par exemple le cas de «la partie gauche de la scène» (22), où «[d]eux spectatrices» (22) et «deux autres jeunes femmes s'affair[e]nt autour d'une troisième» (22), ou bien du «groupe de cinq jeunes dames» (31) qui «se compose de quatre visiteuses et d'un guide» (31). Néanmoins, avant la reconstitution complète de l'unité, une altération du symbole de l'unité intervient dans les images où «cinq éléments» (18) sont convoqués. Ainsi, sur une affiche, on peut observer «quatre chiffres [...] — 1, 2, 3, 4 — dans la marge de gauche, en tête de chacun des paragraphes [...] ; un cinquième paragraphe apparaît encore, tout en bas, mais le nombre 5 qui devrait figurer là dans la marge est complètement masqué» (18). En outre, les grilles d'une fenêtre sont «constituées chacune par cinq barres métalliques verticales, équidistantes, celle du milieu étant d'un calibre encore plus gros» (19) — pouvant par là représenter la quintessence —, mais «un des barreaux manque» (20, voir 142). De même, le temple compte «cinq colonnes épaisses, celle du centre étant plus puissante encore que les autres» (27, voir 36), mais l'un des fûts est «mutilé» (27, voir 62). Enfin, «sur le mur [...], il y a une série de petites barres» (23) formées de «quatre traits verticaux rayés par un cinquième, oblique et placé en travers ; cette figure se reproduit quatre fois [...] ; une cinquième série, tout en bas, a été commencée, mais elle est encore dépourvue de sa barre transversale.» (24)

L'unité est également symbolisée par le rouge en tant que couleur concluant les différentes phases de l'Œuvre alchimique. Ainsi, cette teinte est visible dans la connotation révolutionnaire de *Projet pour une révolution à*

New York et dans le sous-titre — «Un trou rouge entre les pavés disjoints» — de *Djinn*. De même, une fille allongée sur une table «d'un blanc éclatant» (*TCF*, 66) et dotée «d'une chevelure très brune» (66) porte une bague constituée d'une «pierre rouge» (66), la «masse noire [des cheveux] masque [...] la flaque rouge sur le sol, qui s'élargit de façon progressive, se rapprochant de plus en plus du gros caillou blanc» (36), une «tache rouge aux contours sinueux occupe presque toute la surface d'un des carreaux blancs du damier, et déborde sur le carreau noir voisin» (159, voir 12 et 161), la «soyeuse mousse noire» (164) d'une «jolie caille rousse enlevée au nid pour le goût fondant d'une chair de lait» (162) est couverte d'une «épaisse liqueur vermeille» (164-165), «le verre de lourd cristal» (161) rempli d'un «sombre vin couleur de sang» (158, voir 187) «se brise sur le damier de marbre blanc et noir» (165). Ce verre n'est pas sans rappeler le Saint Graal, c'est-à-dire «la coupe qui contient le précieux sang du Christ [...] [provenant] de la blessure ouverte par la lance du centurion au flanc du Rédempteur[76]». Or, de la «peinture rouge» (114) souille «la robe jadis immaculée, à la hauteur de l'aine» (115), d'une mariée, de même que des «gouttes vermeilles» (28) tombent sur la route suivie par une fille «dont l'aine paraît percée d'une large blessure sanglante» (28).

Dans la tradition hermétique, cette «coupe sacrificielle [...] est également un symbole du cœur[77]», qui doit être rapporté au «Sacré-Cœur[78]» de Jésus. Or, «une tache de sang s'agrandit en rond lentement sur [...] la robe de soirée [...,] qui ressemble point par point à celle d'une mariée traditionnelle au jour du sacrement» (*TCF*, 103),

---

76. R. GUÉNON, *Symboles de la science sacrée*, p. 20.

77. *Ibid.*, p.24.

78. *Ibid.*, p. 20.

d'une femme qui porte sur la tête la «couronne de fleurs du sacrifice» (103) et qui est assassinée au moyen d'un «stylet d'or [...] planté jusqu'à la garde dans le sein gauche» (103, voir 164), c'est-à-dire dans le cœur. Toujours à propos du Graal, Guénon ajoute qu'un «autre symbole qui équivaut fréquemment à celui de la coupe est un symbole floral: la fleur, en effet, n'évoque-t-elle pas par sa forme l'idée d'un "réceptacle", et ne parle-t-on pas du "calice" d'une fleur[79] ?» Ainsi, un dessin d'inspiration alchimique montre une «rose [...] placée au pied d'une lance le long de laquelle pleuvent des gouttes de sang». Si, pour les alchimistes, le «ciboire, [...] aussi bien que le *Graal* [...], représente l'organe féminin de la génération[80]», on comprend que, dans *Topologie d'une cité fantôme*, «le viol» (187) d'une jeune fille, d'une «[f]raîche rose couleur chair» (181, voir 182) «à cœur écarlate» (186), est relié à «l'image métaphorique de la fleur saignante» (187) sur laquelle tombe «une perle de sang» (164). Placée au centre d'une adolescente allongée, «les membres en croix» (11), d'une «hostie» (110) dont «bras et jambes sont écartelés» (110, voir 184), cette rose n'est pas sans évoquer la rose alchimique: cette «rose à cinq pétales, placée au centre de la croix qui représente le quaternaire des éléments, est [...] le symbole de la "quintessence[81]"».

Par ailleurs, l'hermétisme fait du «Graal [...] à la fois un vase (*grasale*) et un livre (*gradale* ou *graduale*[82])». Or, de même qu'un verre se brise «en mille éclats étincelants» (*TCF*, 165), «flott[e]nt dans le clapotis [...] des feuilles de papier» (100), «des feuilles blanches» (107,

---

79. *Ibid.*, p. 25.

80. FULCANELLI, *Les Demeures philosophales*, t. I, p. 205.

81. R. GUÉNON, *Symboles de la science sacrée*, p. 76.

82. *Ibid.*, p. 23.

voir 150), «arrachées d'un livre» (151), dont les «lueurs [...] retiennent [...] l'attention» (151). C'est une de ces feuilles que David enfant utilise pour envelopper «un objet-signal» (70). Ce «caillou» (30, 32, 36, 37, 43 et 115, voir 40 et 186) «sphérique» (70), «rond» (102), mais aussi «oblong, comme une sorte d'œuf géant» (181), rejoint ainsi «un autre symbole [...] [du Graal], celui de l'*œuf*[83]». En effet, le vase alchimique est «sphérique[84]», mais il a également «la forme de l'*œuf*[85]». C'est une sorte «de matrice ou d'utérus d'où doit naître le *filius philosophorum*», lequel est «*androgyne*, parce qu'il tient à la fois de la nature du soufre, son père, et de celle du mercure, sa mère[86]». Or, déjà apparente sur l'œuf, sur la pierre «marquée d'un signe gravé en creux, qui ressemblait à deux clous réunis par la pointe» (40, voir 66 et 102-103), l'androgynie est aussi la caractéristique de David: «dieu-déesse» (45), «demi-dieu» (52) ayant «un corps de femme mais pourvu par surcroît d'un sexe mâle» (45), David est le «*rebis* philosophal[87]» symbolisé également par «le phénix[88]», puisque le «Phénix est Hermaphrodite[89]». Or, de même que cet «*oiseau noir*[90]» «s'envole[91]» de l'œuf alchimique, de même, dans «la légende du Phénix» (191) de *Topologie d'une cité fantôme*, «l'œuf en explosant a donné naissance à un grand

---

83. *Ibid.*, p. 27.

84. C. G. JUNG, *Psychologie et alchimie*, p. 309.

85. *Ibid.*, p. 310.

86. FULCANELLI, *Les Demeures philosophales*, t. II, p. 221.

87. *Id.*, *Le Mystère des cathédrales*, p. 184.

88. C. G. JUNG, *Psychologie et alchimie*, p. 266.

89. Cyrano de BERGERAC, «L'Autre Monde», dans *Œuvres complètes*, Paris, Librairie Belin, [1657 et 1662] 1977, p. 465.

90. C. G. JUNG, *Psychologie et alchimie*, p. 267.

91. *Ibid.*, p. 266.

oiseau noir, dont la forme ailée surgit des flammes»
(191).

Cette condition divine de David ne constitue en fait
qu'une réactualisation de son père en tant que figure de
l'unité, puisque les deux initiales de «Gustave Hamilton»
(*TCF*, 96), G et H, correspondent aux symboles hermétiques des opposés. En effet, la lettre G, l'«*initiale du nom
vulgaire du Sujet des sages*[92]», représente la matière
première, le Mercure; à noter que cette lettre figure
«parmi les emblèmes maçonniques» alors même que
Topologie d'une cité fantôme contient plusieurs éléments
pouvant posséder une connotation franc-maçonnique:
«maçonnerie» (20, 44 et 68), «élèves d'architecture» (57),
«architectes» (93), «société secrète se réunissant à des
dates fixées d'avance» (94), «loge» (190, voir 192). La
lettre H, elle, est le «signe de l'*esprit*[93]», et renvoie donc
au principe masculin. Or, ces deux lettres sont successivement adjointes à David, fils de Mrs Hamilton, nommé
«David G.» (50) lorsqu'il est «enfant» (50) et «David H.»
(77) ou «D. H.» (78) lorsqu'il est «devenu adulte» (73).
Cette dualité s'accorde donc avec l'androgynie de David.
Elle se retrouve pareillement dans les lettres figurant sur
«l'oriflamme» (49) du «[navire à sacrifices]» (43), où la
lettre G est effacée «en faveur d'un H» (98), lequel est
également présent dans les «sous-sols» (177) du pénitencier, ce changement correspondant effectivement à la
victoire de la conscience aux dépens de l'inconscient,
aux dépens de «Vanadé Vaincue» (178, et *STO*, 77).
Comme le narrateur le souligne, un glissement de même
type est «traité de façon exhaustive dans le premier
roman qu['il a] publié jadis» (*TCF*, 98). De fait, dans
Les Gommes, Garinati, l'assassin inconscient au «long

---

92. FULCANELLI, *Les Demeures philosophales*, t. I, p. 285.

93. *Ibid.*, t. II, p. 24.

manteau verdâtre» (*G*, 20 et 221), fait place à Wallas, l'assassin policier représentant de la conscience.

L'explosion et le redémarrage du cycle

Si l'androgyne est donc bien contenu dans l'œuf, c'est toutefois grâce à l'action d'Éros que cet œuf est brisé. En effet, dans la «petite coupe en verre» (*TCF*, 188) figurant le sexe féminin, sont placés «trois œufs blancs» (155 et 188), «les trois coques [...] se touchant entre elles par deux points de contact chacune» (155), formant donc un triangle, symbole également du sexe féminin. L'un de ces œufs «porte [...] quelque signe révélateur sur la coquille» (188), le signe de l'androgynie (voir 40, 66 et 102-103). Dans le sexe féminin, ce signe est exprimé par le clitoris, «[s]ymbole de l'élément masculin de la femme[94]». Lorsque le narrateur s'en «saisi[t]» (188), cet œuf blanc devient une «pierre rouge ovale, fortement bombée» (66), et «c'est l'explosion» (156) de l'orgasme, instant éphémère où, selon la tradition hermétique, «on est amené à la limite de l'inconscience[95]» dans un état qui «contient, fondus en soi, les deux éléments, et en même temps les transcende[96]» dans «une approximation extatique de l'"unition[97]"».

Pareillement, pendant qu'il manipule la «pomme» (*STO*, 96), la «reinette mûre» (97), que la vendeuse de roses lui a donnée «verte» (96), c'est-à-dire tandis qu'il caresse le sexe féminin, le narrateur s'attarde sur la «courte queue du fruit, [...] [qui] doit être en fait le bouton électrique qui déclenche l'émission du signal à ultrasons ouvrant automatiquement la porte noire et

---

94. J. CHEVALIER et A. GHEERBRANT, *op. cit.*, p. 262.

95. J. EVOLA, *Métaphysique du sexe*, p. 132.

96. *Ibid.*, p. 43.

97. *Ibid.*, p. 70.

donnant accès au sanctuaire» (97, voir 25 et 99), autrement dit à la femme et, au-delà d'elle, à l'inconscient. En effet, cette pomme est aussi une «machine infernale» (137, voir 123), une «bombe à retardement [...] n'appartenant en aucune manière à la panoplie habituelle des mauvais garçons» (185). Lorsque cette bombe éclate, celui qui la manie est compris dans «l'explosion» (81): lord G., «tombé à terre» (123), est frappé par la «mort» (184), «assassiné» (179) comme l'est aussi David G. (voir 200). De plus, à cause du «violent incendie» (218) qui accompagne l'explosion, le cadavre masculin s'est lui aussi «volatilisé dans la fournaise» (220).

Alors, du principe féminin, il reste seulement «un cratère, bientôt rempli par l'eau coulant des canalisations rompues» (*STO*, 81) et, du principe masculin, «quelques résidus calcinés» (219) noyés sous les «trombes d'eau» (219) des pompiers. En effet, au moment où «[t]out s'embrase» (*TCF*, 191),

> [t]outes les constructions furent d'un seul coup la proie des flammes; mais aussitôt, avant que le feu n'ait achevé son ouvrage, un violent orage éclata, qui dura plusieurs heures, éteignit l'incendie et lava les ruines fraîches sous des torrents de pluie tiède. (*TCF*, 40)

Semblablement, la «petite chemise de nuit toute neuve, [...] toute déchirée, tellement le vent l'avait embrassée dans tous les sens» (*TCF*, 136), est frappée par la foudre; alors, «le buisson s'est embrasé d'un seul coup, brûlant comme un bûcher» (136); mais, «[a]ussitôt après, il s'est mis à pleuvoir à torrents» (136). Après l'orgasme de Carolina, encore une fois, «[u]ne large flaque s'étale sur la moquette de la loge [...]. De quel liquide s'agit-il?» (*STO*, 208). En fait, le feu de l'unité allumé par Éros est éteint par le sperme, c'est-à-dire par la fraction mercurielle du principe masculin. Au moment où il recouvre l'unité primordiale symbolisée, au terme de l'Œuvre alchimique, par la pierre d'or, ce métal «étant considéré comme [...] le "soleil des métaux[98]"» et comme la «couleur royale[99]», le Soufre bascule dans son contraire: «"Le grand auroch est mort"» (15).

Ainsi, la mariée a donc subi l'assaut de son époux, qui est en même temps son opposé: la «ravissante écuyère en tutu de gaze blanche» (*STO*, 14) a combattu «un taureau furieux» (14, voir 162), «un gigantesque caïman» (24) à la «gueule rouge» (24) et «crachant du feu» (24), un «lion» (128). Au cours de ce combat, trois «soldats romains casqués de fer» (211) «s'abattent sur [l]a nuque [de la mariée], sa gorge, ses hanches, tirant dans tous les sens à pleines poignées sur les étoffes fragiles, déchirant et arrachant tout ce qu'ils rencontrent sous leurs doigts» (211-212). Aussi, après l'attaque du principe masculin, le principe féminin, «mariée mise à nu» (78) semblable à celle du tableau du peintre alchimiste Marcel Duchamp, est-il incarné par la jeune «prostituée mendiante» (13 et 196), dont la «chevelure d'or roux» (196) témoigne de son passage par l'Œuvre au Rouge et qui est vêtue «d'une longue robe en soie blanche, flottante et déchirée» (13), de «voiles blancs en lambeaux, qui pourraient avoir été autrefois quelque virginale robe de mariée, ou de communiante» (196). Aujourd'hui, si la jeune femme possède une «étrange démarche» (197) de «bayadère» (13), l'un de ses pieds «demeur[ant] en arrière une seconde de trop» (197, voir 14, 29 et 198), c'est sans doute qu'elle a perdu, durant la bataille, à l'image de sa virginité, l'une de ses chaussures, dont le «bouton de rose [...] [est] arrach[é]» (36):

> [...] [L]e cabochon en miroirs a été arraché avec des tenailles, laissant dans le cuir tendre une large blessure

---

98. R. GUÉNON, *Symboles de la science sacrée*, p. 207.

99. C. G. JUNG, *Psychologie et alchimie*, p. 280.

ouverte, qui s'étend depuis le centre jusqu'à la pointe du triangle constituant la partie antérieure de l'empeigne. Cela forme une sorte de bouche, entaillant le bout du soulier selon son axe longitudinal. Et il y a du sang qui s'écoule entre les deux lèvres disjointes; mais l'épais liquide paraît noir, sous les rayons funèbres de la lune. (*STO*, 194)

Elle «traîne derrière elle» (*STO*, 129, voir 13-14) ce qui reste de la virilité de son agresseur, «une chose flasque difficilement identifiable qui ressemble à quelque vieux manteau de fourrure, ou à une dépouille de bête sauvage, encore fraîche» (14). La «cape d'apparat taillée dans une peau de grand félin, ou de quelque autre animal pourvu d'une abondante toison bouclée» (22), est devenue la «dépouille d'un lion» (114, voir 129) «tachée de sang» (23, voir 15 et 129). Le monstre, dont le «lingam» (22) est «endommagé» (22) — «l'alligator géant» (19) laissant la place à un «violon [...] percé» (19, voir 23) —, «boit[e]» (198) désormais: l'«assassin à la retraite» (88) possède en effet une «démarche raide et dansante de grand invalide» (42, voir 51) s'«appuyant avec effort» (199) sur une «canne orthopédique» (50, voir 72), symbole d'un sexe contaminé par le principe féminin puisque cette canne, dotée d'une «poignée d'ivoire» (42) ou d'un «pommeau d'argent» (199), est la propriété d'un homme «riche et impotent» (43). Ainsi «assujett[i][100]» à son opposé, le fils, devenu père à son tour, est désormais condamné à une impuissance qui, au cours de la prochaine phase de l'Œuvre au Blanc, le conduira à la mort.

Reste que la dépouille à «la chaude couleur d'or roux» (*STO*, 23) marque bien la phase finale du Grand Œuvre, puisque la «fable de la *Toison d'or* est une énigme complète du travail hermétique qui doit aboutir à la

---

100. J. Evola, *Métaphysique du sexe*, p. 308.

Pierre Philosophale[101]». Aussi est-il normal que «la toison du lion assassiné» (236) soit accompagnée par le «vol [...] d'un grand pélican» (10, voir 12, 13, 198 et 236), cet oiseau, «symbole du Christ et du *lapis*[102]», étant présenté dans l'iconographie alchimique «déchir[ant] sa poitrine pour nourrir ses petits[103]» «de son propre sang[104]». Ainsi comprise, la toison d'or revêt la même signification que le phénix, et c'est la raison pour laquelle «l'œuvre lyrique donnée [...] dans la grande salle à l'italienne du Casino [...] s'appelle "La Toison d'or", mais ce n'est une fois de plus, malgré son titre, qu'une nouvelle version du mythe de l'oiseau qui brûle» (85, voir 232). En effet, dans les deux cas, c'est à partir d'une «dépouille» (14 et 23) ou de «quelques résidus calcinés formant un tas dérisoire» (219) que s'enclenche un processus conduisant à la renaissance. C'est cette génération et ce développement autarciques qui sont suggérés dans le comportement de l'«oiseau de feu» (31 et 78), de l'«oiseau enflammé» (121): cet «oiseau fantôme» (70) apparaît dans la «tempête [...] accompagna[nt] la naissance de l'idole» (70), ce «vautour impérial» (34, voir 72), ce «rapace sarcophage» (31) pouvant «voler dans les flammes fuligineuses des incinérateurs à charognes, afin d'arracher au brasier [sa] nourriture toute rôtie» (31).

En outre, après l'explosion, le corps de lord David est «fragmenté en morceaux épars» (*STO*, 218). Or, de même que, dans la philosophie hermétique, le «démembrement appartient [...] au symbolisme de la nouvelle

---

101. FULCANELLI, *Le Mystère des cathédrales*, p. 194.

102. C. G. JUNG, *Psychologie et alchimie*, p. 574.

103. *Id., Les Racines de la conscience. Études sur l'archétype*, p. 173.

104. *Id., Psychologie et alchimie*, p. 240.

naissance[105]», de même, sur «l'immense plage déserte» (129) où la «dépouille du lion» (129) est traînée, «vient s'échouer [...] une boîte de bière vide» (129) : s'identifiant à la «pierre qui tombe» (65, 231, 234 et 237), à «la "pierre tombée des cieux" [...] [qui est] chez les alchimistes une des désignations de la "pierre philosophale[106]"», le fils androgyne vient de sortir de l'inconscient. Ainsi, parce que le père a «comm[is l']erreur» (101) d'aller jusqu'à l'orgasme, parce qu'il n'a pas su, oubliant le conseil contenu dans le «slogan des services de sécurité "Méfiez-vous des enfants !"» (33), empêcher «l'explosion» (*TCF*, 188) de l'œuf, le narrateur «se retrouv[e] au point de départ» (*STO*, 101).

En effet, la fin de l'Œuvre au Rouge débouche de nouveau sur l'amorce de l'Œuvre au Noir. Le souverain, en tant que symbole de l'unité, a déjà été victime, «trente ans auparavant» (*STO*, 93), d'un «assassinat» (*R*, 81 et *G*, 60) et, depuis, à l'image de son «secrétaire en acajou marqueté» (*STO*, 93), il a été «mal restauré» (93). Aussi se met-il à «recoller» (94) «trois menus éclats» (93) contenus dans un «tube en verre» (93). Cette triade est à rapprocher de la «Trinité chrétienne[107]», elle-même pendant de la «trinité alchimique[108]», où l'union des trois principes conduit à l'unité, ainsi que l'enseigne l'«axiome central de l'alchimie [...] : "L'un devient deux, deux devient trois, et du troisième naît l'un comme quatrième[109]."», axiome qu'il est possible de reconnaître dans le «[cycle initiatique]» (*TCF*, 131) de *Topologie d'une*

---

105. *Id.*, *Les Racines de la conscience. Études sur l'archétype*, p. 242.

106. R. GUÉNON, *Symboles de la science sacrée*, p. 271.

107. C. G. JUNG, *Psychologie et alchimie*, p. 439.

108. *Ibid.*, p. 438.

109. *Ibid.*, p. 32.

cité fantôme: «Si l'on est seule, il faut faire semblant d'être deux. Si l'on est deux, faire semblant d'être trois. [...] Si l'on est plus de trois, il vaut mieux faire semblant d'être seule.» (131) Le «travail de réparation» (*STO*, 94) entrepris par Charles-Boris, visant à rétablir un roi déchu, n'est par conséquent nullement différent du «sacre de Christian-Charles» (117), autrement dit du mariage de celui-ci. De fait, ce travail «vient à peine de s'achever» (94) que «font irruption» (94) des «assassins» (94) ressemblant aux «enfants» (94) du monarque, contre lequel le «[f]eu» (95) est tourné.

Ainsi, c'est grâce à Éros que les opposés se réunissent, mais, le «moment fulgurant de l'unité[110]» une fois passé, c'est également à cause de lui que cette unité se fragmente à nouveau. C'est la raison pour laquelle Éros et sa cause, qui en est en même temps l'objet, à savoir la femme, apparaissent au principe masculin comme un «appât» (*STO*, 20, 137 et 166) destiné à faire tomber le «pêcheur au lancer à l'affût d'une belle prise» (72) dans un «piège» (18 et 116, *TCF*, 188). Ce trait est conforme à la pensée hermétique, pour laquelle le principe féminin, «utilisé comme hameçon, c'est-à-dire comme appât[111]», constitue certes «le pont menant au pays de l'au-delà, celui des images primordiales vivantes et éternelles[112]», mais, d'un autre côté, «insère et empêtre l'homme dans le monde chtonien et sa caducité», de telle sorte que la «*conjunctio* est un sommet de la vie, et en même temps la mort».

De fait, la condition divine de David, dont le détail de la réalisation puis de la dégradation fait l'objet de

---

110. J. Evola, *Métaphysique du sexe*, p. 25.

111. C. G. Jung, *Les Racines de la conscience. Études sur l'arché-type*, p. 442.

112. *Ibid.*, p. 445.

Djinn[113], est un état fragile et précaire, comme l'est du reste généralement l'existence des personnages qui incarnent l'unité. En effet, comme nous l'avons déjà analysé au moment de l'étude de l'Œuvre au Noir, David, sous l'action de désirs incestueux, individualise sa composante féminine en la personne de «Vanessa» (185), sa sœur jumelle, laquelle «dévor[e] l'oiseau» (192), c'est-à-dire détruit le symbole de l'unité que représente le Phénix: «l'adolescente-roi» (45) redescend à l'état humain et se réduit alors à un «petit garçon tout nu» (174 et 178). Cette première étape de l'Œuvre au Noir est suivie de la seconde, marquée par la «défloration» (186) de la jeune fille, tuée puis «jet[ée] à la mer» (187). Mais, grâce au «nouvel œuf [...] [généré à l'occasion de ce viol], la permanence du cycle est assurée» (192), «l'ensemble du cycle [...] [est] bouclé» (74) et peut se poursuivre indéfiniment.

Pendant l'Œuvre au Rouge, le principe masculin réalise donc bien l'unité en s'unissant à son opposé et en transférant à celui-ci, au cours de cette union et au moyen du feu d'Éros, sa propre nature, celle de l'élément feu. Toutefois, cet embrasement, auquel correspond l'illumination de l'unité, est rapidement éteint par la parcelle féminine contenue dans l'homme, de telle sorte que l'unité n'est plus représentée que par l'androgyne qui, tel le phénix, est sorti du brasier et des cendres au moment de l'explosion de l'œuf philosophique. Cependant, cet androgyne, ce nouveau roi, va bientôt subir le régicide et se séparer lui aussi en ses deux opposés constitutifs. La

---

113. Voir C. MILAT, « *Djinn* d'Alain Robbe-Grillet: Éros au cœur de l'andro/gyne fragmenté», *La Revue des Lettres modernes* (Paris), série *Le « Nouveau Roman » en questions 3* : « Le Créateur et la Cité », novembre 1999, p. 85-105.

« chasse, une fois de plus, recommence » (*STO*, 88), maintenant l'alchimiste et le personnage robbe-grillétien dans le cycle ininterrompu de l'ouroboros.

« chasse, une fois de plus, recommence » (*STO*, 88), maintenant l'alchimiste et le personnage robbe-grillétien dans le cycle ininterrompu de l'ouroboros.

CONCLUSION

> «La plus haute qualité de notre esprit est seulement la faculté (et en termes de morale: le devoir) de concevoir une forme qui puisse donner l'unité au monde et "l'élever à notre ressemblance". Ce sera, par un juste retour, le véritable avènement de l'homme, de cet homme qui est "à venir[1]". »

L A FRÉQUENCE, la précision et l'à-propos qui caractérisent la présence des références alchimiques dans les romans d'Alain Robbe-Grillet sont tels qu'il est permis d'y reconnaître une véritable intertextualité hermétique. Totalement étrangère à la formation scientifique de l'écrivain, la culture ésotérique qui apparaît pourtant chez celui-ci ne peut donc que correspondre à un intérêt personnel, non seulement vif, mais précoce, puisque nombre d'éléments sont déjà acquis au moment où Robbe-Grillet s'apprête à écrire, c'est-à-dire vers l'âge de vingt-cinq ans.

Ces connaissances pourraient trouver leur base au travers de la franc-maçonnerie. En effet, une confidence faite par Robbe-Grillet à Jean Montalbetti peut le laisser supposer: «Mon père a fait ses études aux Arts et Métiers de Cluny grâce à la protection d'un sous-préfet franc-

---

1. A. ROBBE-GRILLET, *Pour un nouveau roman*, p. 91.

maçon. La Franc-maçonnerie a d'ailleurs beaucoup agi pour permettre aux fils de pauvres d'accéder aux études. Toute mon enfance, j'ai bu dans une timbale qui avait pour devise: "L'amitié n'a pas de saison, buvons à la santé de l'union maçonnique universelle". C'était ça ma timbale de baptême[2]!» Sous le couvert de ce souvenir en apparence tout anodin, Robbe-Grillet ne suggère-t-il pas qu'il a puisé nombre de ses connaissances spirituelles à la source de la discrète dépositaire de la tradition primordiale? L'allusion qu'il fait, dans les *Romanesques*, à la «foi plus vive encore en [son] génie de Grand Architecte[3]» va tout à fait dans ce sens. Bien plus, cette foi en la présence *divine* à l'intérieur de l'individu, Robbe-Grillet la confirme lorsqu'il confie: «[J]e ne crois pas en l'Église. [...] Je ne crois pas en Dieu, mais je peux très bien admettre que Dieu est en moi [...][4].» Or, la foi en la divinité de l'homme, divinité déchue qu'il convient de restaurer, est bien celle que les alchimistes nourrissent de tout temps.

Robbe-Grillet, romancier alchimiste

C'est pourquoi, si, le Grand Œuvre ne se réduisant aucunement à un travail sur le langage, mais impliquant la substance même de l'individu, il n'est pas fondé d'inférer du contenu des romans robbe-grillétiens que Robbe-Grillet est un alchimiste, il est en revanche justifié de voir en lui un écrivain alchimiste. En effet, même si l'alchimie, pour respecter «la pluralité du sens[5]» souvent

---

2. A. ROBBE-GRILLET, cité par Jean MONTALBETTI, «Alain Robbe-Grillet autobiographe», *Magazine littéraire*, n° 214, janvier 1985, p. 92.

3. *Id.*, *Les Derniers Jours de Corinthe*, p. 105.

4. *Id.*, cité par Jeanyves GUÉRIN, «Rétrospection. Entretien avec Alain Robbe-Grillet», *Esprit*, n° 101, mai 85, p. 117.

5. *Id.*, cité par Anne ANDREU, «Alain Robbe-Grillet, la provocation constante», *Magazine littéraire*, n° 87, avril 1974, p. 50.

revendiquée par l'auteur, n'est pas supposée constituer *le* sens[6] de la production romanesque de Robbe-Grillet, du moins offre-t-elle *un* sens à cette œuvre qui, jusqu'à aujourd'hui, n'avait «pas livré son secret[7]». Une fois de plus, la démarche épistémocritique fait donc la preuve de sa fécondité dans la mesure où la détermination d'un savoir qu'une œuvre intègre permet d'atteindre une compréhension qu'il serait impossible d'obtenir sans elle[8].

Au surplus, l'alchimie ne se limite pas à fournir une articulation signifiante à chacune des fictions, mais elle représente un fil d'Ariane à partir duquel il est possible au lecteur de se retrouver dans le labyrinthe de l'œuvre tout entière. De fait, l'ensemble des romans robbe-grillétiens n'apparaît pas comme une succession fortuite de textes artificiellement agglomérés en fonction des aléas de l'inspiration, mais comme une série construite de façon ordonnée. En effet, s'il arrive qu'une phase alchimique ne soit pas strictement réservée aux romans qui lui sont principalement consacrés, mais s'insère dans la diégèse d'autres romans traitant plus particulièrement d'une autre phase, c'est dans le but d'éliminer autant que faire se peut, grâce à ces reprises, toute trace de

------

6. Sur la question du sens chez Robbe-Grillet, voir C. MILAT, «Robbe-Grillet: premier et "dernier écrivain" du Nouveau Roman», *La Revue des Lettres modernes*, série «Le Nouveau Roman en questions 4 - *Situation diachronique*», à paraître.

7. Jean-Claude VAREILLE, *Alain Robbe-Grillet l'étrange*, Paris, A.-G. Nizet, 1981, p. 11.

8. William Paulson écrit très justement : «An "epistemocriticism" of contemporary literature could and should ask the question, "what does this work know and suggest that could not be seen or unterstood without it ?» W.PAULSON, «Literature, Knowledge, and Cultural Ecology», *SubStance*, vol. 22, n⁰ˢ 71-72, automne et hiver 1993, p. 32.

progression chronologique et d'aboutir à ce temps neutralisé qui, nous l'avons vu, est une des caractéristiques de l'*opus* hermétique. C'est pourquoi il reste que l'organisation des romans vise, non seulement à épouser la structure ternaire du Grand Œuvre, mais à produire, à la faveur de textes s'enchaînant logiquement, une allégorie de la philosophie et de l'art alchimiques. À ce titre, Robbe-Grillet prend place parmi les nombreux écrivains[9] dont les œuvres possèdent à la fois assez de spécificités pour accéder à la littérarité et trop de matériaux cognitifs pour échapper au statut de traité alchimique: ainsi en est-il par exemple de Rabelais, dont l'«œuvre ésotérique [...] révèle [...] un grand initié doublé d'un cabaliste de premier ordre[10]», ou de Perrault, dont «*Les Contes de ma mère l'Oie* (loi mère, loi première) sont des récits hermétiques où la vérité ésotérique se mêle [à un] décor merveilleux et légendaire[11]».

C'est pourquoi, par-delà différentes lectures qui ont contribué — au demeurant non sans raisons légitimes — à découper la production romanesque de Robbe-Grillet en la répartissant par exemple en nouveaux romans[12] et nouveaux nouveaux romans, en romans «présémiologiques[13]» et romans «sémiologiques», en

---

9. Fulcanelli cite notamment Homère, Virgile, Ovide, Dante, Cervantès, Swift, Goethe (voir FULCANELLI, *Les Demeures philosophales*, t. II, p. 212-213). Voir également Robert AMADOU et Robert KANTERS, *Anthologie littéraire de l'occultisme*, Paris, [Julliard] Seghers, [1950] 1975.

10. FULCANELLI, *Le Mystère des cathédrales*, p. 58.

11. *Id.*, *Les Demeures philosophales*, t. II, p. 279.

12. Voir F. van ROSSUM-GUYON, «Conclusion et perspectives», dans J. RICARDOU et F. van ROSSUM-GUYON, *op. cit.*, t. I, p. 403-404.

13. Nelly WOLF, *Une littérature sans histoire. Essai sur le Nouveau Roman*, Genève, Droz, coll. «Histoire des idées et critique littéraire», 1995, p. 99.

romans de l'extase et romans de l'action[14], en romans du «militantisme polémique[15]» et romans du «forma-ludisme», émerge une œuvre cohérente dont l'unité foncière n'est pas sans rappeler celle des ouvrages hermétiques: de même que les «textes alchimiques [...] représentent *autant de variations subtiles sur un thème unique*[16]», de même les romans robbe-grillétiens sont, de l'aveu de leur auteur, la «combinatoire variable[17]» d'un «matériel thématique[18]» dont «la constante réapparition [...] à travers l'ensemble» de l'œuvre «révèle une constellation [...] [qui] est analysable[19]».

Cette unité est du reste renforcée par l'abondante intratextualité qui relie étroitement chaque roman à l'ensemble des autres et qui joue ainsi le rôle d'un puissant processus d'unification entre les différents textes. À noter que cette intratextualité s'applique tout autant aux personnages qu'au contenu diégétique, au point que le romancier peut confier que «les histoires que racontent [...] [s]es livres so[nt] toujours les mêmes[20]» et qu'il «n'[a] jamais parlé d'autre chose que de [lui][21]». En effet, «la répétition des mêmes noms propres d'un roman à

---

14. Voir Renato BARILLI, «Nouveau Roman : aboutissement du roman phénoménologique ou nouvelle aventure romanesque ?», dans J. RICARDOU et F. van ROSSUM-GUYON, *op. cit.*, t. I, p. 113.

15. R.-M. ALLEMAND, *Alain Robbe-Grillet*, p. 24.

16. R. ALLEAU, *op. cit.*, p. 65.

17. A. ROBBE-GRILLET, cité par C. BONNEFOY, «Alain Robbe-Grillet: "Les procédés sont faits pour être détruits"», *Nouvelles littéraires*, 10-17 mars 1977, p. 20.

18. *Id.*, cité par Jean-Louis EZINE, «Alain Robbe-Grillet», dans *Les Écrivains sur la sellette*, Paris, Seuil, 1981, p. 245.

19. *Id.*, «Extrait d'un débat public avec Alain Robbe-Grillet», dans A. GOULET, *Le Parcours mœbien de l'écriture : Le Voyeur*, p. 92.

20. *Ibid.*, p. 87.

21. *Id.*, *Le Miroir qui revient*, p. 10.

l'autre[22]», jointe au procédé de la protéisation, aboutit à la mise en scène d'un personnage unique qui n'est autre que Robbe-Grillet lui-même. Cependant, l'œuvre n'est rien moins qu'un épanchement des affects de l'auteur. De fait, celui-ci bannit «[t]oute analyse psychologique[23]». En réalité, comme il est loin d'éliminer «toute psychologie[24]», c'est «de l'intérieu[25]» que parle Robbe-Grillet, là où s'exprime «une *personne*, qui est à la fois un corps, une projection intentionnelle et un inconscient[26]», un individu écartelé entre chacun de ses deux opposés et que le romancier, tel l'alchimiste, vise à réinstaller dans son unité véritable: «Mesurer les distances, sans vain regret, sans haine, sans désespoir, entre ce qui est séparé», écrit Robbe-Grillet dès 1958, «doit permettre d'identifier ce qui ne l'est pas, ce qui *est un*, puisqu'il est faux que tout soit double — faux, ou du moins provisoire. Provisoire pour ce qui est de l'homme, voilà notre espoir[27].» Ainsi, en parlant de lui, Robbe-Grillet parle en fait, selon son expression, d'un «homme comme vous et moi[28]», c'est-à-dire de l'être humain, de cet «homme nouveau[29]» qu'il faut «inventer[30]» et pour lequel il s'agit

---

22. *Id.*, intervention dans la Discussion qui suit la Communication de Jean-Claude RAILLON, «"Je fais mon rapport, un point c'est tout"», dans J. RICARDOU, éd. *Robbe-Grillet : analyse, théorie. Colloque de Cerisy*, t. I «Roman/Cinéma», p. 381.

23. *Id.*, cité par A. Bourin, *op. cit.*, p. 4.

24. A. BOURIN, *op. cit.*, p. 4.

25. A. ROBBE-GRILLET, *Le Miroir qui revient*, p. 10.

26. *Ibid.*, p. 12.

27. *Id.*, *Pour un nouveau roman*, p. 66-67.

28. *Ibid.*, p. 118.

29. *Ibid.*, p. 147.

30. *Id.*, «La Littérature, aujourd'hui — VI», *Tel Quel*, n° 14, été 1963, p. 39.

de «bâtir une nouvelle vie[31]», dans une démarche rappelant celle de l'alchimiste appliqué à générer, au cours «d'une nouvelle naissance[32]», un «second Adam [...] correspond[ant] à la personnalité totale[33]».

Le sens de la forme

Dans ce contexte, on comprend que les personnages robbe-grillétiens ne répondent pas aux critères traditionnels du personnage romanesque, que l'auteur range du reste parmi les «[notions périmées[34]]». En effet, ces personnages ne cherchent pas à représenter, à reproduire, voire à surpasser en vérisme les individus réels de la société, mais ils sont créés en rapport avec leur fonction symbolique. Ainsi, par exemple, il est facile de constater qu'il n'y a pas une grande similitude entre un Bianchon et le docteur Morgan. Celui-ci ne regroupe aucune des caractéristiques qui pourraient faire de lui un «type humain[35]». Sa profession, ses traits physiques, son habillement, son comportement ne sont mentionnés que pour autant qu'ils constituent des éléments permettant d'identifier ce support comme un représentant de la conscience ou de mesurer chez lui l'influence de l'inconscient.

Si donc les caractéristiques propres aux personnages se réduisent à des stéréotypes, sans doute faut-il voir

---

31. *Id., Pour un nouveau roman*, p. 143.

32. C. G. JUNG, *Les Racines de la conscience*, p. 243.

33. *Ibid.*, p. 298.

34. A. ROBBE-GRILLET, *Pour un nouveau roman*, p. 25.

35. *Ibid.*, p. 27.

dans ces clichés, bien plutôt que de la misogynie[36] ou du racisme[37], la seule détermination — à l'exclusion de tout jugement de valeur — des opposés, ceux-ci jouissant dans la philosophie hermétique, du fait de leur complémentarité, d'un statut strictement égal. De même, l'érotisme robbe-grillétien et sa violence ne visent pas plus à rendre compte des relations psychoaffectives qui sont le lot ordinaire des couples qu'à créer de «petite[s] histoire[s] de sadiques[38]»: ils se bornent à évoquer les rapports magnétiques existant entre les deux pôles d'un individu. En effet, à partir du moment où la violence érotique ne réunit pas un homme et une femme, mais les deux composantes (conscience et inconscient, rigueur rationnelle et liberté de l'imagination, etc.) d'une seule entité, le sadisme sexiste que certains ont prêté à Robbe-Grillet s'apparente bien plutôt à l'*héautontimorouménos* célébré par Baudelaire, un poète... alchimiste.

C'est pourquoi, loin d'aboutir à la mise en place d'«[a]utomates[39]» artificiellement placés dans un «imbroglio sans signification humaine[40]», les particularités formelles des personnages robbe-grillétiens sont au

---

36. Voir Raylene L. RAMSAY, «The Sado-Masochism of Representation in French Texts of Modernity. The Power of the Erotic and the Eroticization of Power in the work of Marguerite Duras et Alain Robbe-Grillet», *Literature and Psychology*, vol. 37, 3, 1991, p. 22.

37. Voir Abbes MAAZAOUI, «Représentation et altérité dans les romans de Robbe-Grillet», *The French Review*, vol. 68, n° 3, February 1995, p. 479.

38. Pierre BOURGEADE, «Un "projet" douteux», *Le Monde des livres*, 30 octobre 1970, p. 18.

39. Pierre MATHIAS, «*Dans le labyrinthe*», *Cahiers du Sud*, vol. 49, n° 353, 1960, p. 143.

40. É. HENRIOT, «Le Prix des Critiques: *Le Voyeur*, d'Alain Robbe-Grillet», *Le Monde*, 15 juin 1955, p. 9.

contraire génératrices de sens: elles contribuent à en faire les acteurs du drame intérieur qui se joue en permanence entre les deux opposés constitutifs de l'homme, les combattants d'une «lutte [qui s'engage entre] des contraires exacerbés[41]» et «irréconciliables[42]». Aussi bien, dans une œuvre où «[l]'homme est présent à chaque page, à chaque ligne, à chaque mot[43]», et où il est «impossib[le] de distinguer clairement ce qui est "réel" de ce qui est mental (souvenir ou phantasme[44])», les personnages ne quittent-ils pas pour un temps la sphère de la matérialité pour plonger dans le monde des rêves, un discours relatant la réalité tandis qu'un autre décrirait des contenus oniriques, mais participent-ils tous d'un même réel, lequel est, parfois alternativement, parfois simultanément, constitué du monde de la conscience et de l'univers de l'inconscient.

Pareillement, si l'espace robbe-grillétien et les objets qui s'y insèrent sont souvent décrits avec un grand luxe de détails, ce n'est pas dans l'intention de «reproduire la familiarité du monde[45]». Certes, il est possible, comme le fait par exemple Étiemble, de juger cette «description futile[46]». Il est également permis de voir dans ce «souci de précision qui confine parfois au délire (ces notions si peu visuelles de "droite" et de "gauche", ces comptages,

---

41. A. ROBBE-GRILLET, *Angélique ou l'Enchantement*, p. 211.

42. *Id.*, cité par J. GUÉRIN, «Rétrospection. Entretien avec Alain Robbe-Grillet», *Esprit*, n⁰ 101, mai 1985, p. 116.

43. *Id.*, *Pour un nouveau roman*, p. 116.

44. *Ibid.*, p. 129.

45. *Id.*, «Les héritiers de *La Nausée*, c'est nous», *Le Monde des livres*, 22 janvier 1982, p. 11.

46. René ÉTIEMBLE, «Robbe-Grillet», dans *C'est le bouquet!* (1940-1967), t. V d'*Hygiène des lettres*, Paris, Gallimard, 1967, p. 308.

ces mensurations, ces repères géométriques[47])», un des procédés de singularisation qui, selon les Formalistes russes, contribuent à «ralentir la connaissance[48]» et sont à ce titre le propre de «l'œuvre d'art[49]». Cependant, il est surtout à remarquer que, là encore, cette minutie descriptive n'est pas gratuite, mais porteuse de sens. En effet, c'est dans les détails les plus ténus de la description que se nichent les plus importants symboles, c'est grâce à tel ou tel élément descriptif, d'apparence anodine, qu'il est possible d'identifier tel lieu ou tel objet comme support de l'un ou de l'autre des deux opposés, voire de l'unité.

Les «ruptures de chronologie[50]» s'analysent de manière analogue: elles ne résultent pas du désir éprouvé par le romancier de «brouiller[51]» de façon immotivée l'ordre temporel du récit, mais elles servent à évoquer des «structures mentales privées de "temps"[52]», le roman robbe-grillétien étant, à l'instar de l'ouroboros alchimique, «ce labyrinthe où le temps est comme aboli[53]».

Dans ce contexte, la répétition devient à son tour un procédé signifiant. Ainsi, par exemple, il paraît difficile de mettre le *déjà vécu* exprimé dans l'incipit — «Une fois

---

47. A. ROBBE-GRILLET, *Pour un nouveau roman*, p. 127.

48. Roman JAKOBSON, «Du réalisme artistique», dans Tzvetan TODOROV, *Théorie de la littérature*, Paris, Seuil, coll. «Tel Quel», 1965, p. 106.

49. V. CHKLOVSKI, «L'Art comme procédé», dans T. TODOROV, *op. cit*, p. 83.

50. A. ROBBE-GRILLET, «La Littérature, aujourd'hui — VI», *Tel Quel*, n° 14, été 1963, p. 42.

51. *Id., Pour un nouveau roman*, p. 132.

52. *Ibid.*, p. 130.

53. *Id., L'Année dernière à Marienbad*, p. 13.

de plus, c'est, au bord de la mer, à la tombée du jour, une étendue de sable fin coupée de rochers et de trous, qu'il faut traverser, avec de l'eau parfois jusqu'à la taille.» (*R*, 11) — du premier roman robbe-grillétien, *Un régicide*, sur le compte de la volonté d'un écrivain qui chercherait à s'approprier et à reproduire un texte qui lui est antérieur et transcendant, comme le laisse pourtant entendre ce point de vue émis par Jean-Claude Vareille : «L'écrivain ne se proclame pas démiurge, mais récitant d'un texte originel, gravé quelque part ailleurs et dont nous n'aurons jamais connaissance, sinon par l'intermédiaire de son reflet, lequel écho précède ce qui lui donnait naissance[54].» De fait, cette analyse semble correspondre à une conception extrinsèque de l'écriture selon laquelle l'inspiration de l'écrivain, quasi divine, serait extérieure à celui-ci. Or, Robbe-Grillet s'est à maintes reprises élevé contre cette conception de la littérature, par exemple lorsqu'il se moque en ces termes de l'image qui est souvent donnée du romancier talentueux :

> Le grand écrivain, le "génie", est une sorte de monstre, incompréhensible et fatal, irresponsable, inconscient, de préférence même légèrement imbécile, de qui se détachent des "chefs-d'œuvre", dans le mystère de l'inspiration, comme des boules de feu que lancerait à travers l'infini du ciel un astre en incandescence[55].

Démiurge, c'est-à-dire «[c]réateur, animateur d'un monde[56]», Robbe-Grillet l'est assurément et, de surcroît,

---

54. J.-C. VAREILLE, «Alain Robbe-Grillet et l'écriture : délice et supplice», *Critique*, vol. 35, n° 381, février 1979, p. 153. Vareille ajoute: «L'écriture ne dit pas; elle *reprend*, et recommence et réitère; elle n'affirme pas, elle ressasse; tout est toujours déjà écrit.»

55. A. ROBBE-GRILLET, «L'écrivain lui aussi doit être intelligent», *L'Express*, n° 159, 22 novembre 1955, p. 10.

56. *Le Nouveau Petit Robert*, p. 585.

il en tire gloire, puisqu'il rapporte par exemple que Camus lui a «dit: "Avec *Le Voyeur* vous avez créé un monde auquel on croit complètement. Par conséquent, c'est un grand livre[57]."» En réalité, l'écriture robbe-grillétienne, même s'il lui arrive de recourir à l'intertextualité, ne *reprend* pas du *déjà écrit*; bien au contraire, elle dit, elle affirme et, à chaque fois, avec un impact inentamé, la reprise, la répétition cyclique qui constitue la structure même de l'existence. Ce faisant, elle vise à instituer, par la fiction, une totalité qui, à l'instar de l'ouroboros, fonctionne à l'intérieur de sa propre logique et offre par là une parfaite image de l'unité intemporelle que l'œuvre hermétique se propose de reconstituer.

Enfin, la lecture alchimique des romans de Robbe-Grillet permet également de donner une justification au fait que cette «littérature piégée[58]» est effectivement remplie de «pièges qui s'ouvrent à chaque instant[59]» et que «cette œuvre énigmatique [...] [et] opaque au suprême degré[60]» renferme «des signes qui doivent être décryptés[61]». Par ces traits, les textes robbe-grillétiens rejoignent en effet les écrits hermétiques, «littérature obscure, énigmatique, paradoxale[62]», où, du fait de «la nécessité d'un secret inviolable[63]», «les mots [...] sont

---

57. A. ROBBE-GRILLET, cité par J. MONTALBETTI, «Alain Robbe-Grillet autobiographe», p. 92.

58. *Id.*, cité par J.-J. BROCHIER, *Alain Robbe-Grillet*, Lyon, La Manufacture, coll. «Qui suis-je ?», 1985, p. 140.

59. *Id.*, cité par Uri EISENZWEIG, «Alain Robbe-Grillet. Entretien», *Littérature*, n° 49, février 1983, p. 20.

60. J.-C. VAREILLE, *Alain Robbe-Grillet l'étrange*, p. 11.

61. *Ibid.*, p. 12.

62. FULCANELLI, *Les Demeures philosophales*, t. I, p. 76.

63. E. CANSELIET, préface à FULCANELLI, *Les Demeures philosophales*, t. I, p. 13.

empruntés à ceux du profane mais [...] reçoivent un sens spécial dont la connaissance n'est transmise qu'à l'initié[64]». Les alchimistes, il est vrai, «ne parlent jamais plus obscurément que lorsqu'ils paraissent s'exprimer avec précision; aussi, leur clarté apparente abuse-t-elle ceux qui se laissent séduire par le sens littéral[65]».

Ainsi, tout le secret de l'œuvre romanesque d'Alain Robbe-Grillet est sans doute relié à l'«espoir [...] de mettre en jeu[66]» les questions, métaphysiques par excellence, auxquelles la philosophie et l'art alchimiques apportent une réponse réservée au seul Adepte, «questions impossibles — qu'est-ce que c'est, moi? Et qu'est-ce que je fais là ?»

---

64. R. ALLEAU, *op. cit.*, p. 93.

65. FULCANELLI, *Les Demeures philosophales*, t. II, p. 165.

66. A. ROBBE-GRILLET, *Angélique ou l'Enchantement*, p. 69.

BIBLIOGRAPHIE

Sur des périodes limitées, le lecteur peut disposer d'une bibliographie plus étendue en consultant notamment les trois ouvrages suivants:

FRAIZER, Dale Watson, *Alain Robbe-Grillet, An Annoted Bibliography of Critical Studies*, 1951-1972, Metuchen, The Scarecrow Press, 1973.

CHADWICK, A. R., V. A. HARGER-GRINLING et J. RITCEY, *Alain Robbe-Grillet: Une bibliographie*, Saint-John, Memorial University of Newfoundland, 1987.

RYBALKA, Michel, «Bibliographie», *Obliques*, n°s 16-17, octobre 1978, p. 263-727.

I - ŒUVRES LITTÉRAIRES D'ALAIN ROBBE-GRILLET

Un régicide, Paris, Les Éditions de Minuit, [1949] 1978.

Les Gommes, Paris, Les Éditions de Minuit, 1953.

L'Ange gardien[1], dans Jean-Jacques BROCHIER, *Alain Robbe-Grillet*, Lyon, La Manufacture, 1985, p. 61-62.

Le Voyeur, Paris, Les Éditions de Minuit, 1955.

La Jalousie, Paris, Les Éditions de Minuit, 1957.

Dans le labyrinthe, Paris, Les Éditions de Minuit, 1959.

---

1. « La composition de *L'Ange gardien* doit dater de plusieurs années avant le début de l'écriture du *Voyeur*. » A. ROBBE-GRILLET, « Entretien avec François Jost », *Obliques*, n°s 16-17, octobre 1978, p. 62.

L'Année dernière à Marienbad, Paris, Les Éditions de Minuit, 1961.

Instantanés, Paris, Les Éditions de Minuit, 1962.

L'Immortelle, Paris, Les Éditions de Minuit, 1963.

La Maison de rendez-vous, Paris, Les Éditions de Minuit, 1965.

Projet pour une révolution à New York, Paris, Les Éditions de Minuit, 1970.

[et HAMILTON, David], *Rêves de jeunes filles*, Paris, Robert Laffont, 1971.

[–], *Les Demoiselles d'Hamilton*, Paris, Robert Laffont, 1972.

Glissements progressifs du plaisir, Paris, Les Éditions de Minuit, 1974.

[et DELVAUX, Paul], *Construction d'un temple en ruine à la déesse Vanadé*, Paris, Le Bateau Lavoir, 1975.

[et MAGRITTE, René], *La Belle Captive*, Lausanne, La Bibliothèque des Arts, 1975.

Topologie d'une cité fantôme, Paris, Les Éditions de Minuit, 1976.

[et IONESCO, Irina], *Temple aux miroirs*, Paris, Seghers, 1977.

[et RAUSCHENBERG, Robert], *Traces suspectes en surface*, West Islip, Universal Limited Art Editions, 1978.

Souvenirs du triangle d'or, Paris, Les Éditions de Minuit, 1978.

Djinn. Un trou rouge entre les pavés disjoints, Paris, Les Éditions de Minuit, 1981.

Le Miroir qui revient, Paris, Les Éditions de Minuit, 1984.

Angélique ou l'Enchantement, Paris, Les Éditions de Minuit, 1987.

Les Derniers Jours de Corinthe, Paris, Les Éditions de Minuit, 1994.

II - TEXTES THÉORIQUES D'ALAIN ROBBE-GRILLET

«Littérature d'aujourd'hui», *L'Express*, n° 135 (25 octobre 1955, p. 8, «"Il écrit comme Stendhal..."»), n° 147 (8 novembre 1955, p. 8, «Pourquoi la mort du roman?»), n° 159 (22 novembre 1955, p. 10, «L'écrivain lui aussi doit être intelligent»), n° 171 (6 décembre 1955, p. 11, «Les Français lisent trop»), n° 183 (20 décembre 1955, p. 11, «Littérature engagée, littérature réactionnaire»), n° 195 (3 janvier 1956, p. 15, «Réalisme et révolution»), n° 207 (17 janvier 1956, p. 11, «Pour un réalisme de la présence»), n° 219 (31 janvier 1956, p. 11, «Kafka discrédité par ses descendants») et n° 237 (21 février 1956, p. 11, «Le réalisme socialiste est bourgeois»).

«Le Réalisme, la psychologie et l'avenir du roman», *Critique*, n° 111-112, août-septembre 1956, p. 695-701.

«Notes sur la localisation et les déplacements du point de vue dans la description romanesque», *La Revue des Lettres modernes*, n° 36-38, été 1958, p. 128-130.

«Le "Nouveau Roman"», dans Pierre de BOISDEFFRE, éd. *Dictionnaire de littérature contemporaine* (1900-1962), Paris, Éditions Universitaires, 1962, p. 75-83.

Pour un nouveau roman, Paris, Les Éditions de Minuit, 1963.

«Nouveau Roman et réalité, II», *Revue de l'Institut de Sociologie*, n° 2, 1963, p. 443-447.

«Comment mesurer l'inventeur de mesures?», *L'Express*, 20 juin 1963, p. 44-45.

«La Littérature, aujourd'hui — VI», *Tel Quel*, n° 14, été 1963, p. 39-45.

«La Littérature poursuivie par la politique», *L'Express*, 19 septembre 1963, p. 33-34.

«L'écrivain, par définition, ne sait où il va, et il écrit pour chercher à comprendre pourquoi il écrit», *Esprit*, n° 329, juillet 1964, p. 63-65.

«Pour une littérature de constat», *Le Monde des livres*, 8 mars 1967, p. V.

«Discussion» qui suit la Communication de Jean RICARDOU («Éléments d'une théorie des générateurs») et Claude OLLIER («Improvisation et théorie dans la création cinématographique»), dans [COLLECTIF], *Art et science: de la créativité*, Paris, U.G.É., coll. «10/18», 1972, p.114-35 et 151-180.

«L'ordre et le désordre, tel est l'enjeu de l'écriture», *Le Figaro littéraire*, 17 janvier 1976, p. 15.

«L'Ordre et son double», *Magazine littéraire*, nº 114, juin 1976, p. 22-23.

«"Histoire de rats" ou La vertu c'est ce qui mène au crime», *Obliques*, nᵒˢ 16-17, octobre 1978, p. 169-172.

«Pourquoi j'aime Barthes», dans Antoine COMPAGNON, *Prétexte: Barthes*, Paris, U.G.É., coll. «10/18», 1978, p. 244-272.

«Les héritiers de *La Nausée*, c'est nous», *Le Monde des livres*, 22 janvier 1982, p. 11.

«Nathalie Sarraute», *Magazine littéraire*, nº 196, juin 1983, p. 17.

«Monde trop plein, conscience vide», dans Raymond GAY-CROSIER et Jacqueline LÉVI-VALENSI, *Albert Camus: œuvre fermée, œuvre ouverte?*, Paris, Gallimard, 1985, p. 215-227.

III - ENTREVUES D'ALAIN ROBBE-GRILLET AVEC

ALLEMAND, Roger-Michel, «Robbe-Grillet au Mesnil: images et représentations de la Nouvelle Auto-biographie», *Caractères*, nº 7, juin 1992, p. 8-13.

ANDREU, Anne, «Alain Robbe-Grillet, la provocation constante», *Magazine littéraire*, nº 87, avril 1974, p. 50-52.

[ANONYME], «Le Rôle de l'écrivain», *L'Express*, 23 juillet 1959, p. 25-72.

BELHASSEN, Souhayr, «Nouveau Roman et roman maghrébin», *Jeune Afrique*, 20 janvier 1969, p. 55.

BONNEFOY, Claude, «Alain Robbe-Grillet: "Les procédés sont faits pour être détruits"», *Nouvelles littéraires*, 10-17 mars 1977, p. 20.

–, «Alain Robbe-Grillet, que pensez-vous de vos critiques?», *Nouvelles littéraires*, 15-21 décembre 1978, p. 4-5.

BOURIN, André, «Techniciens du roman», *Nouvelles littéraires*, n° 1638, 22 janvier 1959, p. 1 et 4.

BRÉE, Germaine, «What Interests Me Is Eroticism», in George STAMBOLIAN and Elaine MARKS, *Homosexualities and French Literature*, London, Cornell University Press, 1979, p. 87-100.

BROCHIER, Jean-Jacques, «Robbe-Grillet: mes romans, mes films et mes ciné-romans», *Magazine littéraire*, n° 6, avril 1967, p. 10-20.

–, «Robbe-Grillet, la vraisemblance et la vérité», *Magazine littéraire*, n° 103-104, septembre 1975, p. 84-86.

–, «Conversation avec Alain Robbe-Grillet», *Magazine littéraire*, n° 250, février 1988, p. 90-97.

–, «Trois questions à Alain Robbe-Grillet», *Magazine littéraire*, n° 276, avril 1990, p. 42.

CAPDENAC, Michel, «Alain Robbe-Grillet: le jeu de l'aventure, du mythe et de l'amour», *Lettres françaises*, 26 janvier 1967, p. 18.

CHANCEL, Jacques, *Radioscopie avec Alain Robbe-Grillet*, Paris, Radio-France, 1980, cassette audio, 90 min.

CHAPSAL, Madeleine, «*L'Express* va plus loin avec Alain Robbe-Grillet», *L'Express*, 1er-7 avril 1968, p. 142-175.

DUVALLES, Frédérique, «Robbe-Grillet à Vincennes: qu'est-ce qu'un écrivain?», *Nouvelles littéraires*, 5 février 1970, p. 2.

EISENZWEIG, Uri, «Alain Robbe-Grillet. Entretien», *Littérature*, n° 49, février 1983, p. 16-22.

ESCAL, Françoise, «Alain Robbe-Grillet. Entretien», *Revue des Sciences Humaines*, vol. 76, n° 205, janvier-mars 1987, p. 97-109.

EZINE, Jean-Louis, «Alain Robbe-Grillet», dans *Les Écrivains sur la sellette*, Paris, Seuil, 1981, p. 243-246.

–, «Nous étions des terroristes», *Le Nouvel Observateur*, n° 1715, 18-24 septembre 1997, p. 53.

FISSON, Pierre, «Moi, Robbe-Grillet», *Le Figaro littéraire*, 23 février 1963, p. 3.

GOULET, Alain, «Extrait d'un débat public avec Alain Robbe-Grillet», dans *Le Parcours mœbien de l'écriture : Le Voyeur*, Paris, Lettres modernes, coll. «Archives des Lettres modernes», 1982, p. 85-92.

GUÉRIN, Jeanyves, «Rétrospection. Entretien avec Alain Robbe-Grillet», *Esprit*, n° 101, mai 1985, p.116-117.

GUIMBRETIÈRE, André, «Table Ronde. Autour du film *L'Immortelle*», *Cahiers internationaux de symbolisme*, n°s 9 et 10, 1965-1966, p. 97-125.

HERRMANN, Claudine, «L'écriture a-t-elle un sexe? Questions à des écrivains», *La Quinzaine littéraire*, n° 192, 1er-31 août 1974, p. 29.

HORNUNG, Alfred & Ernstpeter Ruhe, «Discussions après la lecture d'Alain Robbe-Grillet» et «Discussions après les communications», dans *Autobiographie & Avant-garde*, Tübingen, Gunter Narr Verlag, 1992, p. 117-118 et 119-129.

LAPOUGE, Gilles, «Deux questions à Robbe-Grillet», *La Quinzaine littéraire*, n° 87, 16-31 janvier 1970, p. 13.

LECLERC, Daniel, «Je refuse d'être un maître à penser», *Nouvelles littéraires*, 1ᵉʳ avril 1976, p. 17.

MAZARS, Pierre, «Robbe-Grillet: "Le Nouveau Roman remonte à Kafka"», *Le Figaro littéraire*, 15 septembre 1962, p. 1.

MONTALBETTI, Jean, «Alain Robbe-Grillet autobiographe», *Magazine littéraire*, n° 214, janvier 1985, p. 88-93.

OSEMWEGIE ÉLAHO, Raymond, «Alain Robbe-Grillet», dans *Entretiens avec le Nouveau Roman*, Sherbrooke, Naaman, 1985, p. 37-44.

POIRSON, Alain, «Alain Robbe-Grillet. Entretien», *Digraphe*, n° 20, septembre 1979, p. 149-161.

PRIOURET, Roger, «Révolution dans le roman?» (débat avec M. Butor, R. Kanters, F. Nourrissier, M. de Saint-Pierre), *Le Figaro littéraire*, 29 mars 1958, p. 1, 7 et 9.

RAMBURES, Jean-Louis de, «Comment travaillent les écrivains? Alain Robbe-Grillet: "Chez moi, c'est la structure qui produit le sens"», *Le Monde des livres*, 16 janvier 1976, p. 17.

SALGAS, Jean-Pierre, «Robbe-Grillet: "Je n'ai jamais parlé d'autre chose que de moi"», *La Quinzaine littéraire*, n° 432, 16-31 janvier 1985, p.6-7.

SARRAUTE, Claude, «La subjectivité est la caractéristique du roman contemporain...», *Le Monde*, 13 mai 1961, p. 9.

VILLELAUR, Anne, «Le roman est en train de réfléchir sur lui-même», *Lettres françaises*, 12-18 mars 1959, p. 1, 4 et 5.

IV - OUVRAGES ET ARTICLES SUR l'ŒUVRE ROMANESQUE D'ALAIN ROBBE-GRILLET

ABIRACHED, Robert, «Robbe-Grillet n° 2», *La Nouvelle Revue française*, vol. 22, n° 130, octobre 1963, p. 717-121.

ALLEMAND, Roger-Michel, *Alain Robbe-Grillet*, Paris, Seuil, coll. «Les Contemporains», 1997.

ALTER, Jean, *La Vision du monde d'Alain Robbe-Grillet. Structures et significations*, Genève, Librairie Droz, 1966.

ANZIEU, Didier, «Le Discours de l'obsessionnel dans les romans de Robbe-Grillet», *Les Temps modernes*, vol. 21, n° 233, octobre 1965, p. 608-637.

AUDRY, Colette, «La caméra d'Alain Robbe-Grillet», *La Revue des Lettres modernes*, vol. 5, n° 36-38, été 1958, p. 259-269.

BARILLI, Renato, «De Sartre à Robbe-Grillet», *La Revue des Lettres modernes*, n°ˢ 94-99, 1964, p. 105-128.

BARTHES, Roland, «Il n'y a pas d'école Robbe-Grillet» et «Le point sur Robbe-Grillet?», dans *Essais critiques*, Paris, Seuil, 1964, p.101-105 et 198-205.

BERNAL, Olga, *Alain Robbe-Grillet: le roman de l'absence*, Paris, Gallimard, 1964.

BERSANI, Jacques, «Robbe-Grillet pour lui-même», *La Nouvelle Revue française*, n° 299, 1ᵉʳ décembre 1977, p. 94-99.

BOISDEFFRE, Pierre de, *La cafetière est sur la table, ou contre le «Nouveau Roman»*, Paris, La Table Ronde, 1967.

BOYER, Alain-Michel, «Les ciseaux savent lire», *Revue des Sciences Humaines*, vol. 67, n° 196, octobre-décembre 1984, p. 107-117.

–, «Du Double à la doublure: l'image du détective dans les premiers romans de Robbe-Grillet», *L'Esprit Créateur*, vol. 36, n° 2, été 1986, p. 60-70.

–, «Le Récit lacunaire», *Textes et Langages*, n° 12, 1986, p. 115-123.

BROCHIER, Jean-Jacques, *Alain Robbe-Grillet*, Lyon, La Manufacture, coll. «Qui suis-je ?», 1985.

CALDWELL, Roy C. Jr., «The Robbe-Grillet Game», *The French Review*, vol. 65, n° 4, mars 1992, p. 547-556.

CARRABINO, Victor, *The Phenomenological Novel of Alain Robbe-Grillet*, Parme, C.E.M., 1974.

CONTAT, Michel, «Portrait de Robbe-Grillet en châtelain», *Le Monde des livres*, 12 février 1988, p. 15.

DEUTSCH, Carola, *Frauenbilder bei Robbe-Grillet (1970-1976)*, Rheinfelden, Schäuble Verlag, 1983.

DORT, Bernard, «Sur les romans de Robbe-Grillet», *Les Temps modernes*, vol. 12, n° 136, juin 1957, p. 1989-1999.

DUNMARS ROLAND, Lillian, *Women in Robbe-Grillet. A Study in Thematics and Diegetics*, New York, Peter Lang, 1993.

ÉTIEMBLE, René, «Robbe-Grillet», dans *C'est le bouquet! (1940-1967)*, t. V d'*Hygiène des lettres*, Paris, Gallimard, 1967, p. 302-311.

FAYE, Jean-Pierre, «Interphones et entrelacs », dans *Le Récit hunique*, Paris, Seuil, 1967, p. 78-90.

FLETCHER, John, *Alain Robbe-Grillet*, Londres, Methuen, 1983.

FOUCAULT, Michel et *alii*, «Débat sur le roman», *Tel Quel*, n° 17, printemps 1964, p. 12-54.

FRICKE, Dietmar, «Mythes et pseudo-mythes chez Robbe-Grillet. Une approche intertextuelle», dans Raimund THEIS et Hans T. SIEPE, *Le Plaisir de l'intertexte*, Frankfurt, Peter Lang, 1986, p. 297-315.

GAY-CROSIER, Raymond, «Une étrangeté peu commune: Camus et Robbe-Grillet», *La Revue des Lettres modernes*, série «Albert Camus», n° 16, 1995, «*L'Étranger*: cinquante ans après», p. 149-165.

GENETTE, Gérard, «Vertige fixé», dans *Figures I*, Paris, Seuil, coll. «Tel Quel», 1966, p. 69-90.

–, «Temps de la narration», dans *Figures III*, Paris, Seuil, coll. «Poétique», 1972, p. 228-238.

GEORGIN, Robert, «Robbe-Grillet ou l'illusion du roman objectal», dans *La Structure et le Style*, Lausanne, L'Âge d'Homme, 1975, p. 26-32.

GOLDMANN, Lucien, «Nouveau roman et réalité», dans *Pour une sociologie du roman*, Paris, Gallimard, coll. «Idées», [1964] 1975, p. 279-333.

GOULET, Alain, «Vampirisme et Vampirisation dans l'œuvre de Robbe-Grillet», dans *Les Vampires. Colloque de Cerisy*, Paris, Albin Michel, coll. «Cahiers de l'hermétisme», 1993, p. 192-212.

–, «L'Écriture du stéréotype dans la littérature contemporaine», dans A. GOULET, *Le Stéréotype. Crise et transformations. Colloque de Cerisy*, Caen, Presses Universitaires de Caen, 1994, p.181-201.

GRIVEL, Charles, «Le retournement parodique des discours à leurres constants», dans Clive THOMSON et Alain PAGES, *Dire la parodie. Colloque de Cerisy*, New York, Peter Lang, 1989, p. 1-34.

GUERS, Yvonne, «La Technique romanesque chez Alain Robbe-Grillet», *The French Review*, vol. 35, n° 6, mai 1962, p. 570-577.

HARGER-GRINLING, Virginia and Tony CHADWICK, «The Fantastic Robbe-Grillet», in Virginia HARGER-GRINLING and Tony CHADWICK, *Robbe-Grillet and the Fantastic*, Wesport, Greenwood Press, 1994, p. 1-9.

HILL, Leslie, «Robbe-Grillet: Formalism and its Discontents», *Paragraph*, vol. 3, avril 1984, p. 1-24.

JEAN, Raymond, «De Robbe-Grillet à Pinget», *Cahiers du Sud*, vol. 54, n° 369, 1962, p. 290-293.

JOST, François, «From the "New Novel" to the "New Novelists"», in Lois OPPENHEIM, *Three Decades of the French New Novel*, Chicago, University of Illinois Press, 1986, p. 44-56.

LEKI, Ilona, *Alain Robbe-Grillet*, Boston, Twayne Publishers, 1983.

LÉVI-VALENSI, Jacqueline, «Figures féminines et création romanesque chez Alain Robbe-Grillet», dans Jean BESSIÈRE, *Figures féminines et roman*, Paris, Presses Universitaires de France, 1982, p. 125-411.

MAAZAOUI, Abbes, «Représentation et altérité dans les romans de Robbe-Grillet», *The French Review*, vol. 68, n° 3, février 1995, p. 477-486.

MANSUY, Michel, «Le Refus de la vie: Alain Robbe-Grillet», dans *Études sur l'imagination de la vie*, Paris, José Corti, 1970, p. 83-107.

MAURIAC, Claude, «Alain Robbe-Grillet et le roman futur», *Preuves*, n° 68, octobre 1956, p. 92-96.

–, «Alain Robbe-Grillet», dans *L'Alittérature contemporaine*, Paris, Albin Michel, [1958] 1969, p. 274-291.

MAURIAC, François, «La Technique du cageot», *Le Figaro littéraire*, 28 juillet 1956, p. 1 et 3.

MIESCH, Jean, *Robbe-Grillet*, Paris, Éditions Universitaires, 1965.

MIGEOT, François, *Entre les lames: lectures de Robbe-Grillet*, Besançon, Presses universitaires franc-comtoises, 1999.

MILAT, Christian, «Robbe-Grillet: premier et "dernier écrivain" du Nouveau Roman», *La Revue des Lettres modernes*, série «Le Nouveau Roman en questions 4 - Situation diachronique», à paraître.

MORRISSETTE, Bruce, «Roman et cinéma: le cas de Robbe-Grillet», *Symposium*, vol. 15, n° 2, été 1961, p. 85-103.

–, *Les Romans de Robbe-Grillet*, Paris, Les Éditions de Minuit, coll. «Arguments», [1963] 1971.

–, *Alain Robbe-Grillet*, New York, Columbia University Press, 1965.

–, «Topology and the French *Nouveau Roman*», *Boundary 2*, vol. 1, n° 1, automne 1972, p. 45-57.

–, *Intertextual Assemblage in Robbe-Grillet: From Topology to the Golden Triangle*, Fredericton, York Press, 1979.

MOURLET, Michel, «Une impasse pour le roman futur», dans *L'Éléphant dans la porcelaine*, Paris, La Table Ronde, 1976, p. 139-151.

NADEAU, Maurice, «Alain Robbe-Grillet», dans *Le Roman français depuis la guerre*, Paris, Gallimard, coll. «Idées», [1963] 1970, p. 178-181.

PIATIER, Jacqueline, «Alain Robbe-Grillet: appel à l'intelligence du lecteur», *Le Monde des livres*, 29 mars 1974, p. 15-16.

PINGAUD, Bernard, «Alain Robbe-Grillet», dans *Écrivains d'aujourd'hui*, Paris, Grasset, 1960, p. 423-429.

–, «L'Œuvre et l'analyste», *Les Temps modernes*, vol. 21, n° 233, octobre 1965, p. 638-646.

PIVOT, Bernard, «Quand Sollers qualifie Robbe-Grillet de romancier de moins en moins nouveau», *Le Figaro littéraire*, 16 décembre 1965, p. 2.

RAILLARD, Georges, «Jeu de patience ou jeu de violence», *Le Monde des livres*, 30 octobre 1970, p. 19.

RAILLON, Jean-Claude, «Robbe-Grillet: hier, la révolution», *Revue de l'Université de Bruxelles*, n°s 2-3, 1972, p. 279-310.

RAIMOND, Michel, «L'Expression de l'espace dans le nouveau roman», dans Michel MANSUY, *Positions et oppositions sur le roman contemporain*, Paris, Klincksieck, 1971, p. 181-191.

RAMSAY, Raylene L., «The Sado-Masochism of Representation in French Texts of Modernity. The Power of the Erotic and the Eroticization of Power in the work of Marguerite Duras et Alain Robbe-Grillet», *Literature and Psychology*, vol. 37, 3, 1991, p. 18-28.

–, *Robbe-Grillet and Modernity. Science, Sexuality and Subversion*, Gainesville, University Press of Florida, 1992.

RICARDOU, Jean, «La Population des miroirs. Problèmes de la similitude à partir d'un texte de Robbe-Grillet», *Poétique*, n° 22, 1975, p. 196-226.

–, *Robbe-Grillet: analyse, théorie. Colloque de Cerisy*, 2 vol., Paris, U.G.É., coll. «10/18», 1976.

ROUDANT, Jean, «Deux Éléments surréalistes dans les récits d'Alain Robbe-Grillet», *Obliques*, n° 16-17, octobre 1978, p. 141-145.

RYBALKA, Michel, «Alain Robbe-Grillet: At Play With Criticism», in Lois OPPENHEIM, *Three Decades of the French New Novel*, Chicago, University of Illinois Press, 1986, p. 31-43.

SAINT-ÉDOUARD, M., «L'Esthétique d'Alain Robbe-Grillet», *La Revue de l'Université Laval*, vol. 20, n° 9, mai 1966, p. 845-852.

SIMON, Véronique, *Alain Robbe-Grillet: les sables mouvants du texte*, Uppsala, Acta Universitatis Upsaliensis, 1998.

SIRVENT, Michel, «Robbe-Grillet et Ricardou: pour une définition du "champ d'interfluence" en littérature», *Les Lettres romanes*, vol. 48, n° 3-4, août-novembre 1994, p. 317-334.

SMITH, Roch C., *Understanding Alain Robbe-Grillet*, Columbia, University of south Carolina Press, 2000.

SOLLERS, Philippe, «A. Robbe-Grillet: *Pour un nouveau roman*», *Tel Quel*, n° 18, été 1964, p. 93-94.

STOLTZFUS, Ben F., «Alain Robbe-Grillet and Surrealism», *Modern Language Notes*, vol. 78, n° 3, 1963, p. 271-277.

–, *Alain Robbe-Grillet and the New French Novel*, Carbondale, Southern Illinois University Press, 1964.

–, «Robbe-Grillet et le Bon Dieu», *L'Esprit Créateur*, vol. 8, n° 4, hiver 1968, p. 302-311.

–, «Robbe-Grillet's Labyrinths: Structure and Meaning», *Contemporary Literature*, vol. 22, n° 3, été 1981, p. 292-307.

–, *Alain Robbe-Grillet: Life, Work, and Criticism*, Fredericton, York Press, 1987.

–, «Lacan, Robbe-Grillet, and Autofiction», *International Fiction Review*, vol. 19, n° 1, 1992, p. 8-13.

–, «Fantasy, Metafiction, and Desire», in Virginia HARGER-GRINLING and Tony CHADWICK, *Robbe-Grillet and the Fantastic*, Wesport, Greenwood Press, 1994, p. 11-34.

TISON-BRAUN, Micheline, «Le Régicide», dans *Le Moi décapité. Le problème de la personnalité dans la littérature française contemporaine*, New York, Peter Lang, 1990, p. 268-281.

TROIANO, Maureen DiLonardo, «Robbe-Grillet: Adapting New Terms and Constructs to Literary Discussion», dans *New Physics and the Modern French Novel. An Investigation of Interdisciplinary Discourse*, New York, Peter Lang, 1995, p. 139-180.

VAREILLE, *Jean-Claude, Alain Robbe-Grillet l'étrange*, Paris, A.-G. Nizet, 1981.

VIATTE, Auguste, «Robbe-Grillet s'explique», *La Revue de l'Université Laval*, vol. 19, n° 2, octobre 1964, p. 133-138.

WATERS, Julia, *Intersexual Rivalry: a "reading in pairs" of Marguerite Duras et Alain Robbe-Grillet*, New York, P. Lang, 2000.

WYLIE, Harold A., «Alain Robbe-Grillet: Scientific Humanist», *Bucknell Review*, vol. 15, n° 2, mai 1967, p.1-9.

–, «The Reality-game of Robbe-Grillet», *The French Review*, vol. 40, n° 6, mai 1967, p. 774-780.

YARROW, Ralph, «Traces of the Trickster», in Virginia HARGER-GRINLING and Tony CHADWICK, *Robbe-Grillet and the Fantastic*, Wesport, Greenwood Press, 1994, p. 35-54.

ZÉRAFFA, Michel, «Villes démoniaques», *Revue d'esthétique*, n°s 3-4, 1977, p. 13-32.

V - OUVRAGES, TEXTES ET ARTICLES SUR

1) *Un régicide*

ALLEMAND, Roger-Michel, «*Un régicide*: quel régicide?», dans R.-M. ALLEMAND et Alain GOULET, *Imaginaire, Écritures, Lectures de Robbe-Grillet, d'*Un régicide *aux* Romanesques, Lion-sur-Mer, Arcane-Beaunieux, 1991, p. 9-45.

JEFFERSON, Ann, «*Regicide* and Readers: Robbe-Grillet's Politics», *Paragraph*, vol. 13, n° 1, mars 1990, p. 44-64.

KAFELEMOS, Emma, «Robbe-Grillet's *Un régicide*: An Extraordinary First Novel», *The International Fiction Review*, vol. 6, n° 1, hiver 1979, p. 49-54.

RICARDOU, Jean, «Par-delà le réel et l'irréel», *Médiations*, n° 5, été 1962, p. 17-25.

RYBALKA, Michel, «Robbe-Grillet commenté par lui-même», *Le Monde des livres*, 22 septembre 1978, p. 17.

VAREILLE, Jean-Claude, «Alain Robbe-Grillet et l'écriture: délice et supplice», *Critique*, vol. 35, n° 381, février 1979, p. 151-161.

2) *Les Gommes*

ALBÉRÈS, R.-M., «A. Robbe-Grillet et la sacralisation du roman policier», dans *Métamorphoses du roman*, Paris, Albin Michel, [1966] 1972, p. 143-151.

BARTHES, Roland, «Littérature objective», dans *Essais critiques*, Paris, Seuil, 1964, p. 29-40.

BASSOFF, Bruce, «Freedom and Fatality in Robbe-Grillet's *Les Gommes*», *Contemporary Literature*, vol. 20, n° 4, automne 1979, p. 434-451.

BOUDREAU, Raoul, «Le Temps dans *Les Gommes*», *Revue de l'Université de Moncton*, vol. 21, n° 2, 1988, p. 3-18.

CAYROL, Jean, «Littérature à sang froid et à sang chaud», *Revue de la pensée française*, vol. 12, n° 6, juin 1953, p. 53-55.

CHADWICK, A. R. and Virginia HARGER-GRINLING, «Mythic Structures in Robbe-Grillet's *Les Gommes*», *The International Fiction Review*, vol. 11, n° 2, été 1984, p. 102-105.

DORT, Bernard, «Le Temps des choses», *Cahiers du Sud*, vol. 38, n° 321, janvier 1954, p. 300-307.

DUROZOI, Gérard, *Les Gommes: analyse critique*, Paris, Hatier, coll. «Profil d'une œuvre», 1973.

GENETTE, Gérard, «Proximation», dans *Palimpsestes. La littérature au second degré*, Paris, Seuil, coll. «Poétique», 1982, p. 351-359.

KARÁTSON, André, «Du complexe d'Œdipe au complexe de Tirésias: réécriture et lecture dans

Les Gommes d'Alain Robbe-Grillet», *Revue des sciences humaines*, vol. 67, n° 196, octobre-décembre 1984, p. 93-105.

MINOGUE, Valérie, «The Working of Fiction in *Les Gommes*», *The Modern Language Review*, vol. 62, n° 3, juillet 1967, p. 430-442.

RAINOIRD, Manuel, «*Les Gommes*», *La Nouvelle Nouvelle Revue française*, n° 6, juin 1953, p. 1108-1109.

TREMEWAN, P. J., «Allusions to Christ in Robbe-Grillet's *Les Gommes*», *Journal of the Australian Universities & Literature Association*, n° 51, mai 1979, p. 40-48.

3) *Le Voyeur*

BARTHES, Roland, «Littérature littérale», dans *Essais critiques*, Paris, Seuil, 1964, p. 63-70.

BLANCHOT, Maurice, «Notes sur un roman», *La Nouvelle Nouvelle Revue française*, vol. 3, n° 31, juillet 1955, p. 105-112.

CORNILLE, Jean-Louis, «Le Commerce narratif», *Revue Romane*, vol. 13, n° 2, novembre 1978, p. 165-173.

DAVIS McGinty, Doris, «*Le Voyeur* et *L'Année dernière à Marienbad*», *The French Review*, vol. 38, n° 4, février 1965, p. 477-484.

DORT, Bernard, «Le blanc et le noir», *Cahiers du Sud*, vol. 41, n° 330, août 1955, p. 301-306.

GOULET, Alain, *Le Parcours mœbien de l'écriture: Le Voyeur*, Paris, Lettres modernes, coll. «Archives des Lettres modernes», 1982.

HENRIOT, Émile, «Le Prix des Critiques: *Le Voyeur*, d'Alain Robbe-Grillet», *Le Monde*, 15 juin 1955, p. 9.

HOLZBERG, Ruth, «Décryptage du *Voyeur*: le contre-point et les répliques du "voyant"», *The French Review*, vol. 52, n° 6, mai 1979, p. 848-455.

JOHNSON, Patricia J., *Camus et Robbe-Grillet. Structure et techniques narratives dans* Le Renégat *de Camus et* Le Voyeur *de Robbe-Grillet*, Paris, A.-G. Nizet, 1972.

PICON, Gaétan, «Le Problème du *Voyeur*», *Mercure de France*, n° 1106, octobre 1955, p. 303-309.

RICARDOU, Jean, «Description et infraconscience chez Alain Robbe-Grillet», *La Nouvelle Revue française*, vol. 26, n° 95, novembre 1960, p. 890-900.

ROYER, Jean-Michel, «*Le Voyeur* accéléré», *Les Lettres nouvelles*, n° 29, juillet-août 1955, p. 144-148.

SOELBERG, Nils, «La vue du Voyeur. Alain Robbe-Grillet: *Le Voyeur*», *Revue Romane*, vol. 8, n°s 1-2, 1973, p. 335-382.

STOLTZFUS, Ben F., «Camus et Robbe-Grillet: la conscience tragique de *L'Étranger* et du *Voyeur*», *La Revue des Lettres modernes*, n°s 94-99, 1964, p. 153-166.

WEIL-MALHERBE, Rosanne, «*Le Voyeur* de Robbe-Grillet: un cas d'épilepsie du type psycho-moteur», *The French Review*, vol. 38, n° 4, février 1965, p. 469-476.

WEINER, Seymour S., «A Look at Techniques and Meaning in Robbe-Grillet's *Le Voyeur*», *Modern Language Quarterly*, vol. 23, n° 3, septembre 1962, p. 217-224.

ZIMA, Pierre V., «Vers une sociologie du Nouveau Roman: *Le Voyeur* d'Alain Robbe-Grillet», dans *Manuel de sociocritique*, Paris, Picard, 1985, p. 162-185.

4) *La Jalousie*

ALTER, Jean, «The Treatment of Time in Alain Robbe-Grillet's *La Jalousie*», *C L A Journal*, vol. 3, n° 1, septembre 1959, p. 46-55.

CHEMAMA, Roland, « D'un héros sans profondeurs », dans [Collectif], *Le Personnage en question*, Toulouse, Université de Toulouse-Le Mirail, 1984, p. 55-62.

DÄLLENBACH, Lucien, « Double fond et double jeu », dans *Le Récit spéculaire. Essai sur la mise en abyme*, Paris, Seuil, coll. « Poétique », 1977, p. 163-171.

ELLIS, Zilpha, « Robbe-Grillet's Use of Pun and Related Figures in *La Jalousie* », *The International Fiction Review*, vol. 2, n° 1, janvier 1975, p. 9-17.

GALAND, René M., « La Dimension sociale dans *La Jalousie* de Robbe-Grillet », *The French Review*, vol. 39, n° 5, avril 1966, p. 703-708.

GRAVER, Elizabeth, « Un bruit assourdissant: entre mot et silence dans *La Jalousie* de Robbe-Grillet », *Symposium*, vol. 44, n° 1, printemps 1990, p. 28-36.

HENRIOT, Émile, « Le Nouveau Roman: *La Jalousie*, d'Alain Robbe-Grillet, *Tropismes*, de Nathalie Sarraute », *Le Monde*, 22 mai 1957, p. 8-9.

HEUVEL, Pierre van den, « Le Narrateur narrataire ou le narrateur lecteur de son propre discours (*La Jalousie* d'Alain Robbe-Grillet) », dans *Parole, Mot, Silence. Pour une poétique de l'énonciation*, Paris, José Corti, 1985, p. 143-164.

KREITER-ANSEAUME, Janine, « Les Signes de subjectivité dans *La Jalousie*: esquisse d'une analyse lexicologique », *Romance Notes*, vol. 21, n° 1, automne 1980, p. 23-27.

LEENHARDT, Jacques, *Lecture politique du roman*. La Jalousie *d'Alain Robbe-Grillet*, Paris, Les Éditions de Minuit, coll. « Critique », 1973.

LEFEBVE, Maurice-Jean, « Alain Robbe-Grillet: *La Jalousie* », *La Nouvelle Nouvelle Revue française*, n° 55, juillet 1957, p. 146-149.

MORRISSETTE, Bruce, «Surfaces et structures dans les romans de Robbe-Grillet», *The French Review*, vol. 31, n° 5, avril 1958, p. 364-369.

NADEAU, Maurice, «Nouvelles formules pour le roman», *Critique*, vol. 13, n° 123-124, août-septembre 1957, p. 707-722.

PINGAUD, Bernard, «Lecture de *La Jalousie*», *Les Lettres nouvelles*, n° 50, juin 1957, p. 901-906.

ROUSSET, Jean, «La Restriction de champ: les deux *Jalousies* (Robbe-Grillet et Prévost)», dans *Narcisse romancier. Essai sur la première personne dans le roman*, Paris, José Corti, 1973, p. 139-157.

STEISEL, Marie-Georgette, «Étude des couleurs dans *La Jalousie*», *The French Review*, vol. 38, n° 4, February 1965, p. 485-496.

SVANE, Brynja, «Alain Robbe-Grillet: *La Jalousie*. Un roman qui a sa propre genèse pour sujet?», *Revue Romane*, vol. 15, n° 1, avril 1980, p. 101-127.

VIDAL, Jean-Pierre, La Jalousie *d'Alain Robbe-Grillet*, Paris, Hachette, coll. «Poche critique», 1974.

5) *Dans le labyrinthe*

ABLAMOVICZ, Alexandre, «L'Espace de l'homme égaré: *Dans le labyrinthe* d'Alain Robbe-Grillet», dans Michel CROUZET, *Espaces romanesques*, Paris, Presses Universitaires de France, 1982, p. 47-57.

[ANONYME], «En retard ou en avance?», *L'Express*, 8 octobre 1959, p. 31-34.

BERGER, Yves, «*Dans le labyrinthe*», *La Nouvelle Revue française*, vol. 8, n° 85, 1er janvier 1960, p. 112-118.

BROOKE-ROSE, Christine, «L'Imagination baroque de Robbe-Grillet», *La Revue des Lettres modernes*, n°s 94-99, 1964, p. 129-152.

DENEAU, Daniel P., «The Coloring of Robbe-Grillet's *Labyrinth*», *Romance Notes*, vol. 22, n° 1, automne 1981, p. 27-31.

ERVAL, François, «*Dans le labyrinthe*, par Alain Robbe-Grillet», *L'Express*, 1er octobre 1959, p. 31-32.

GUIMBRETIÈRE, André, «Un essai d'analyse formelle: *Dans le labyrinthe* d'Alain Robbe-Grillet», *Cahiers internationaux de symbolisme*, nos 9-10, 1965-1966, p. 3-26.

HAHN, Otto, «Plan du *Labyrinthe* de Robbe-Grillet», *Les Temps modernes*, vol. 15, n° 172, juillet 1960, p. 150-168.

JOST, François, «Le Je à la recherche de son identité», *Poétique*, vol. 6, n° 24, 4e trimestre 1975, p. 479-487.

LETHCOE, James, «The Structure of Robbe-Grillet's *Labyrinth*», *The French Review*, vol. 38, n° 4, février 1965, p. 497-507.

MAGNAN, Jean-Marie, «Alain Robbe-Grillet ou le labyrinthe du voyeur», *Cahiers du Sud*, vol. 55, n° 371, 1963, p. 77-80.

MATHIAS, Pierre, «*Dans le labyrinthe*», *Cahiers du Sud*, vol. 49, n° 353, 1959, p. 141-143.

MORRISSETTE, Bruce, «*Dans le labyrinthe*», *The French Review*, vol. 34, n° 1, octobre 1960, p. 113-115.

NELSON, Roy Jay, «Alain Robbe-Grillet: vers une esthétique de l'absurde», *The French Review*, vol. 37, n° 4, février 1964, p. 400-410.

PINGAUD, Bernard, «*Dans le labyrinthe*, d'Alain Robbe-Grillet», *Les Lettres nouvelles*, n° 24, 7 octobre 1959, p. 18-20.

RONSE, Henri, «*Le Labyrinthe*, espace significatif», *Cahiers internationaux de symbolisme*, nos 9-10, 1965-1966, p. 27-43.

ROUSSEAUX, André, «*Dans le labyrinthe*», *Le Figaro littéraire*, nº 702, 3 octobre 1959, p. 2.

SOELBERG, Nils, «Fiction et narration. Lecture narratologique d'Alain Robbe-Grillet: *Dans le labyrinthe*», *Revue Romane*, vol. 22, nº 2, décembre 1987, p. 230-252.

SOLLERS, Philippe, «Sept Propositions sur Alain Robbe-Grillet», *Tel Quel*, nº 2, été 1960, p. 49-53.

STOREY, Robert, «Œdipus in the Labyrinth: A Psychoanalytic Reading of Robbe-Grillet's *In the Labyrinth*», *Literature and Psychology*, vol. 28, nº 1, 1978, p. 4-16.

VIDAL, Jean-Pierre, Dans le labyrinthe *d'Alain Robbe-Grillet*, Paris, Hachette, coll. «Poche critique», 1975.

6) *La Maison de rendez-vous*

BLOCH-MICHEL, Jean, «Gadgets littéraires», *Preuves*, nº 178, décembre 1965, p. 74-79.

CHAPSAL, Madeleine, «Le Mot de Robbe-Grillet», *L'Express*, 11-17 octobre 1965, p. 92-93.

CLAYTON, John J., «Alain Robbe-Grillet: The Aesthetics of Sado-Masochism», *The Massachusetts Review*, vol. 18, nº 1, printemps 1977, p. 106-119.

DHAENENS, Jacques, La Maison de rendez-vous *de Robbe-Grillet. Pour une philologie sociologique*, Paris, Lettres modernes, coll. «Archives des Lettres modernes», 1970.

DUVIGNAUD, Jean, «La Maison de rendez-vous», *La Nouvelle Revue française*, vol. 14, nº 158, 1er février 1966, p. 329-331.

JANVIER, Ludovic, «Robbe-Grillet, Hong Kong, Alice», *Critique*, vol. 21, nº 223, décembre 1965, p. 1043-1051.

JEAN, Raymond, «Le Rendez-vous de Robbe-Grillet», *Cahiers du Sud*, vol. 60, nº 385, 1965, p. 328-330.

LATIL-LE DANTEC, Mireille, «Alain Robbe-Grillet, héraut de l'imaginaire», *Études*, nº 324, mars 1966, p. 371-387.

MATTHEWS, Franklin J., «Un écrivain non réconcilié», *Obliques*, nº 16-17, octobre 1978, p. 121-131.

MORRISSETTE, Bruce, «*La Maison de rendez-vous*», *The French Review*, vol. 39, nº 5, avril 1966, p. 821-822.

PAYOT, Roger, «Robbe-Grillet et le dieu de Leibniz», *Preuves*, nºˢ 219-220, juillet-septembre 1969, p. 107-114.

PIATIER, Jacqueline, «Alain Robbe-Grillet présente *La Maison de rendez-vous*», *Le Monde*, 9 octobre 1965, p. 13.

RICARDOU, Jean, «Nouveau Roman, Tel Quel», dans *Pour une théorie du Nouveau Roman*, Paris, Seuil, coll. «Tel Quel», 1971, p. 234-265.

SAINT-PHALLE, Thérèse de, «Robbe-Grillet avait rendez-vous avec Hong-Kong», *Le Figaro littéraire*, nº 1016, 7-13 octobre 1965, p. 3.

7) *Projet pour une révolution à New York*

ASSALI, N. Donald, «L'Esthétique robbe-grillétienne dans *Projet pour une révolution à New York*», *Neophilologus*, vol. 64, nº 2, avril 1980, p. 186-191.

BOUDREAU, Raoul, «La Transformation du mythe en mythe artificiel dans *Projet pour une révolution à New York* d'Alain Robbe-Grillet», *SiQue*, nº4, automne 1979, p. 143-155.

BOURGEADE, Pierre, «Un "projet" douteux», *Le Monde des livres*, 30 octobre 1970, p. 18.

CHAPSAL, Madeleine, «Robbe-Grillet: la révolution dans tous les sens», *L'Express*, 26 octobre-1ᵉʳ novembre 1970, p. 139-140.

DÄLLENBACH, Lucien, «Ouroboros et serpents de Klein», dans *Le Récit spéculaire. Essai sur la mise en abyme*, Paris, Seuil, coll. «Poétique», 1977, p. 189-193.

DELFOSSE, Pascale, «*Projet pour une révolution à New York*», *La Revue nouvelle*, vol. 53, n° 1, janvier 1971, p. 96-99.

DUMUR, Guy, «Le Sadisme contre la peur», *Le Nouvel Observateur*, 19 octobre 1970, p. 47-49.

DURANTEAU, Josane, «J'aime éclairer les fantasmes», *Le Monde des livres*, 30 octobre 1970, p. 18.

FABRE-LUCE, Anne, «Le Roman comme jeu», *La Quinzaine littéraire*, n° 105, 1er-15 novembre 1970, p. 3-4.

KAFALEMOS, Emma, «Robbe-Grillet's *Projet pour une révolution à New York*: Hegelian Dialectis as Generator of Revolution», *The International Fiction Review*, vol. 10, n° 1, hiver 1983, p. 37-40.

–, «From the Comic to the Ludic: Postmodern Fiction», *The International Fiction Review*, vol. 12, n° 1, hiver 1985, p. 28-31.

KRYSSING-BERG, Ginette, «Onirisme et voyeurisme dans *Projet pour une révolution à New York* d'Alain Robbe-Grillet», *Revue Romane*, vol. 15, n° 1, avril 1980, p. 3-13.

LINKHORN, Renée, «L'Amérique dans deux romans français contemporains», *The French-American Review*, vol. 1, n° 1, hiver 1976, p. 31-46.

MORRISSETTE, Bruce, «Le Roman, demain: *Projet pour une révolution à New York*», *Marche romane*, vol. 21, n° 1-2, 1971, p. 65-70.

PIATIER, Jacqueline, «*Projet pour une révolution à New York*», *Le Monde des livres*, 30 octobre 1970, p. 18.

RICARDOU, Jean, «La Fiction flamboyante», *Critique*, vol. 27, n° 286, mars 1971, p. 210-228.

STOLTZFUS, Ben F., «*Projet pour une révolution à New York*», *The French Review*, vol. 45, n° 1, octobre 1971, p. 213-214.

SULEIMAN, Susan, «Reading Robbe-Grillet: Sadism and Text in *Projet pour une révolution à New York*», *Romanic Review*, vol. 68, n° 1, janvier 1977, p. 43-62.

8) *Topologie d'une cité fantôme*

BOGUE, Ronald L., «Meaning and Ideology in Robbe-Grillet's *Topologie d'une cité fantôme*», *Modern Language Studies*, vol. 14, n° 1, hiver 1984, p. 33-46.

DENEAU, Daniel P., «Another View of *Topologie d'une cité fantôme*», *Australian Journal of French Studies*, vol. 17, n° 2, mai-août 1980, p. 194-210.

DUPUY-SULLIVAN, Françoise, «Jeu et enjeu du texte dans *Topologie d'une cité fantôme* d'Alain Robbe-Grillet», *Les Lettres romanes*, vol. 44, n° 3, août 1990, p. 211-217.

DUVIGNAUD, Jean, «Une archéologie du désir», *Nouvelles littéraires*, n° 2515, 15 janvier 1976, p. 2.

FORRESTER, Viviane, «Robbe-Grillet publie un étrange roman silencieux où tout parle», *La Quinzaine littéraire*, n° 226, 1er-15 février 1976, p. 9.

FREUSTIÉ, Jean, «Suivez le guide-géomètre», *Le Nouvel Observateur*, 2 février 1976, p. 51.

HEUVEL, Pierre van den, «Vide, silence et naissance de la parole chez Alain Robbe-Grillet», dans *Parole, Mot, Silence. Pour une poétique de l'énonciation*, Paris, José Corti, 1985, p. 241-271.

JOST, François, «Le Picto-Roman», *Revue d'esthétique*, n° 4, 1976, p. 58-73.

KNAPP, Bettina L., «*Topologie d'une cité fantôme*», *The French Review*, vol. 50, n° 4, mars 1977, p. 672-673.

LAGARDÈRE, Anne, «Alain Robbe-Grillet. *Topologie d'une cité fantôme*», *La Nouvelle Revue française*, n° 280, avril 1976, p. 93-94.

LEENHARDT, Jacques, «Pages d'écriture sur fond de ruines», *Obliques*, n° 16-17, octobre 1978, p. 133-140.

MELTZER, Françoise, «Preliminary excavations of Robbe-Grillet's Phantom City», *Chicago Review*, vol. 28, n° 1, été 1976, p. 41-50.

MORRISSETTE, Bruce, «Intertextual Assemblage as Fictional Generator: *Topologie d'une cité fantôme*», *The International Fiction Review*, vol. 5, n° 1, janvier 1978, p. 1-14.

O'DONNELL, Thomas D., «Robbe-Grillet's métaphoricité fantôme», *Studies in Twentieth Century Literature*, vol. 2, n° 1, automne 1977, p. 55-68.

OTTEN, Anna, «*Topologie d'une cité fantôme*», *World Literature Today*, vol. 51, n° 1, hiver 1977, p. 55.

POIROT-DELPECH, Bertrand, «*Topologie d'une cité fantôme*, d'Alain Robbe-Grillet», *Le Monde des livres*, 16 janvier 1976, p. 13.

SIPRIOT, Pierre, «Archéologie du rêve», *Le Figaro littéraire*, 6 mars 1976, p. 16.

WARNOD, Jeanine, «Comme le temps passe quand on s'amuse», *Le Figaro littéraire*, 5 avril 1975, p. 15.

9) *Souvenirs du triangle d'or*

BIANCIOTTI, Hector, «Robbe-Grillet l'étoile filante», *Le Nouvel Observateur*, n° 7, 29, 30 octobre-5 novembre 1978, p. 66-67.

BONNEFOY, Claude, «Spécial Robbe-Grillet», *Nouvelles littéraires*, 9-16 novembre 1978, p. 29.

BROCHIER, Jean-Jacques, «Faire une œuvre», *Magazine littéraire*, n° 142, novembre 1978, p. 54-55.

LAPOUGE, Gilles, «Jouer à colin-maillard avec Robbe-Grillet», *La Quinzaine littéraire*, n° 288, 16-31 octobre 1978, p. 5-6.

RYBALKA, Michel, «Robbe-Grillet commenté par lui-même», *Le Monde des livres*, 22 septembre 1978, p. 22.

STOLTZFUS, Ben F., «*Souvenirs du triangle d'or*: Robbe-Grillet's Generative Alchemy», *Kentucky Romance Quarterly*, vol. 29, n° 4, 1982, p. 331-345.

10) *Djinn*

BALL, Mariette, «The Language Game in *Djinn*», *Romance Studies*, n° 2, été 1983, p. 1-17.

BERTRAND, Denis et Francis Debyser, «*Djinn*, roman-manuel ou manuel du roman?», *Le Français dans le Monde*, n° 168, avril 1982, p. 52-58.

BRIDGE, S.M., «Robbe-Grillet's *Djinn*: "Le cœur a ses raisons que la raison ne connaît point"», *French Studies Bulletin*, n° 13, hiver 1984-1985, p. 9-11.

BROCHIER, Jean-Jacques, «Œdipe à Cologne», *Magazine littéraire*, n° 171, avril 1981, p. 53.

BROOKS, William, «A Cross Word on Robbe-Grillet's *Djinn*», *Quinquereme*, vol. 8, n° 2, juillet 1985, p. 196-202.

CLAVEL, André, «Quand le pape du Nouveau Roman flatte le grand public», *Nouvelles littéraires*, n° 2779, 19-26 mars 1981, p. 40.

CLERVAL, Alain, «*Djinn*», *La Nouvelle Revue française*, n° 344, 1er septembre 1981, p. 127-129.

DÜMCHEN-WEIHERT, Sybil, «*Djinn*: Yin und Yang und die unterbrochene Linie», *Lendemains*, vol. 9, n° 24, 1984, p. 93-102.

GUÉRIN, Jeanyves, «*Djinn*», *Esprit*, n°s 55-56, juillet-août 1981, p. 125-126.

HAVERCROFT, Barbara, «Deictic Dilemmas and Robbe-Grillet's Andro-Djinn», Semiotic Inquiry, vol. 10, n⁰ˢ 1, 2 et 3, 1990, p. 39-56.

–, «Fluctuations of Fantasy: The Combination and Subversion of Literary Genres in Djinn», in Virginia HARGER-GRINLING and Tony CHADWICK, eds. *Robbe-Grillet and the Fantastic*, Wesport, Greenwood Press, 1994, p. 101-124.

MILAT, Christian, « *Djinn* d'Alain Robbe-Grillet: Éros au cœur de l'andro/gyne fragmenté», *La Revue des Lettres modernes*, série *Le «Nouveau Roman» en questions 3* : «Le Créateur et la Cité », novembre 1999, p. 85-105.

PÉCHEUR, Jacques, «*Djinn*», *Le Français dans le Monde*, n⁰ 166, janvier 1982, p.72-73.

PIATIER, Jacqueline, «Robbe-Grillet ensorcelle la grammaire», *Le Monde des livres*, 20 mars 1981, p. 15.

PINHAS, Luc, «Un thriller trop simple en apparence», *La Quinzaine littéraire*, n⁰ 345, 1ᵉʳ avril 1981, p.11-12.

RULLIER, Christian, «*Djinn*. Vers une théorie de la ré-écriture», *Critique*, vol. 37, n⁰ 411-412, août-septembre 1981, p. 857-868.

WHITESIDE, Anna, «Believe It or Not: On Reading the Fantastic and Robbe-Grillet's *Djinn*», *L'Esprit Créateur*, vol. 28, n⁰ 3, automne 1988, p. 79-87.

VI - OUVRAGES, TEXTES ET ARTICLES SUR

LES *Romanesques*

ALLEMAND, Roger-Michel, *Duplications et Duplicité dans les* Romanesques *d'Alain Robbe-Grillet*, Paris, Lettres modernes, coll. «Archives des Lettres modernes», 1991.

–, «Représentation de l'espace dans les *Romanesques*: vers un déplacement de l'autobiographie», dans R.-M. ALLEMAND et Alain GOULET, *Imaginaire, Écritures, Lectures de Robbe-Grillet, d'Un régicide aux* Romanesques, Lion-sur-Mer, Arcane-Beaunieux, 1991, p. 85-115.

–, «Les Métamorphoses de la féminité dans les *Romanesques* d'Alain Robbe-Grillet», *La Revue des Lettres modernes*, série « Le Nouveau Roman en questions - Nouveau Roman et archétypes », vol. 2, 1993, p. 163-197.

–, *Le Grand Œuvre des* Romanesques *d'Alain Robbe-Grillet*, Thèse de doctorat, A.N.R.T. Université de Lille III, 1995, microfiche 1846. 19074/95.

BELLEMIN-NOËL, Jean, «De l'ambiguïté: entre Blancheneige et *Le Voyeur*», *Revue des Sciences Humaines*, n° 240, octobre-décembre 1995, p. 93-113.

BOISDEFFRE, Pierre de, «Le Retour du romanesque», *Revue des Deux Mondes*, n° 5, mai 1985, p. 428-432.

BRUNEL, Pierre, «Variations corinthiennes», *Corps écrit*, n° 15, septembre 1985, p. 117-124.

CALLE-GRUBER, Mireille, «Quand le Nouveau Roman prend les risques du romanesque», dans M. CALLE-GRUBER et Arnold ROTHE, *Autobiographie et Biographie*, Paris, A.-G. Nizet, 1989, p. 185-199.

–, «Alain Robbe-Grillet, l'enchanteur biographe», *Littérature*, n° 92, décembre 1993, p. 27-36.

CHOE, Ae-Young, «Le Miroir-Fantôme, ou l'enchantement», *Revue des Sciences Humaines*, n° 240, octobre-décembre 1995, p. 115-127.

CONTAT, Michel, «L'Autobiographie en ruine de Robbe-Grillet», *Le Monde des livres*, 8 avril 1994, p. I et III.

EPPS, Rosalind A., «Il n'est pas un autre: Alain Robbe-Grillet et l'identité du Comte Henri de Corinthe», *Australian Journal of French Studies*, vol. 28, nº 2, mai-août 1991, p. 204-210.

FRELICK, Nancy M., «Hydre-miroir : les *Romanesques* d'Alain Robbe-Grillet et le pacte fantasmatique», *The French Review*, vol. 70, nº 1, octobre 1996, p. 44-55.

GEORGE, François, «Robbe-Grillet dépose son armure blanche», *Critique*, vol. 41, nº 454, mars 1985, p. 284-293.

GLAUDES, Pierre, «Après coup... Remarques sur trois interprétations en quête de conflit», *Revue des Sciences Humaines*, nº 240, octobre-décembre 1995, p. 143-157.

GOULET, Alain, «Introduction aux *Romanesques*», dans Roger-Michel ALLEMAND et A. GOULET, I*magi-naire, Écritures, Lectures de Robbe-Grillet, d'*Un régicide *aux* Romanesques, Lion-sur-Mer, Arcane-Beaunieux, 1991, p. 47-83.

–, «L'Autre de l'écriture du Moi: Henri de Corinthe, le vampire», dans Alfred HORNUNG & Ernstpeter RUHE, *Autobiographie & Avant-garde*, Tübingen, Gunter Narr Verlag, 1992, p. 53-68.

GUÉRIN, Jeanyves, «*Le Miroir qui revient*, par Alain Robbe-Grillet», *Esprit*, nº 101, mai 1985, p. 119-120.

GUIDETTE-GEORIS, Allison, «De l'anti-humanisme à l'autobiographie ou la philosophie vivante d'Alain Robbe-Grillet», *The French Review*, vol. 67, nº 2, décembre 1993, p. 254-262.

HEUVEL, Pierre van den, «Réel imaginaire et imaginé vécu dans les *Romanesques* d'Alain Robbe-Grillet», dans Alfred HORNUNG & Ernstpeter RUHE, *Autobio-graphie & Avant-garde*, Tübingen, Gunter Narr Verlag, 1992, p. 101-116.

HOLLAND, Michael, «Sea-change: figure in Robbe-Grillet's autobiography», *Paragraph*, vol. 13, no 1, mars 1990, p. 65-88.

HOUPPERMANS, Sjef, *Alain Robbe-Grillet autobiographe*, Amsterdam, Rodopi, 1993.

–, «Fantastique Angélique», in Virginia HARGER-GRINLING and Tony CHADWICK,*Robbe-Grillet and the Fantastic*, Wesport, Greenwood Press, 1994, p. 77-99.

LECLERQ, Pierre-Robert, «Alain Robbe-Grillet. *Le Miroir qui revient*», *Études*, vol. 373, no 3, septembre 1985, p. 269-270.

MIGEOT, François, «Miroir aux revenants, revenants au miroir», *Revue des Sciences Humaines*, no 240, octobre-décembre 1995, p. 129-149.

MONTALBETTI, Jean, «Fantômes à revendre», *Magazine littéraire*, no 214, janvier 1985, p. 88-93.

NADEAU, Maurice, «Un monde en ruine», *La Quinzaine littéraire*, no 645, 16-30 avril 1994, p. 5-6.

POIROT-DELPECH, Bertrand, «Robbe et Grillet», *Le Monde des livres*, 5 février 1988, p. 11 et 15.

PRAEGER, Michèle, «Une autobiographie qui s'invente elle-même: *Le Miroir qui revient*», *The French Review*, vol. 62, no 3, février 1989, p. 476-482.

–, «Nouvelle autobiographie, nouvelles impostures: quelques propositions sur certaines impostures de l'autobiographie à partir des *Romanesques* d'Alain Robbe-Grillet», dans Alfred HORNUNG & Ernstpeter RUHE, *Autobiographie & Avant-garde*, Tübingen, Gunter Narr Verlag, 1992, p. 69-77.

RABATÉ, Jean-Michel, «"Dis-moi qui tu hantes..." Le Barthes de Robbe-Grillet, ou l'écrivain fantôme», dans Alfred HORNUNG & Ernstpeter RUHE, *Autobiographie & Avant-garde*, Tübingen, Gunter Narr Verlag, 1992, p.79-89.

RAILLARD, Georges, «Le Grand Verre de Robbe-Grillet», *La Quinzaine littéraire*, n° 432, 16-31 janvier 1985, p. 5-6.

RAMSAY, Raylene, «Writing on the Ruins in *Les Derniers Jours de Corinthe*: From Reassemblage to Reassessment in Robbe-Grillet», *The French Review*, vol. 70, n° 2, décembre 1996, p. 231-244.

RUHE, Ernstpeter, «Centre vide, cadre plein : les *Romanesques* d'Alain Robbe-Grillet», dans Alfred HORNUNG & E. RUHE, *Autobiographie & Avant-garde*, Tübingen, Gunter Narr Verlag, 1992, p. 29-51.

RYBALKA, Michel, «Angélique ou l'Enchantement : désir et écriture chez Alain Robbe-Grillet», dans Alfred HORNUNG & Ernstpeter RUHE, *Autobiographie & Avant-garde*, Tübingen, Gunter Narr Verlag, 1992, p. 91-99.

SAVIGNEAU, Josyane, «Les Chemins de leur carrière», *Le Monde des livres*, 4 janvier 1985, p. 11.

SPEAR, Thomas, «Staging the Elusive Self», in Virginia HARGER-GRINLING and Tony CHADWICK, *Robbe-Grillet and the Fantastic*, Wesport, Greenwood Press, 1994, p. 55-76.

STOLTZFUS, Ben F., «Lacan, Robbe-Grillet, and Autofiction», *The International Fiction Review*, vol. 19, n° 1, 1992, p. 8-13.

VAREILLE, Jean-Claude, «Robbe-Grillet: roman de la vie/vie du roman», dans *Fragments d'un imaginaire contemporain*, Paris, José Corti, 1989, p. 31-75.

VII - OUVRAGES, TEXTES ET ARTICLES SUR LE NOUVEAU ROMAN

ALBÉRÈS, R.-M., «Le Procès du nouveau roman», *Nouvelles littéraires*, 9 juin 1966, p. 1 et 11.

ALLEMAND, Roger-Michel, *Le Nouveau Roman*, Paris, Ellipses, coll. «Thèmes & études», 1996.

ASTIER, Pierre A.G., *La Crise du roman français et le Nouveau Réalisme (Essai de synthèse sur les nouveaux romans)*, Paris, Les Nouvelles Éditions Debresse, 1968.

BAQUÉ, Françoise, *Le Nouveau Roman*, Paris, Bordas, 1972.

BARILLI, Renato, «Camus et le Nouveau Roman», dans Raymond GAY-CROSIER et Jacqueline LÉVI-VALENSI, *Albert Camus: Œuvre fermée, œuvre ouverte?*, Paris, Gallimard, 1985, p. 201-214.

BARJOU, Louis, «Une littérature de "décomposition"?», *Études*, nº 311, octobre-novembre-décembre 1961, p. 45-60.

BARRÈRE, Jean-Bertrand, *La Cure d'amaigrissement du roman*, Paris, Albin Michel, 1964.

BLOCH-MICHEL, Jean, *Le Présent de l'indicatif. Essai sur le Nouveau Roman*, Paris, Gallimard, [1963] 1973.

CESOLE, Bruno de, «Le Nouveau Roman, ça griffe encore», *Le Figaro*, 18 septembre 1989, p. 26.

CHAPSAL, Madeleine, «Le jeune roman», *L'Express*, 12 janvier 1961, p. 31-33.

CHARNEY, Anna, «Pourquoi le "Nouveau Roman" policier?», *The French Review*, vol. 46, nº 1, octobre 1972, p. 17-23.

CURTIS, Jean-Louis, *Un miroir le long du chemin*, Paris, Julliard, 1969, p. 86-95.

DORT, Bernard, «Des romans "innocents"?», *Esprit*, vol. 26, nº 263-264, juillet-août 1958, p. 100-110.

–, «Sur "l'espace"», *Esprit*, vol. 26, nº 263-264, juillet-août 1958, p. 77-82.

DREYFUS, Dina, «De l'ascétisme dans le roman», *Esprit*, vol. 26, n° 263-264, juillet-août 1958, p. 60-66.

GARCIN, Jérôme, «Quoi de neuf? Le Nouveau Roman !», *Le Nouvel Observateur*, n° 1715, 18-24 septembre 1997, p. 48-49.

HOWLETT, Jacques, «Distance et personne dans quelques romans d'aujourd'hui», *Esprit*, vol. 26, n° 263-264, juillet-août 1958, p. 87-90.

JANVIER, Ludovic, *Une parole exigeante. Le Nouveau Roman*, Paris, Les Éditions de Minuit, 1964.

LOP, Édouard et André SAUVAGE, «Essai sur le Nouveau Roman», *La Nouvelle Critique*, n°s 124, 125 et 127, mars, avril et juin 1961, p. 117-135, 68-87 et 83-107.

MAGNY, Olivier de, «Panorama d'une nouvelle littérature romanesque», *Esprit*, vol. 26, n°s 263-264, juillet-août 1958, p. 3-17.

MATTHEWS, J. H., «Michel Butor: l'alchimie et le roman», *La Revue des Lettres modernes*, n°s 94-99, 1964, p. 51-66.

MILAT, Christian, « Nouveau Roman et Nouveaux Romanciers», *L'Astrolabe*, 2000 http : // www. uottawa.ca/academic/arts/astrolabe/auteurs.htm

MOUILLAUD, Maurice, «Le Nouveau Roman. Tentative de roman et roman de la tentative», *Revue d'esthétique*, vol. 17, n°s 3 et 4, août-décembre 1964, p. 228-263.

–, «Le Sens des formes du Nouveau Roman», *Cahiers internationaux de symbolisme*, n°s 9 et 10, 1965-1966, p. 57-74.

ORIOL-BOYER, Claudette, *Nouveau Roman et Discours critique*, Grenoble, Ellug, 1990.

OUELLET, Réal, *Les Critiques de notre temps et le Nouveau Roman*, Paris, Garnier, 1972.

PINGAUD, Bernard, «Le Roman et le miroir», *Arguments*, n° 6, février 1958, p. 2-5.

–, «Je, Vous, Il», *Esprit*, vol. 26, n° 263-264, juillet-août 1958, p. 91-99.

–, «L'École du refus», *Esprit*, vol. 26, n° 263-264, juillet-août 1958, p. 55-59.

–, «Y a-t-il quelqu'un?», *Esprit*, vol. 26, n° 263-264, juillet-août 1958, p. 83-85.

RAILLARD, Georges, *Butor*, Paris, Gallimard, 1968.

–,«Le Butor étoilé ATTENTION, Heptaèdre», dans G. RAILLARD, *Butor. Colloque de Cerisy*, Paris, U.G.É., coll. «10/18», 1974, p. 399-432.

–, «Référence plastique et discours littéraire chez Michel Butor», dans Jean RICARDOU et Françoise van ROSSUM-GUYON, *Nouveau Roman, hier, aujourd'hui*, t. II Pratiques, Paris, U.G.É., coll. «10/18», 1974, p. 255-278.

RICARDOU, Jean, *Problèmes du Nouveau Roman*, Paris, Seuil, coll. «Tel Quel», 1967.

–, *Pour une théorie du Nouveau Roman*, Paris, Seuil, coll. «Tel Quel», 1971.

–, «Esquisse d'une théorie des générateurs», dans Michel MANSUY, *Positions et oppositions sur le roman contemporain*, Paris, Klincksieck, 1971, p. 143-150.

–, *Le Nouveau Roman*, Paris, Seuil, coll. «Écrivains de toujours», 1973.

–, *Nouveaux Problèmes du Roman*, Paris, Seuil, coll. «Poétique», 1978.

RICARDOU, Jean et Françoise van ROSSUM-GUYON, *Nouveau Roman: hier, aujourd'hui*, 2 vol., Paris, U.G.É., coll. «10/18», 1972.

ROSSUM-GUYON, Françoise van, *Critique du roman. Essai sur* La Modification *de Michel Butor*, Paris, Gallimard, 1970.

THORAVAL, Jean, Nicole BOTHOREL et Francine DUGAST, *Les Nouveaux Romanciers*, Paris, Bordas, 1976.

VAREILLE, Jean-Claude, «Pensée mythique et écriture contemporaine: Le mythe en question?», dans Jean-Marie GRASSIN, *Mythes, Images, Représentations*, Limoges, Trames, 1977, p. 89-95.

WAELTI-WALTERS, Jennifer, *Alchimie et littérature. À propos de* Portrait de l'artiste en jeune singe *de Michel Butor*, Paris, Denoël, 1975.

WOLF, Nelly, *Une littérature sans histoire. Essai sur le Nouveau Roman*, Genève, Droz, coll. «Histoire des idées et critique littéraire», 1995.

VIII - OUVRAGES ET TEXTES SUR L'ALCHIMIE

ALLEAU, René, *Aspects de l'alchimie traditionnelle*, Paris, Les Éditions de Minuit, 1953.

[ALTUS], *L'Alchimie et son livre muet* [*Mutus Liber*], introduction et commentaires d'Eugène Canseliet, Paris, Jean-Jacques Pauvert, [1677] 1967.

AMADOU, Robert et Robert KANTERS, *Anthologie littéraire de l'Occultisme*, Paris, [Julliard] Seghers, [1950] 1975.

[ANONYME], *Le Kybalion. Étude sur la philosophie hermétique de l'ancienne Égypte & de l'ancienne Grèce*, Paris, Perthuis [pour la trad.], 1973.

BATFROI, Séverin, *Alchimie et révélation chrétienne*, Paris, Guy Trédaniel - Éditions de La Maisnie, 1976.

BAYARD, Jean-Pierre, *La Symbolique du feu*, Paris, Payot, 1973.

BERGERAC, Cyrano de, *Œuvres complètes*, Paris, Librairie Belin, [1657 et 1662] 1977.

BERTHELOT, Marcellin, «Labyrinthe-Alchimie», dans *La Grande Encyclopédie*, t. XXI, Paris, H. Lamirault, 1886, p.703.

BONARDEL, Françoise, *Philosophie de l'alchimie. Grand Œuvre et modernité*, Paris, Presses Universitaires de France, coll. «Questions», 1993.

–, *Philosopher par le feu. Anthologie de textes alchimiques occidentaux*, Paris, Seuil, coll. «Points», 1995.

BUTOR, Michel, «L'Alchimie et son langage», dans *Répertoire. Études et conférences*, 1948-1959, Paris, Les Éditions de Minuit, 1960, p. 12-19.

CANSELIET, Eugène, *L'Alchimie expliquée sur ses textes classiques*, Paris, Jean-Jacques Pauvert, 1972.

–, «L'Alchimie aujourd'hui», *Magazine littéraire*, n° 98, mars 1975, p. 26-27.

CAPRA, Fritjof, *Le Tao de la physique*, Paris, Tchou [pour la trad.], [1975] 1979.

CHEVALIER, Jean et Alain GHEERBRANT, *Dictionnaire des symboles*, Paris, Robert Laffont/Jupiter, coll. «Bouquins», [1969] 1982.

CREUSOT, Camille, *La Face cachée des nombres*, Paris, Dervy-Livres, [1977] 1987.

DEBUS, Allen G., «The Pseudo-Sciences and the History of Science», *University of Chicago Library Society Bulletin*, n° 3, 1978, p. 9-20.

DELCAMP, Edmond, *Le Tarot initiatique. Étude symbolique et ésotérique*, Paris, Le Courrier du Livre, 1972.

DURAND, Gilbert, *Figures mythiques et visages de l'œuvre*, Paris, Berg International, 1979.

ELIADE, Mircea, *Forgerons et alchimistes*, Paris, Flammarion, coll. «Champs», [1956] 1977.

–, *Méphistophélès et l'androgyne*, Paris, Gallimard, coll. «Idées», [1962] 1981.

–, *Le Mythe de l'alchimie*, Paris, Éditions de L'Herne, 1978.

EVOLA, Julius, *Métaphysique du sexe*, Paris, Payot [pour la trad.], 1968.

–, *La Tradition hermétique. Les symboles et la doctrine de l'«art royal» hermétique*, Paris, Éditions traditionnelles [pour la trad.], 1988.

FULCANELLI, *Le Mystère des cathédrales et l'interprétation ésotérique des symboles hermétiques du grand œuvre*, Paris, Jean-Jacques Pauvert, [1926] 1964.

–, *Les Demeures philosophales et le symbolisme hermétique dans ses rapports avec l'art sacré et l'ésotérisme du grand œuvre*, 2 vol., Paris, Jean-Jacques Pauvert, [1930] 1965.

GUÉNON, René, *Symboles de la science sacrée*, Paris, Gallimard, [1962] 1994.

–, *Le Symbolisme de la croix*, Paris, Guy Trédaniel - Éditions Véga, 1984.

HERMÈS Trismégiste, *Corpus hermeticum*, 4 vol., texte établi par A.D. NOCK et traduit par A.-J. FESTUGIÈRE, Paris, Les Belles Lettres, 1945, 1960, 1954 et 1954.

HUTIN, Serge, *L'Alchimie*, Paris, Presses Universitaires de France, coll. «Que sais-je?», [1951] 1967.

–, *La Tradition alchimique*, Saint Jean de Braye, Dangles, 1979.

–, *L'Amour magique*, Bruxelles, Savoir pour Être, 1994.

JUNG, Carl Gustav, *Psychologie et alchimie*, Paris, Buchet/Chastel [pour la trad.], [1944] 1970.

–, *Psychologie du transfert*, Paris, Albin Michel [pour la trad.], [1946] 1980.

–, *Les Racines de la conscience. Études sur l'archétype*, Paris, Buchet-Chastel [pour la trad.], 1971.

KING, Francis, *Ésotérisme et sexualité*, Paris, Payot [pour la trad.], [1971] 1974.

LENNEP, Jacques van, *Art & alchimie. Étude de l'iconographie hermétique et de ses influences*, Bruxelles, Meddens, 1966.

LIMOJON DE SAINT-DIDIER, Alexandre-Toussaint, *Le Triomphe hermétique ou la Pierre philosophale victorieuse*, [Amsterdam] Milan, Archè, [1699] 1971.

MILAT, Christian, «Baudelaire, ou la dualité de l'Artiste à la poursuite de l'unité primordiale», *Revue d'Histoire Littéraire de la France*, n° 4, juillet-août 1997, p. 571-588.

MONOD-HERZEN, G., *L'Alchimie et son code symbolique*, Monaco, Éditions du Rocher, coll. «Gnose», 1978.

NAUDON, Paul, L'*Humanisme maçonnique. Essai sur l'existentialisme initiatique*, Paris, Dervy-Livres, [1962] 1974.

NIMOSUS, Christiama, *Étude sur des nombres occultes*, Paris, Guy Trédaniel, 1985.

PERNETY, Dom Antoine-Joseph, *Les Fables égyptiennes et grecques*, 2 vol., Paris, La Table d'Émeraude, [1786] 1991.

–, *Dictionnaire mytho-hermétique*, Paris, Denoël, [1787] 1972, 388 p.

RIVIÈRE, Patrick, *L'Alchimie, science et mystique*, Paris, De Vecchi, 1990.

VALENTIN, Frère Basile, de l'ordre de Saint-Benoît, *Les Douze Clefs de la philosophie*, traduction, introduction, notes et explication des images par Eugène Canseliet, Paris, Les Éditions de Minuit, 1956.

WIRTH, Oswald, *La Franc-maçonnerie rendue intelligible à ses adeptes*, 3 vol., Paris, Le Symbolisme, [1931] 1962.

–, *Le Tarot des imagiers du Moyen Âge*, Paris, Tchou, 1966.

IX - OUVRAGES ET ARTICLES SUR L'ÉPISTÉMOCRITIQUE

BATT, Noëlle, «L'Entre-deux, a Bridging Concept for Literature, Philosophy, and Science», *SubStance*, vol. 23, n° 74, 1994, p. 38-48.

BRAFFORT, Paul, *Science et littérature: les deux cultures, dialogues et controverses pour l'an 2000*, Paris, Diderot, 1998

MOSER, Walter, «Literature — A Storehouse of Knowledge?», *SubStance*, vol. 22, n°s 71-72, automne et hiver 1993, p. 126-140.

PAULSON, William R., «Literature, Knowledge, and Cultural Ecology», *SubStance*, vol. 22, n°s 71-72, automne et hiver 1993, p. 32.

–, *The Noise of Culture: Literary Texts in a World of Information*, Ithaca, Cornell University Press, 1988.

PIERSSENS, Michel, «Épistémocritique», *Spirale*, n° 77, mars 1988, p. 8.

–, *Savoirs à l'œuvre: essais d'épistémocritique*, Lille, Presses universitaires de Lille, 1990.

TABLE DES MATIÈRES

Déjà parus
dans la collection « Voix savantes »
des Éditions David

1. Yvon Malette, *L'autoportrait mythique de Gabrielle Roy*, 1994, 292 p.

2. Réjean Robidoux, *Fonder une littérature nationale.* Notes d'histoire littéraire, 1995, 211 p.

3. Simone Maser, *L'image de David dans la littérature française*, 1996, 226 p.

4. François Gallays et Yves Laliberté, *Alain Grandbois, prosateur et poète*, 1997, 219 p.

5. Luc Bouvier, *"Je" et son histoire. L'analyse des personnages dans la poésie de Jacques Brault*, 1998, 154 p.

6. Sous la direction de Myriam Watthee-Delmotte et Metka Zupančič, *Le mal dans l'imaginaire littéraire français (1850-1950)*, 1998, 432 p. (L'Harmattan, coéditeur)

7. Textes réunis par Michel Gaulin et Pierre-Louis Vaillancourt, *L'aventure des lettres.* Pour Roger LeMoine, 1999, 226 p.

8. Robert Major, *Convoyages*, 1999, 334 p.

9. Évelyne Voldeng, avec la collaboration de Georges Riser, *Lectures de l'imaginaire. Huit femmes poètes des deux cultures canadiennes*, 2000, 236 p.

10. Textes réunis par Guy Poirier et Pierre-Louis Vaillancourt, *Le bref et l'instantané. À la rencontre de la littérature québécoise du XXIe siècle*, 2000, 236 p.

11. Françoise Lepage, *Histoire de la littérature pour la jeunesse. Québec et francophonies du Canada.* Suivie d'un *Dictionnaire des auteurs et des illustrateurs*, 2000, 836 p.

12. Sous la direction de Yvan Lepage et Robert Major, *Croire à l'écriture.* Études de littérature en hommage à Jean-Louis Major, 2000, 431 p.

13. François Gallays, *Diffractions*, 2000, 382 p.

14. Yves Laliberté, *Les rituels de l'absolu.* Essai sur la poésie d'Alain Grandbois, 2001, 332 p.

À paraître

16. Eugène Roberto, *L'Hermès québécois*

17. Carole Connelly, *Présence du narrataire dans le roman québécois*